嵌入式系统设计基础

李肃义　邱春玲　陈晨　编著

科学出版社
北　京

内 容 简 介

本书首先介绍嵌入式系统基本概念及开发设计方法，然后以 8 位微控制器为基础，介绍芯片的内部组成、结构、资源等嵌入式系统硬件基本知识，再详细介绍嵌入式程序设计基础及编码规范，最后介绍 32 位 ARM 嵌入式系统的开发方法。本书共分 8 章，每章后附习题，便于读者学习嵌入式系统知识，掌握嵌入式系统应用开发基本技术。

本书结构紧凑、语言简练，讲解由浅入深、通俗易懂，适合作为高等学校相关专业的本科生和研究生教材，也可供从事嵌入式系统开发应用的工程技术人员、科研人员学习和参考。

图书在版编目(CIP)数据

嵌入式系统设计基础/李肃义，邱春玲，陈晨编著. —北京：科学出版社，2021.6

ISBN 978-7-03-066793-9

Ⅰ. ①嵌… Ⅱ. ①李… ②邱… ③陈… Ⅲ. ①微型计算机－系统设计 Ⅳ. ①TP360.21

中国版本图书馆 CIP 数据核字（2020）第 220972 号

责任编辑：姜 红 韩海童 / 责任校对：樊雅琼
责任印制：吴兆东 / 封面设计：无极书装

科 学 出 版 社 出版
北京东黄城根北街 16 号
邮政编码：100717
http://www.sciencep.com
北京中石油彩色印刷有限责任公司印刷
科学出版社发行 各地新华书店经销
*
2021 年 6 月第 一 版 开本：787×1092 1/16
2025 年 1 月第五次印刷 印张：16 1/4
字数：385 000

定价：59.00 元
（如有印装质量问题，我社负责调换）

前　言

嵌入式系统以单芯片化为发展目标，迅速将传统电子系统引领到智能化现代电子系统时代。嵌入式系统具有集成度高、体积小、功能强、可靠性高、价格低廉等优点，目前广泛应用于工业测控、航空航天、智能仪器仪表、通信系统、医疗、汽车、信息技术、家用电器等领域。

全书共分 8 章。第 1 章介绍嵌入式系统的定义、特点、组成、分类，还介绍了嵌入式处理器、嵌入式操作系统及嵌入式系统的应用和发展。第 2 章介绍嵌入式系统的项目开发生命周期及工程设计方法。第 3 章介绍 8 位嵌入式芯片的基本组成、内部资源、最小系统组成及系统扩展基础。第 4 章介绍嵌入式 C 程序设计基础及编码规范。第 5 章介绍 ARM 处理器的特点和典型系列，并以 ARM7 为例介绍了 ARM 处理器的体系结构，同时还介绍了 ARM Cortex-M3 处理器的工作模式、寄存器组、异常处理器等。第 6 章介绍 STM32 的内部结构、引脚功能、系统控制模块等，对 STM32 的常用片上资源的工作原理及相关寄存器进行了介绍，并通过实例介绍了基于寄存器的编程方法。第 7 章介绍 STM32 库函数功能及常用库函数，并通过编程实例加以举例。第 8 章介绍嵌入式实时操作系统的相关知识。

本书是作者 20 多年来从事单片机技术和嵌入式系统设计教学、科研开发工作的总结。全书逻辑清晰、结构紧凑、语言简练、由浅入深、通俗易懂。作者将理论内容与科研实践项目中精选出的实用性强的应用实例相结合，突出了本书易学、实用的特点，便于读者高效地获取知识。

由于作者水平有限，加之单片机和嵌入式系统技术发展迅速，书中难免会有疏漏和不妥之处，恳请读者批评指正。

作　者

2020 年 7 月 17 日

前言

目　　录

第 1 章　嵌入式系统概述

教学目的：

通过对本章的学习，掌握嵌入式系统的定义、性能特点，能够解释嵌入式系统的组成，了解嵌入式处理器的分类与操作系统，以及嵌入式系统的应用和发展。

1.1　嵌入式系统简介

20 世纪 70 年代，以微处理器为核心的微型计算机不仅具有型小、价廉、可靠性高的特点，还具有高速数值计算能力，从而引起了控制专业人士的极大兴趣。为了区别于原有的通用计算机系统，我们把嵌入对象体系中实现对象体系智能化控制的计算机，称作嵌入式计算机系统，简称嵌入式系统。因此，嵌入式系统诞生于微型计算机时代，嵌入性本质是将一个计算机嵌入一个对象体系中。

通用计算机系统的技术要求是高速、海量的数值计算；技术发展方向是总线速度的无限提升，存储容量的无限扩大。而嵌入式系统的技术要求则是对象的智能化控制能力；技术发展方向是与对象系统密切相关的嵌入性能、控制能力与控制的可靠性。因此，必须独立地发展通用计算机系统与嵌入式计算机系统，这就形成了现代计算机技术发展的两大分支。

随两大分支的飞速并行发展，通用计算机系统进入尽善尽美阶段，除集中精力发展通用计算机系统的软、硬件技术外，还基于高速海量的数据、文件处理能力改进操作系统。由于嵌入式系统要嵌入对象体系中，实现的是对象的智能化控制，因此，嵌入式系统的单芯片化特性迅速将传统电子系统引领到智能化现代电子系统时代。

1.1.1　嵌入式系统定义

关于嵌入式系统（embedded system）的定义很多，较通俗的定义是嵌入对象体系中的专用计算机系统。此定义强调嵌入式系统的三个基本要素：嵌入性、专用性与计算机系统。

电气电子工程师协会（Institute of Electrical and Electronics Engineers，IEEE）对嵌入式系统的定义为“用于控制、监视或者辅助设备、机器和车间运行的装置”（原文为 devices used to control，monitor，or assist the operation of equipment，machinery or plants）。此定义强调嵌入式系统的应用目的：一种完成特定功能的“装置”，该装置能够在没有人工干预的情况下独立地进行实时监测和控制。

从技术角度定义，也是国内较权威的定义是“以应用为中心、以计算机技术为基础、软件硬件可剪裁，且适应系统对功能、可靠性、成本、体积、功耗严格要求的专用计算机系统”。嵌入式系统是针对具体应用而定制的专用计算机系统，采用“量体裁衣”的方式把所需的功能嵌入各种应用系统中。

1.1.2 嵌入式系统特点

嵌入式系统是将先进的计算机技术、半导体技术、电子技术与各个行业的具体应用相结合后的产物。这决定了嵌入式系统是技术密集、资金密集、高度分散、不断创新的知识集成系统。嵌入式系统是针对特定的应用需求而设计的专用计算机系统，这决定了它必然有其自身的特点。嵌入式系统的显著特点主要包括以下几个方面。

1. 体积小、功耗低、集成度高

嵌入式系统需嵌入特定的设备中，面向特定系统应用，往往对系统的体积和功耗有严格的要求，特别是对便携式仪器仪表和手机之类的需移动的嵌入式产品，对系统的体积和功耗的要求更为严格。系统通常都具有功耗低、体积小、集成度高等特点，能够把通用计算机系统中许多由板卡完成的任务集成在芯片内部，从而有利于嵌入式系统小型化，移动能力也大大增强，与计算机网络和通信系统的结合也越来越紧密。

2. 可靠性高、实时性强

嵌入式系统与通用计算机系统不同，嵌入式系统运行环境差异很大，有些应用场合的环境十分恶劣，系统可能运行在高温、高压下，也可能运行在零下几十度的冰天雪地中，这就要求嵌入式系统必须有更高的可靠性。很多嵌入式系统都需要及时响应各种事件，不断地对所处环境的变化做出反应，而且要实时地得到计算结果，不能产生过多延迟，保证系统的实时性。可以想象，如果汽车的刹车系统不能对刹车信号及时做出反应将会导致什么后果。

3. 专用性强、设计效率高

嵌入式系统的硬件、软件均是面向特定应用对象和任务设计的，具有很强的专用性，与通用计算机构造的通用计算和信息处理平台不同，嵌入式系统提供的功能及其面对的应用和过程都是预知的。通过充分考虑嵌入式系统对功能、可靠性、成本、体积和功耗方面的特殊要求，使嵌入式系统满足对象要求的最小硬件和软件配置，满足特殊用途的需求。

嵌入式系统对成本、体积和功耗有严格的要求，由于资源（内存、I/O（输入/输出）端口等）有限，因此对嵌入式系统的硬件和软件都必须高效率地设计，量体裁衣、去除冗余，力争在有限的资源上实现更高的性能。嵌入式系统和具体应用有机地结合在一起，它的升级换代也是和具体产品同步进行，因此嵌入式系统产品一旦进入市场，应具有较长的生命周期。

4. 硬件高性能配置、软件固态化存储

嵌入式硬件力争在同样硅片面积上实现更高的性能，并可根据用户具体要求对芯片配置进行剪裁和添加。嵌入式软件通常都固化在存储器或嵌入式处理器中，而不是存储于磁盘等磁性载体中，以提高执行速度和系统可靠性。由于嵌入式系统一般应用于小型电子装置，并且系统资源相对有限，所以内核较传统的操作系统要小得多，比如 μC/OS 操作系统，核心内核只有 8.3KB，而 Windows 的内核要比其大得多。所以还要求高质量和高可靠性的软件代码，以满足系统的执行速度与实时性要求。

5. 需要宿主机-目标机的开发模式

嵌入式系统一般只能运行应用程序，不具备自主开发程序的能力，所以嵌入式系统常采用宿主机-目标机的开发模式。通常将通用计算机作为宿主机，嵌入式系统作为目标机，宿主机安装开发环境和调试工具，用于程序的开发与修改，目标机执行程序进行验证与测试，此过程需要反复多次。

1.1.3　嵌入式系统组成

嵌入式系统一般由嵌入式系统硬件和嵌入式系统软件两大部分组成，其中硬件包括嵌入式处理器、存储器、外围电路和必要的外部设备接口。软件包括板级支持包（board support package, BSP）、嵌入式操作系统（embedded operating system, EOS）、中间件（middleware）和应用软件。嵌入式系统的组成框图见图 1-1。另外，由于被嵌入对象的体系结构、应用环境要求的不同，所以不同嵌入式系统也可以由各种不同的结构组成。

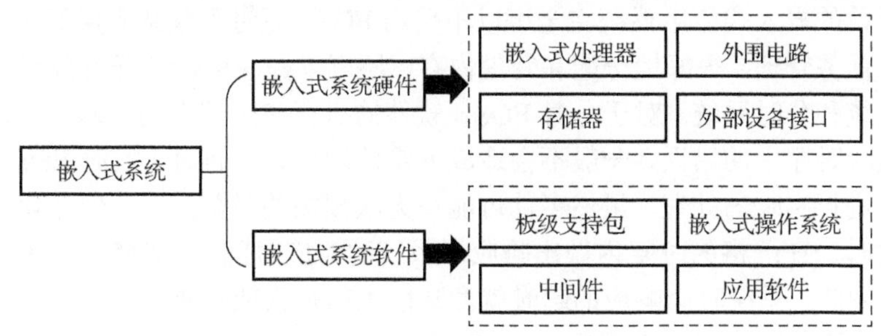

图 1-1　嵌入式系统的组成框图

1. 嵌入式系统硬件

嵌入式系统硬件包括嵌入式处理器、存储器、外围电路及外部设备接口。嵌入式处理器是系统的核心，负责控制整个系统的各部分有序工作。目前全世界嵌入式处理器的品种已经超过上千种，流行的体系结构多达几十个，其中比较典型的是 8051 体系和 ARM（advanced RISC① machine，进阶精简指令集机器）体系结构。嵌入式处理器的寻址空间

① 精简指令集计算机（reduced instruction set computer，RISC）

也从 64KB 到 2GB 不等，其处理速度可以从 0.1MIPS 到 2000MIPS（每秒处理的百万级的机器语言指令数，million instructions per second）。一般来说可以把嵌入式处理器分成嵌入式微处理器（microprocessor unit，MPU）、嵌入式微控制器（microcontroller unit，MCU）、嵌入式数字信号处理器（digital signal processor，DSP）、嵌入式单片系统（system on chip，SoC）。与通用计算机的微处理器不同，嵌入式微处理器通常把通用计算机中的一些接口电路和板卡功能集成到芯片内部，使嵌入式系统在小体积、低功耗和高可靠性方面更具优势。操作系统和应用程序都可以固化在只读存储器（read-only memory，ROM）中。外围电路为系统提供时钟及系统复位等功能。外部设备一般包括实现人机交互的键盘、显示器等设备。随着嵌入式处理器高度集成化技术的发展，处理器与外设的接口越来越多，功能也越来越强，在设计系统时，通常只要把处理器和外设进行物理连接就可以实现外围接口的扩展。如 ARM 处理器内部就包括 IIC（inter-integrated circuit，集成电路总线）、SPI（serial peripheral interface，串行外设接口）、UART（universal asynchronous receiver/transmitter，通用异步接收发射设备）和 USB（universal serial bus，通用串行总线）等“标准”配置的接口。

2. 嵌入式系统的软件

嵌入式系统软件包括 BSP、EOS、中间件和应用软件，同硬件一样具有可剪裁性。

BSP 介于主板硬件和操作系统驱动层程序之间，主要实现对操作系统的支持，为上层的驱动程序提供访问硬件设备寄存器的函数包。BSP 主要工作是完成系统初始化和硬件相关设备驱动，具有操作系统相关性、硬件相关性的特点。

EOS 负责嵌入式系统的全部软件和硬件资源的分配、调度工作，控制协调并发活动。对于功能简单的嵌入式应用系统完全可以不采用 EOS，而对于复杂应用而言，EOS 不仅可以进行多任务管理，很好地分配和管理内存，还可以提高软件的开发效率。EOS 可以分为实时系统和分时系统。对于分时 EOS，软件的执行在时间上的要求并不严格，时间上的延误或者时序上的错误，一般不会造成灾难性的后果。而对于实时 EOS，其主要任务是对事件进行实时的处理，虽然事件可能在无法预知的时刻到达，但是软件必须在事件随机发生时，在严格的时限内做出响应（系统的响应时间）。即使是系统处在尖峰负荷下，也应如此，系统时间响应的超时就意味巨大的损失或灾难。比如航天飞机的控制系统，如果出现故障后果不堪想象。

中间件位于 EOS 与应用软件之间，它屏蔽了各种操作系统提供不同应用程序接口的差异，向应用程序提供统一的接口，从而便于用户开发应用程序，同时也使应用程序具有跨平台性。该层主要包括网络协议、数据库管理系统、Java 虚拟机等。

嵌入式系统的应用软件是针对特定的专业领域，基于相应的嵌入式硬件平台，能完成用户预期任务的计算机软件。应用软件是嵌入式系统中的上层软件，它定义了嵌入式设备的主要功能和用途，并负责与用户进行交互。应用软件是嵌入式系统功能的体现，如飞行控制软件、手机软件、MP3 播放软件、电子地图软件等，一般面向特定的应用领域。

由于嵌入式应用对成本十分敏感，为了减少系统成本，除了精简每个硬件单元的成

本外，应尽可能地减少应用软件的资源消耗，尽可能优化系统。

总体来说嵌入式系统的硬件部分可以说是系统的基石，嵌入式软件部分则是在这个基石上建立起来的不同功能的建筑，对于任何一个需求明确的嵌入式系统来说，两者缺一不可。

1.1.4　嵌入式系统分类

嵌入式系统种类繁多，根据不同的分类标准有不同的分类方法。

1. 根据处理器的位宽分类

按处理器的位宽可将嵌入式系统分为 8 位、16 位、32 位、64 位系统。一般而言，位宽越大，性能越好。

在通用计算机处理器的发展历程中总是高位宽处理器取代低位宽处理器，而嵌入式处理器的应用范围广、功能千差万别，所以不同性能的处理器均有各自的用武之地。

2. 根据系统的复杂度分类

根据嵌入式系统的复杂程度不同，可以把嵌入式系统分为简单嵌入式系统和复杂嵌入式系统。

简单嵌入式系统一般无操作系统，也被称为裸机系统，通常以 8 位微控制器作为系统的核心控制单元，控制软件采用单线程的程序流程，使用循环程序处理外界的请求，实现测量和控制功能。这类系统硬件复杂度低、功能相对简单、成本较低。

在许多智能化产品尤其是高端的嵌入式产品中，比如数字通信、汽车电子、互联网应用等复杂需求的出现，要求系统不仅能实现简单的智能控制，还要实现复杂的数据处理、数据通信等功能。这类嵌入式系统一般采用 32 位的处理器作为硬件核心，软件一般移植嵌入式实时操作系统，实现多线程的程序控制。但是为了合理地调度多任务，利用系统资源、系统函数以及专家库函数接口，用户必须自行选配实时操作系统（real-time operating system，RTOS）开发平台，这样才能保证程序执行的实时性、可靠性，并减少开发时间，保障软件质量。

虽然简单嵌入式系统出现较早，但并没有随着复杂嵌入式系统的出现而消亡。复杂嵌入式系统虽有更强大的功能，但在嵌入式系统的世界里，并没有出现类似通用计算机世界中功能简单的老一代被功能强大的新一代所淘汰的情况。这是因为嵌入式系统的一个重要特点就是根据需求量体裁衣，用户在对复杂嵌入式系统需求不断增加的同时，对简单嵌入式系统的需求依然旺盛。

3. 根据系统的实时性分类

嵌入式系统可以根据系统的实时性要求分为硬实时系统和软实时系统两类。

硬实时系统是指要确保事件在规定期限内得到及时处理，即在最坏条件下，系统响应时间严格满足规定的响应时间，否则会导致致命的系统错误。例如航天领域中宇宙飞船的控制、汽车的刹车系统等就是典型的硬实时系统。

软实时系统的响应时间同样重要，从统计角度，允许偶尔超时，当截止期限到达，事件没有得到及时处理，并不会引发致命的系统错误。

1.2 嵌入式处理器

嵌入式系统的硬件一般由嵌入式处理器、存储器和外围电路及外部设备构成，其中嵌入式处理器是硬件系统的核心。根据用途不同，嵌入式处理器可以分为 MCU、MPU、DSP、SoC 等。

1.2.1 MCU

目前嵌入式系统除了部分为 32 位处理器外，大部分是 8 位和 16 位的 MCU。MCU 的典型代表是单片机，其典型代表是 Intel 公司的 MCS-51 系列，虽然近年来新型的高端系列产品不断涌现，但这种 8 位的电子器件在嵌入式设备中仍然有着极其广泛的应用。单片机是将中央处理器（central processing unit，CPU)、ROM/随机存取存储器（random access memory，RAM)、总线、总线逻辑、定时/计数器、看门狗、I/O 端口、串行口、脉宽调制输出、A/D（模数）转换、D/A（数模）转换等各种必要功能和外设集成在一块芯片内部。和 MPU 相比，MCU 的主要特点是单片化、可靠性高、体积小，从而使功耗和成本下降，具有较高的性价比。单片机的片上外设资源一般比较丰富，适用于控制，因此称为微控制器。

由于 MCU 价格低廉，功能优良，因此拥有的品种和数量最多，比较有代表性的包括内核为 8 位位宽的 MCS-51 系列、AVR 系列、PIC 系列，16 位的 MCS-96/196/296 系列、MSP430 系列，以及 32 位的 STM32 系列等，并且有支持 IIC、控制器局域网总线技术（controller area net-work bus，CANBus）和液晶显示屏（liquid crystal display，LCD）及众多专用 MCU 和兼容系列，MCU 占嵌入式系统超过 50%的市场份额。

1.2.2 MPU

MPU 是由通用计算机中的 CPU 演变而来。与通用计算机中的处理器不同的是，它只保留了和嵌入式系统应用紧密相关的功能硬件，去除了其他冗余部分，同时添加了必要的扩展电路与接口电路，以较低的功耗和资源满足嵌入式应用的特殊要求。MPU 一般是 32 位的，与 MCU 相比，具有较大的寻址空间和较高的处理速度，能支持嵌入式操作系统的运行，因此 MPU 更适合中大型的嵌入式应用系统。

近年来 MPU 的主要发展方向是小体积、高性能、低功耗。专业分工也越来越明显，出现了专业的知识产权（intellectual property，IP）核供应商，如 ARM 公司、MIPS 公司等，它们通过提供优质、高性能的嵌入式微处理器内核，由各个半导体厂商生产面向各个应用领域的芯片。目前，主要的 MPU 有 ARM 公司的 ARM 系列、Cortex 系列，IBM

公司的 PowerPC，MIPS 公司的 MIPS 系列等。目前，我国应用的 MPU 以 ARM 公司的 ARM 系列产品为主。

1.2.3　DSP

随着大规模集成电路技术和语音、图像等数字信号处理技术的发展，1982 年诞生了首枚嵌入式 DSP 芯片。DSP 专用于数字信号处理，由于其在系统结构和指令算法方面的特殊设计，其运算速度远远超过同档次的嵌入式微处理器，并且在数字滤波、快速傅里叶变换、谱分析、语音合成和处理、编码解码器、图像处理等领域获得了大规模的应用。

DSP 处理器的两大特色是强数据处理能力和高运行速度。DSP 处理器比较有代表性的产品是 TI 公司的 TMS320 系列。TMS320 系列处理器包括用于控制的 C2000 系列、用于移动通信的 C5000 系列以及性能更高的 C6000 和 C8000 系列。另外 ADI 公司的 ADSP21XX 系列、Motorola 公司的 DSP56000 系列以及 Siemens 公司的 TriCore 系列也有各自的应用领域。

1.2.4　SoC

SoC 是 20 世纪 90 年代中期出现的一个概念，是一种追求产品系统最大包容的集成器件。随着电子设计自动化（electronic design automation，EDA）技术的推广、超大规模集成电路（very large scale integrated circuit，VLSI）设计的普及半导体工艺的迅速发展，在一个硅片上实现一个更为复杂的系统的时代已来临。SoC 是指在单芯片上集成数字信号处理器、微控制器、存储器、数据转换器、接口电路等电路模块，可以直接实现信号采集、转换、存储、处理等功能。SoC 最大的特点是成功实现了软硬件无缝结合，具有极高的综合性，在一个硅片内部运用超高速集成电路硬件描述语言（very-high-speed integrated circuit hardware description language，VHDL）等硬件描述语言，即可实现一个复杂的系统。与传统的系统设计不同，用户不再需要绘制复杂的电路板以及焊接电路，只需使用精确的语言，综合时序设计直接在器件库中调用各种通用处理器标准，通过仿真之后就可以直接交付芯片制造厂商生产。这样除个别无法集成的器件以外，嵌入式系统的大部分均可集成到一块或几块芯片中去，应用系统硬件电路将变得很简洁，这对嵌入式系统要求的小体积、低功耗、高可靠性非常有利。

2017 年华为发布的麒麟 970 处理器是全球首款内置神经网络处理单元（neural network processing unit，NPU）的 SoC，为 10nm 处理器，八核芯片。2019 年华为发布的达·芬奇架构 NPU 麒麟 810，为 7nm 处理器。7nm 是目前业界领先的量产半导体工艺，已经采用 7nm 制程的手机 SoC 包括麒麟 980、A12、骁龙 855，麒麟 810 是全球第四款采用 7nm 工艺的手机 SoC，华为 nova 5 是首款搭载麒麟 810 的华为手机。

1.3 嵌入式操作系统

操作系统是计算机系统中的系统软件，可以有效地组织和管理计算机系统中的软硬件资源，合理地组织计算机工作流程，控制程序的执行，并向用户提供各种服务功能，使得用户能够灵活、方便、有效地使用计算机，使整个计算机系统能高效地运行。

嵌入式操作系统（EOS）是操作系统研究领域中的一个重要分支，与一般计算机应用相比，EOS 具有高速处理、配置专一、结构紧凑等特点。EOS 是嵌入式软件系统的重要组成部分，是指用于嵌入式系统的操作系统，通常包括与硬件相关的底层驱动软件、系统内核、设备驱动接口、通信协议、图形界面、标准化浏览器等。EOS 负责嵌入式系统的全部软硬件资源的分配、任务调度、控制、协调并发活动。

目前许多公司开发了数以百计的各具特色的嵌入式操作系统产品，其中比较有影响的系统有 VxWorks、嵌入式 Linux、Windows Embedded、μC/OS-II 和 Palm OS 等。国产的开源嵌入式操作系统有 RT-Thread、DeltaOS 等。

Android 是一种以 Linux 与 Java 为基础的开放源代码操作系统，主要用于便携式设备，是目前全球智能手机操作系统中的翘楚。iOS 是由苹果公司设计的手持设备操作系统，属于类 UNIX 操作系统，最初发布于 2007 年，专用于苹果公司的 iPhone、iPod、iPad 等系列产品。华为 EMUI 系列操作系统是基于 Android 开发的情感化操作系统，并在逐步摆脱 Android 定制模式，被广泛应用于手机、车载设备等智能终端。例如 EMUI10 系统采用分布式技术，可以实现硬件资源共享和多设备协同，如华为手表可查看回复手机信息，华为手机画面可进行投屏等。

早期的嵌入式系统大多采用 8 位或 16 位单片机作为系统核心控制器，所有硬件资源的管理工作都由程序设计员自行编写程序解决。由于技术的进步，嵌入式系统的规模越来越大，功能越来越强，软件越来越复杂，EOS 在嵌入式系统中得到广泛应用，尤其是在功能复杂、系统庞大的应用中显得愈来愈重要。

EOS 核心部分与通用操作系统类似，包含进程调试、通信、内存管理、设备管理等，其中，设备管理部分涉及和硬件交互，通过操作系统的移植层和驱动程序来实现与硬件的连接。嵌入式操作系统扩展部分通常由文件系统、网络协议、图形用户界面（graphical user interface，GUI）系统、数据库系统等模块组成。应用程序可以通过系统调用或利用操作系统提供的应用程序接口（application programming interface，API）实现对底层硬件的访问与控制。

EOS 本身是可以剪裁的，嵌入式系统外设、相关应用也可以配置，所开发的应用软件可以在不同的应用环境、不同的处理器芯片之间移植，软件构件可复用，有利于系统的扩展和移植。

EOS 通常应具备如下的管理功能。

1. 多任务管理

所有的 EOS 都是多任务的，目前说的多任务大多是指多线程方式或多进程方式。操作系统主要是提供调度机制来控制这些执行程序的起始、执行、暂停、结束。

2. 存储管理

在系统资源非常有限的嵌入式系统中一般不采用虚拟内存管理方式，而采用动态内存管理方式。当程序的某一部分需要使用内存时，利用操作系统提供的分配函数来处理，一旦使用完毕，可以通过释放函数来释放所占用的内存，这样内存可以重复使用。

3. 资源管理

在嵌入式系统中，除中央处理器、内存之外，还有许多不同的周边系统，如输入/输出设备、通信端口等，操作系统必须提供周边资源的驱动程序，以方便资源管理和应用程序使用。对于应用程序来说，则必须向操作系统注册一个请求机制，然后等待操作系统将资源分配给应用程序。

4. 中断管理

因为查询方式需要占用大量 CPU 时间，因此，EOS 和一般操作系统一样，一般都是用中断方式来处理外部事件和 I/O 端口请求。中断管理负责中断的初始化安装、现场的保存和恢复、中断栈的嵌套管理等。

在 EOS 环境下，开发一个复杂的应用程序，通常可以按照软件工程的思想，将整个程序分解为多个任务模块，每个任务模块的调试、修改几乎不影响其他模块。利用商业软件提供的多任务调试环境，可大大提高系统软件的开发效率、降低开发成本、缩短开发周期。在应用软件开发时，程序员不是直接面对嵌入式硬件设备，而是采用一些嵌入式软件开发环境，在操作系统的基础上编写程序。

1.4　嵌入式系统的应用和发展

1.4.1　嵌入式系统的应用

自从 20 世纪 70 年代微处理器诞生后，将计算机技术、半导体技术和微电子技术等多技术融合的“专用计算机系统”即嵌入式系统已广泛应用于家用电器、航空航天、工业、医疗、汽车、通信等各个领域。各种各样的嵌入式系统产品和系统在应用数量上远远超过通用计算机，从日常生活、生产到社会的各个角落，可以说嵌入式系统无处不在。下面仅列出我们比较熟悉的、与生活紧密相关的几个应用领域。

1. 消费类电子产品应用

嵌入式系统在消费类电子产品应用领域的发展最为迅速，而且在这个领域中嵌入式处理器的需求量也最大。由嵌入式系统构成的消费类电子产品已经成为现实生活中必不可少的一部分。比如各式各样的信息家电，如智能冰箱、流媒体电视等。大家最熟悉的莫过于智能手机、个人数字助理（personal digital assistant，PDA）、电子词典、数码相机、MP3/MP4 等，见图 1-2。

图 1-2　消费类电子产品

2. 智能仪器、仪表类应用

这类产品可能与日常生活有点距离，但是对于开发人员来说却是实验室里的必备工具，比如网络分析仪、数字示波器、热成像仪等，见图 1-3。通常这些嵌入式设备中都有一个应用处理器和一个运算处理器，可以完成一定的数据采集、分析、存储、打印、显示等功能。这些设备对于开发人员的帮助很大，大大地提高了开发人员的开发效率，可以说是开发人员的“助手”。

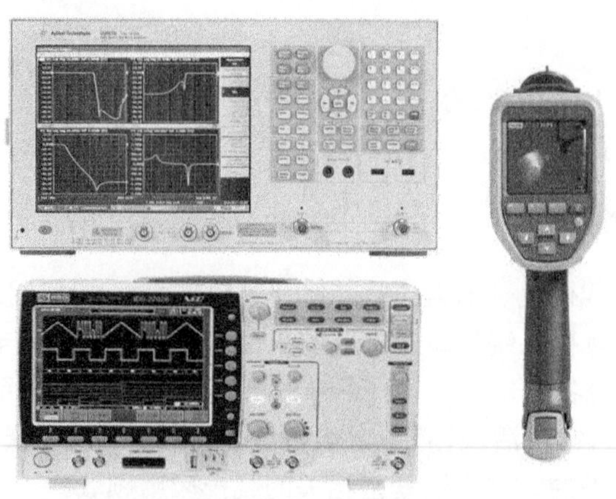

图 1-3　网络分析仪、数字示波器、热成像仪

3. 通信类产品应用

这些产品多数应用于通信机柜设备中，如路由器、交换机、家庭媒体网关等，见图 1-4。在民用市场使用较多的莫过于路由器和交换机了。基于网络应用的嵌入式系统也非常多，目前，远程监控系统是市场上发展最快的应用于监控领域的嵌入式系统之一。

图 1-4　通信类产品

4. 过程控制类应用

过程控制类应用主要指嵌入式系统在工业控制领域中的应用。应用嵌入式系统对生产过程中各种动作流程进行控制，如流水线检测、金属加工控制、汽车电子等。汽车工业已在中国取得了飞速地发展，汽车电子也在这个大发展的前提下迅速成长。见图 1-5，一辆汽车中包含上百个嵌入式系统，它们通过总线相连，实现对汽车各部分的智能控制。正在飞速发展的车载多媒体系统、车载全球定位系统（global positioning system，GPS）等也都是典型的嵌入式系统应用。

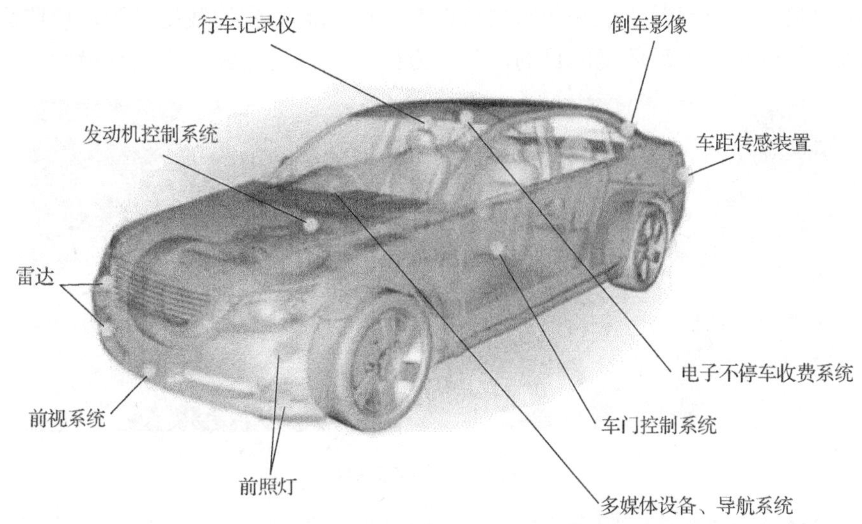

图 1-5　嵌入式系统在汽车智能控制中的应用

5. 航空航天应用

航空航天应用包括在火星探测器、火箭发射主控系统、卫星信号测控系统、飞机的控制系统、探月机器人等方面的应用。不仅在民用产品中，像航空航天这样的高端应用中同样需要大量的嵌入式系统。在我国探月工程中嫦娥三号的“玉兔号”月球车就是最好的证明，见图 1-6。

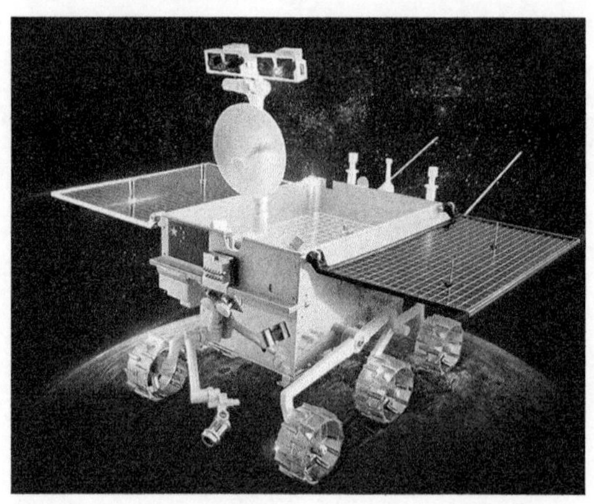

图 1-6　嫦娥三号的“玉兔号”月球车

6. 生物微电子应用

基于嵌入式系统设计的指纹识别是目前最成熟、应用最广泛的一种生物识别技术，见图 1-7。生物传感器数据采集等应用中也广泛采用嵌入式系统设计。当今环境污染已经成为人类要面对的突出问题，随着技术的发展，空气、河流中存在很多用于实时检测环境状况的微生物传感器。这些传感器可以实时地把监测到的数据送到环境监测中心，一方面达到监测整个生活环境的目的，另一方面也可以避免深层次的环境污染发生。

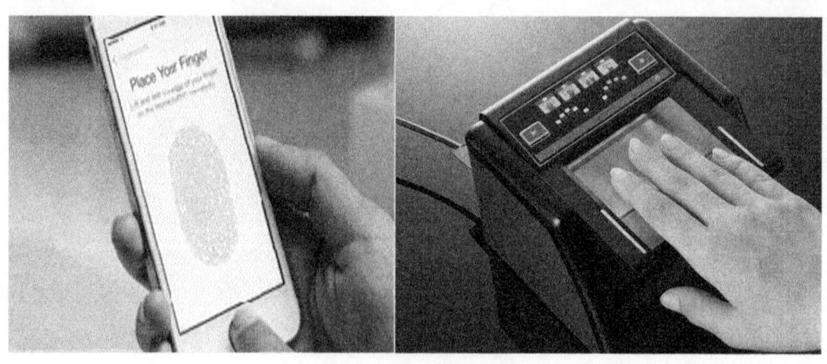

图 1-7　指纹识别

嵌入式系统的这些广泛应用给嵌入式系统开发人员带来了众多机遇和挑战。其中平台核心部分的技术成熟与稳定相当重要，其在应用上的不同主要体现在外围扩展上。

根据美国嵌入式系统专业杂志 RTC 报道，21 世纪初的十年中，全球嵌入式系统市场需求量具有比微型计算机市场大 10～100 倍的商机。21 世纪嵌入式系统将无所不在，它将对人类的生产发展起到革命性作用。

1.4.2　嵌入式系统的发展

1. 发展现状

从 20 世纪 70 年代单片机的出现到各式各样的嵌入式微处理器、微控制器的大规模应用，嵌入式系统已经有 40 余年的发展历史，并且是以硬件和软件交替双螺旋形式发展的。由于嵌入式计算机要嵌入对象体系中，实现对象的智能化控制，因此，它有着与通用计算机完全不同的技术要求与技术发展方向。通用计算机系统的技术要求是高速、海量的数值计算，技术发展方向是总线速度越来越快，存储容量越来越大。而嵌入式系统的技术要求是对象的智能化控制能力，技术发展方向是与对象系统密切相关的嵌入性能、控制能力与控制的可靠性。正是由于技术发展方向的不同，形成了计算机技术发展的两大分支，通用计算机系统和嵌入式计算机系统，简称嵌入式系统。嵌入式系统走上了一条与通用计算机系统完全不同的发展道路，这条独立的发展道路就是单芯片化道路。

随着嵌入式系统技术发展越来越迅猛，嵌入式系统在信息家电、消费电子领域的应用也越来越广阔。在嵌入式硬件方面，随着微电子工艺水平的提高，集成电路制造商开始把嵌入式应用中所需要的微处理器、I/O 端口、A/D 转换、D/A 转换、串行接口以及 RAM、ROM 等部件统统集成到一个 VLSI 中，从而制造出面向 I/O 设计的微控制器，也就是俗称的单片机。8 位单片机的代表产品为 Intel 公司开发的 MCS8051 系列 8 位单片机，16 位单片机的典型产品为 TI 公司的 MSP430 系列，32 位微控制器的典型产品为 STM 公司的 STM32 系列。目前很多嵌入式处理器产品采用了诸如流水线技术、哈佛体系结构、多核技术等先进的体系结构，它们可用于一些高端的嵌入式产品中。基于专用集成电路（application specific integrated circuit，ASIC）和 SoC 技术的一些专用功能器件和 IP 核，如 MPEG-4、H.264 的编解码芯片和 MP3 音频芯片等，也被广泛地应用于信息家电、消费电子、智能家居等嵌入式应用中。DSP 产品则进一步提升了嵌入式系统的技术水平，并迅速地渗入消费电子、医用电子、智能控制、通信电子、仪器仪表、交通运输等各种领域。据不完全统计，全世界嵌入式处理器的品种总量已经超过千种，流行的体系结构有三十几个系统，8051 体系依旧颇为重要，生产 8051 单片机的半导体厂家有 20 多个，共 350 多种衍生产品，仅 Philips 公司就有近 100 种相关产品。目前几乎每个半导体制造商都生产嵌入式处理器，越来越多的公司有独立的处理器设计部门。

在嵌入式软件方面，RTOS、集成开发环境、IP 构件库、嵌入式网络协议栈、嵌入式移动数据库以及嵌入式应用程序设计等方面都有了很大发展。目前仅 RTOS 就有上百种，VxWorks、RTLinux、Windows Embedded、Palm OS 等都是非常成功的嵌入式操作系统，它们广泛应用于工业控制、军事电子、信息家电和消费电子等领域。基于 Linux 开发的各种 RTOS 也被越来越多地应用于各种嵌入式系统中。目前嵌入式实时操作系统

已经在全球形成了一个产业。各种集成开发环境也被普遍应用于嵌入式系统开发过程中，如 ARM 公司的 ADS、WindRiver 公司的 Tornado 等。另外，一些适用于嵌入式应用的软件，如 MiniGUI、轻量级 TCP/IP 协议栈、Oracle 和 Sybase 的嵌入式实时数据库系统、GPS 导航软件等在各种嵌入式应用中也被广泛使用。

2. 主要制约因素及发展方向

随着嵌入式系统的深度应用，嵌入式系统软硬件开发中的一些制约因素也体现出来，它们对嵌入式系统的开发成本、开发周期以及开发难度都有影响。

首先，从事嵌入式系统开发的要求较高。嵌入式系统开发涉及的知识面广、综合性强、实践性强，并且学科发展快，因而学习难度大，难以形成一个简单明确的知识体系。开发人员需要具备一定的软硬件知识，特别是要了解和掌握目前广泛使用的 32 位 RISC 处理器的体系结构，并熟练掌握 RTOS 及其开发环境和开发工具。

然后，由于嵌入式系统设计受成本、功耗和上市时间等多种因素的制约，其设计方法涉及软硬件协同设计、系统级设计、数字系统设计等多个层次，涉及系统需求描述、软硬件功能划分、系统协同仿真、优化、系统综合等多个全新的问题，要求掌握计算机系统结构、操作系统、SoC 系统设计、EDA 工具等多个领域的知识。

最后，嵌入式硬件平台（嵌入式处理器）和软件平台（RTOS）种类繁多，选择、学习和掌握都具有一定的难度，使得移植工作的难度加大。

21 世纪嵌入式系统将无所不在，它将为人类生产带来革命性的发展。以信息家电、消费电子、智能控制设备为代表的具有网络特征的嵌入式产品为后个人计算机时代信息技术（information technology，IT）工业带来了广阔的市场前景，同时也给嵌入式系统的发展提出了新的挑战。总的来说，嵌入式系统将向着更高性能、更小体积、更低功耗、更廉价、无处不在的方向发展。主要的发展方向概况如下：

（1）开放式平台架构，易于与其他系统整合。

（2）体积越来越小，性能要求更稳定，成本更低廉。

（3）应用趋向多元化，需要小批量、快速定制化的服务。

（4）嵌入式操作系统从可用型、通用型向可定制型、优化型转变，可定制嵌入式操作系统（customized embedded operating system，CEOS）是嵌入式操作系统的发展趋势。

（5）开放式的集成开发环境抽象程度更高，调试工具方便易用。

（6）嵌入式软件开发将是以面向对象技术为基础，采用软件复用、基于组件及集成化计算机辅助软件工程互为协同的开发方法。

3. 发展前景

1）与嵌入式系统紧密相关的学科

嵌入式系统具有典型的多种学科交叉融合特点。其中，构成嵌入式系统技术领域的核心学科主要包括电子科学与技术、控制科学与工程、计算机科学与技术等。嵌入式硬件开发集中在集成电路设计以及单片系统设计，广泛使用了电子设计自动化工具，大量

采用硅知识产权产品，实现低功耗和高性能，这些涉及电子科学与技术领域的理论和技术；嵌入式处理器的体系结构设计、嵌入式操作系统和应用程序都需要借助计算机科学与技术的理论；嵌入式系统的数模/模数转换、内部时钟电路、外部设备的逻辑设计和驱动离不开电子科学与技术的理论和技术；嵌入式系统的稳定性和可靠性分析、传感器和执行机构的设计需要借助控制科学与工程学科的知识。

2）与嵌入式系统紧密相关的技术

与嵌入式系统关系密切的技术主要有普适计算、人机交互、多媒体技术、网络互联、信息安全、嵌入式数据库技术等。

（1）普适计算。

普适计算最早由美国的马克·维沙在 1991 年提出。它是指运行在各种信息设备上的无所不在的计算模式，是移动计算的一种形式。在普适计算时代，计算设备与环境融合在一起，人们能够在任何时间、任何地点进行信息的获取与处理。普适计算所使用的计算设备都是移动计算设备，而移动计算设备基本上都属于嵌入式设备，因此可以说嵌入式系统构成了普适计算不可或缺的实体运行平台。嵌入式系统的迅速发展正在有力地推动着普适计算的快速发展。

（2）人机交互。

嵌入式设备之所以为亿万用户接受，重要原因是友好的人机交互界面。伴随人工智能、图像识别、语音识别等技术的发展，设计更为智能、精巧的人机界面也是未来发展方向之一。

（3）多媒体技术。

众所周知，许多嵌入式设备都采用了多媒体计算技术。例如，PDA 和智能手机就采用了多种多媒体技术。嵌入式多媒体技术包括硬件和软件两个方面，其中最重要的嵌入式多媒体芯片技术就是低功耗地实现处理器芯片内的流媒体数字信号以及图像信号的编码解码模块、压缩解压缩模块、加密解密模块，如 MP3 音频流、MP4 视频流、JPEG 图片等。如果这些多媒体处理功能由于条件的限制无法以芯片的形式实现或者集成在 CPU 中，就必须考虑用软件实现。

（4）网络互联。

为适应嵌入式分布处理结构和应用上网需求，嵌入式设备必须配以太网接口，相应需要 TCP/IP 协议簇软件支持。新一代嵌入式设备的网络互联还需具备 IEEE 1394、USB、CAN 或 IrDA 通信接口，同时也需要提供相应的组网协议软件和物理层驱动软件。为满足小型电子设备的小尺寸、微功耗和低成本要求，硬件上要相应降低处理器的性能，限制内存容量和复用接口芯片，软件上则要求改进算法、优化编译器性能，发展先进的嵌入式软件技术。无线传感器网络是一种特殊的自组网（ad-hoc 网），主要适合组网困难和人员不能接近的区域以及临时应用场合。它集成了传感器、嵌入式计算机、网络和无线通信四大技术，其特点是无须固定网络支持、抗灾能力强、组网迅速，目前广泛应用于环保、交通、工业、军事等领域。无线传感器网络的传感器节点具有感知外界物理量、信号处理和通信传输的功能。通常一个节点就是一个嵌入式系统。信号的处理和传输都

需要通过嵌入式硬件和软件平台。

（5）信息安全。

目前，大多数嵌入式系统已经实现了有线联网和无线联网，可以进行电子商务、数据库访问、网页浏览、电子邮件、保密信息传输、远程控制、手机支付等业务。安全可靠性是以上业务开展的前提，也是重中之重。因此，嵌入式系统的信息安全是影响嵌入式应用的重要技术之一。嵌入式系统涉及的信息安全技术包括：密码系统设计、身份认证设计、进程间通信保护机制等。

（6）嵌入式数据库技术。

嵌入式数据库是指运行在嵌入式系统上的数据库。简单、小巧、高性能并具有可移动性是嵌入式数据库的基本特点。由于嵌入式数据库较多运用在实时环境和移动环境下，因此在技术方面强调数据一致性、数据广播、数据装入优化、故障恢复、高效率事务处理等。

本 章 小 结

本章介绍了嵌入式系统的概念、特点、组成、应用及发展。嵌入式系统是硬件和软件协同构造的，其核心是嵌入式处理器和嵌入式操作系统。嵌入式硬件系统包括嵌入式处理器、存储器、外围电路和必要的外部设备接口部件。嵌入式处理器是嵌入式系统的核心，一般有 MPU、MCU、DSP、SoC 芯片类型。嵌入式软件系统包括 BSP、EOS、中间件和应用软件。与一般计算机应用相比，EOS 具有高速处理、配置专一、结构紧凑等特点，在功能复杂、系统庞大的嵌入式应用中不可或缺。由于嵌入式系统在各个领域都具有广泛的应用，本章在最后还讨论了嵌入式系统的发展现状和趋势，并介绍了和嵌入式系统密切相关的学科与技术。

习　　题

1-1　什么是嵌入式系统？它有哪些特点？举例说明。

1-2　简述嵌入式系统的组成，各部分的主要作用。

1-3　嵌入式处理器有哪些类型？简述每种类型的特点。

1-4　与通用计算机的操作系统相比，嵌入式操作系统有哪些特点？

1-5　查找资料，说明嵌入式系统和单片机的历史、现状和发展趋势。

1-6　请简单介绍自己所用智能手机的处理器、操作系统及主要应用软件。

1-7　什么是嵌入式微处理器和嵌入式微控制器？简述两者的异同点及其适用场合。

1-8　简述嵌入式操作系统的结构及其具备的管理功能。

1-9　嵌入式系统的分类方法有哪些？并简要说明。

1-10　对嵌入式系统工程师的技术要求有哪些？

第 2 章　嵌入式系统工程设计

教学目的：

通过对本章的学习，能够解释嵌入式系统项目开发生命周期和各阶段重点，了解嵌入式系统工程设计的基本规范与方法，并且利用嵌入式系统开发流程与主要步骤，初步建立设计嵌入式系统工程的理念。

2.1　嵌入式系统的项目开发生命周期

2.1.1　概述

嵌入式系统的开发实际可以看作对一个项目的实施。项目开发生命周期一般分为需求分析、方案设计、项目执行、项目结题四个阶段，见图 2-1。嵌入式系统项目开发也不例外。

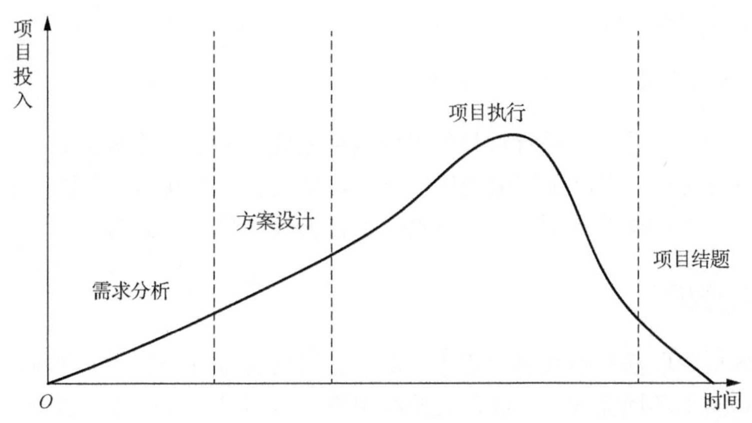

图 2-1　项目开发生命周期图

1. 需求分析阶段

（1）项目的产生始于用户的需求，项目的生命周期始于需求分析。需求分析阶段的主要任务是明确用户的需求，研究需求的可行性，分析投入产出效益。

（2）商务上这个阶段以用户提出明确的需求建议书或招标书为结束标志。这个阶段关乎项目整体实施的成败，因此，开发人员与用户需要深入沟通与交流，为后续项目实施奠定基础。

2. 方案设计阶段

（1）方案设计包括体系结构设计和软硬件设计。体系结构设计的任务是描述系统如何实现所述的功能和非功能需求，包括对硬件、软件和执行装置的功能划分以及系统的软件、硬件选型等。体系结构的设计是项目成功与否的关键。软硬件设计就是基于嵌入式体系结构，对系统的软件和硬件进行详细设计，为了缩短产品开发周期，软硬件设计往往是并行的。硬件设计就是确定嵌入式处理器的型号、外围接口及外部设备，绘制相应的硬件系统的电路原理图和印制板图。应该说嵌入式系统设计的工作大部分都集中在软件设计上，采用面向对象技术、软件组件技术、模块化设计等现代软件工程经常采用的方法。软硬件协同设计方法是目前较好的嵌入式系统设计方法。

（2）介绍解决方案、提交标书或项目申请书。这个阶段是赢得项目的关键，既要展示实力又要合理报价。如果竞标成功则签订合同，公司开始承担项目成败的责任。合同中应明确定义项目的目标和工作范围，且应具有合同审核机制。

3. 项目执行阶段

（1）项目执行阶段需要按照设计的方案去实现系统的功能，然后进行集成与调试，再经过系统测试，通过不断地修改，直到完成最终设计目标。

（2）公司的项目执行阶段，由项目经理和项目组代表公司完全承担合同规定的任务。高校的项目执行阶段，由项目负责人和项目组完全承担合同规定的任务。项目执行时要细化目标，制订工作计划，协调人力和其他资源；定期监控进展，分析项目偏差，采取必要措施以实现目标。

4. 项目结题阶段

（1）按合同完成项目，进行项目结题验收或鉴定，移交工作成果。

（2）产品移交后，用户在使用过程中可能还会发现一些问题，所以后续还需系统维护、售后服务，例如用户培训、技术支持、产品升级、错误修正等。

2.1.2 需求分析

在需求分析阶段需要熟知客户需求、深入分析后进行分类整理，包括功能需求、操作界面需求和应用环境需求等。嵌入式系统用户通常不是系统的设计人员，往往在想象的基础上，提出一些不切实际的功能，当然，某些功能的提出也可能是系统未来将要发展的方向，有些用户的预期则成了系统研发创新的动力与源泉。

需求分析主要包括需求描述及确认、风险分析以及系统规范制订等。需求分析要花费一定时间，只有分析好了需求，才能进入系统设计阶段。

1. 需求描述

通过与客户的交流，了解他们的意图，分析客户对产品的需求。通常，客户对产品的需求包括功能部分和非功能部分。功能部分描述产品的用途和完成的功能，非功能部

分包括以下几方面。

（1）性能：主要指系统的处理速度、实时性和实用性。系统的处理速度、实时性往往以高成本为代价，因此，以实用为前提，综合权衡系统的性能与成本。

（2）价格：产品最终的成本或者销售价格也是一个主要的考虑因素。产品的成本包含两个主要部分：生产成本，包括购买构件（电子元器件、商品软件版税、其他的机械部件等）以及组装费用（生产线的运转费用等）；不可再生的工程成本，包括人力成本以及设计系统的其他花费。产品的销售价格取决于成本与市场需求。

（3）体积和重量：最终产品的物理特性会因使用的领域不同而大不相同。例如，一台控制装配线的工业控制系统通常装配在一个标准尺寸的柜子里，它对重量没有什么特殊要求，但是手持设备对系统的体积和重量有严格的限制。

（4）功耗：功耗问题对于以电池供电的嵌入式产品至关重要。对于一些非电池供电的场合，如工业防爆现场（矿井、化工等），也有严格限制与要求，以保证应用环境的安全。功耗可以使用电池容量的方式（通常使用 mA·h（毫安时））表示，也可以使用系统的供电电流数值表示。

系统设计者和用户之间进行需求分析交流时，往往存在许多不一致的地方、系统设计者是依据用户的需求来完成系统设计和开发的，一般在系统设计开发阶段不再增加系统的功能内容，因为不断地增加内容会给设计带来很大的麻烦。或者说，确认了的用户需求就是设计目标。但对于用户而言，往往担心提出的系统需求不够全面，所以需求分析需要与客户进行多次交流，应尽量把用户的所有需求和潜在需求罗列出来。

2. 风险分析

只要有项目存在，就有风险存在。风险分析的目的在于从多个层次评估项目的可行性。在一个项目中，有许多的因素会影响到项目进行，因此在项目进行的初期，在客户和开发团队都还未投入大量资源之前，风险分析可以用来预估项目进行可能会遭遇的难题。如果能在项目进行的前期找出可能会发生的问题，可以决定项目是否要继续进行下去。项目的风险分析可以朝以下几个方向进行思考。

（1）需求风险。

项目的目的在于制作一个可以满足需求的产品，如果需求消失，由项目产出的产品也将一无是处。当客户在委托开发团队时，双方就同时担负需求风险。客户需要在项目开始进行之前，先行评估产品的市场，就可能的竞争者、使用范围或潜在的市场进行调查。而开发团队则需要对产品的属性进行需求风险评估，例如：开发团队开发出来的产品是否与客户预期一致？开发团队有无相关技术及能力？在完成项目后需要再花多少人力来进行售后服务？这些需求风险均需考虑与评估。

（2）时间风险。

在经过需求风险的评估后，项目开发团队就需针对开发所需要的时间进行评估。一般而言，客户都希望产品越快上市越好。但是在实际的项目开发过程中，潜藏多种不可预期因素。如何在客户所要求的项目开发时间和开发团队所需要的时间中达成一致，需要依据实际工作进行确认。很多合约都是签订在整数月份内完成，比如 12 个月或者 6 个月，上市时间一直是消费性产品取得市场优势的关键。在开发团队确定开始进行项目前，应就开发团队技术与整体的项目资源来评估，从而决定是否要承担这一项目。

（3）资金风险。

资金是项目的血液，没有资金支持的项目将快速地瓦解。除了产品开发所需要的资金外，人事、场地、设备、系统维护都需要资金。有些计划在项目一开始，就有固定的资金来进行项目开发。在有些项目中，资金则是逐渐地投入。所谓的资金风险即是资金短缺对系统开发造成的冲击。资金风险将会影响项目的质量，甚至影响项目是否可以继续进行。

（4）项目管理风险。

一个项目需要有许多专业人士的参与：需要有技术人员从事技术开发，需要有业务人员和客户进行沟通，需要有行政人员负责行政业务，需要有项目经理来带领开发团队。如果在项目中缺乏相关的管理人才，项目将无法顺利执行。在客户委托开发团队前，需要就开发团队的技术与市场口碑进行调查，视其是否有能力可以完成此项目。而开发团队需要在接下项目之前，考虑自己的开发团队是否有能力承担此项目。

在项目执行的过程中，风险处处存在。如何在风险变成悲剧之前，提早找出问题点，即是风险分析的功能。鉴于嵌入式项目的多变性，在不同的项目中，即会有不同的风险产生。在风险分析阶段，应就各层面可能发生的问题，集思广益，并进行自问自答。

解决问题的最佳方式，就是尽量不要让问题发生。以系统工程角度来看，在项目进行的前期即进行项目的风险分析，将有效地评估项目初步可行性，并发现项目进行中可能会出现的问题。通过风险分析，及早地理清问题点，提出配套方案，将可节省许多项目资源。

3. 制订系统规格

系统的规格是数字化的系统需求，系统规格的制订是项目进行中最重要的一个阶段。制订系统规格实质是项目承担团队和系统委托方一起讨论制订双方都可以接受的最终交货标准。系统规格将会是以后系统开发的规范，也会是系统完成的标准。

规格制订阶段的目的在于将客户的需求，由模糊的描述转换成有意义的量化数据。规格制订的好处在于理清系统的边界。需求是一个模糊的概念，一直要等到有真实的数字出来后，系统实现才能有依据。比如，客户需要一个可以测量、记录温度的设备。当确定这个设备测量的温度范围、记录的时间、体积、重量、功耗等规格后，开发团队才可能进行下一步具体的设计。

制订系统规格主要从下面几个方面着手。

（1）系统功能。

对系统所做工作的具体描述。比如，系统可能会接收哪些输入？输入物理量是什么？以什么方式进行输入？需要进行前期处理吗？物理量的范围是否确定？系统需要哪些输出？可能需要驱动哪些外设？输出范围是什么？输入端取得的数据是否要经过

处理？这些功能的具体化全部需要在系统功能中做详尽的描述。

（2）系统限制。

系统限制在于发现系统使用上或开发上的限制。嵌入式系统可能被部署在各种环境中。温度、湿度、震动、电磁波干扰、电源供应、工业安全标准，以及是否要在特定时间内完成某项任务等，都是嵌入式系统可能会遇到的工作环境限制，由于这和系统所处的环境有关，所以要和专业人士做进一步的确认。另外，价格的限制会影响到系统的设计与组成组件。在价格成本的限制下，开发团队需要寻找适当的方案来应对。

（3）系统开发资源。

经费是系统开发的血液，没有经费，项目就无法正常运行。而且开发所需要的人力也需要经费支撑。项目的开发讲究时间的掌控，客户需要在一定的时间内将产品推至生产线才有可能得到预期的效果。因此在项目进行的过程中，时间也是一个重要的资源。专业人才的质量决定系统的质量与所需开发时间，如果在团队中没有相关的专业人才，就需要以外包的方式保证系统开发的顺畅。

（4）审核。

在制订系统规格阶段中，领域专家已经将一些专业的术语与数据转换成工程人员可以接受的词汇，因此开发团队可以就此进行深入的评估，在系统还未进入真正的设计与实现阶段前，开发团队可凭以往的经验、现行的成熟技术、研发的能力、项目资源等信息来评估这一版本的系统规格是否可行，是否可以在现有资源下完成，需不需要再进行修改等。如果发现目前的系统规格无法完成或部分无法完成，就必须回到系统规格阶段，重新讨论出双方皆可接受的新系统规格。

需求最终的确认不仅与技术、市场紧密相关，同时还是一个心理学问题，因为它不仅需要理解什么是用户需要的，而且需要理解他们是如何表达这些需求的，系统设计人员需要精炼系统需求，整理形成文档，如果可能可以先建立一个模型，模拟部分功能，让用户了解系统的初步使用以及交互方法。确定了最终需求，才能加快系统的设计和开发的速度，取得占据市场优势的上市时间。

2.1.3　方案设计

系统方案设计阶段是根据需求分析的结果，设计出满足用户需求的嵌入式系统产品，包括系统架构设计、硬件设计、软件设计。

1. 系统架构设计

系统架构描述了产品的整体构造和组成。嵌入式系统架构设计主要考虑以下因素。

（1）系统是硬实时系统还是软实时系统。在硬实时系统的情况下，对定时的要求非常严格（如实时工业控制），因此，需要详细进行实时性分析。在软实时系统的情况下（如 PDA 等），对定时的要求没有那么严格，偶尔运行超时不会对系统性能造成不利的影响。

（2）软件组成，如嵌入式操作系统、图形化人机界面、网络协议栈、库函数、驱动程序等。如果产品只包含非常简单的 I/O 操作，仅有一项或很少的任务需要处理，而且只要求软实时性能，那么操作系统可能就不是必需的，可以通过编写或采用一个很小的内核来创建必要的服务，否则，最好使用一个现成的嵌入式操作系统，这样可以加快开发的进度。

（3）主要元器件选择，包括嵌入式处理器（处理速度和字长）、存储器、端口等。微控制器通常包含 CPU、存储器（RAM、ROM 或者两者都有）和其他外部 I/O 端口（比如串行通信控制器），Intel 公司的 8051 系列处理器和 Freescale 公司的 68HCxx 系列处理器都被归入此种类型。对于小型应用，这就足够了；否则，需要一个微处理器；如果应用涉及信号处理，比如音频或视频处理，就需要选择 DSP 了。

在多功能系统中，嵌入式系统可以包含一个微控制器或微处理器和一个 DSP，来满足不同的功能。一旦明确地确定了想要的功能，必须选择所需的 I/O 端口部件，如串行接口、并行接口、以太网接口、音频 I/O 端口、视频 I/O 端口等。

（4）系统的成本、尺寸和耗电量。如果系统是针对大众市场的，比如是消费类电子产品，这些因素就很重要。此时，需要仔细考虑软、硬件的协同设计的问题。在协同设计中，需要确定用硬件实现或者用软件实现，哪个是更好的选择。一般的原则是，如果嵌入式系统中使用的算法和计算很可能改变，软件实现是理想的选择。用硬件实现模块需要更多的空间、更高的部件成本和更大的耗电量。通常，硬件模块的生产成本高于软件的生产成本。但是，软件实现降低执行速度，并且要求更高容量的存储器芯片和更高速度的处理器，这样代价也可能较高，对于那些需要在严格时间限制内完成密集的执行任务，必须用硬件来实现；可编程的算法可以用软件来实现，特别是灵活性和将来需要改进的算法。硬件和软件设计人员需要一起来解决这些问题。

2. 硬件设计

1）设计硬件子系统

除非硬件设计非常简单或使用现成的板卡，硬件子系统的设计一般采用由上而下（top-down）的设计方法。先将整个硬件分成各部件或模块，并画出一张或多张硬件部件的框图。用一个框图表示一个单独的电路板或电路板的一部分（如处理器子系统、存储器子系统可以作为一个模块）、外设等。把电路逻辑分割成大致对应于各功能的一些部件，这些功能将由某个成品芯片，某个需要开发的可编程阵列逻辑（programmable array logic，PAL）芯片等提供。例如，CPU 在任何情况下都是一个标准模块，同样的还有存储器芯片和很多其他模块，如 UART 部件、以太网部件、现场可编程门阵列（field programmable gate array，FPGA）、子电路板等。

硬件框图不仅对硬件设计者很重要，对软件工程师和项目管理人员也有很重要的参考作用。框图提供快速、直观的硬件各部件间连接、通信情况，而且有助于设计者在脑海中构建系统框架。

通常，决定用硬件还是软件来实现某个功能，一般来说，是性能与成本间的权衡，

或者开发成本（多些时间）与制造成本（多些硬件）间的权衡。例如，系统需要一个日历时钟，设计方案有两种，一种方案是采用硬件的实时时钟芯片，这种方法 CPU 的负担较轻，但是系统的硬件成本增加了；另一种方案采用软件时钟，利用处理器上的定时器/计数器，通过软件编程实现日历时钟的功能，这个方案 CPU 的负载加重，但是硬件成本降低。

2）定义硬件接口

接口的设计需要硬件设计者和软件设计者的协同工作。良好的接口设计可以保证硬件简洁、软件易于编写。硬件接口说明至少包括以下几点。

（1）I/O 端口：需要列出硬件所用到的所有端口，包括端口地址、端口属性（只读、只写、读写）、能写入各端口的所有命令和命令序列的意义。

（2）硬件寄存器：对每个寄存器，需要定义寄存器的地址、寄存器中的位地址，给出每个位表示的意义、对寄存器如何读写的说明。

（3）共享内存或内存映像 I/O 的地址：对内存映像 I/O，应说明每个可能的 I/O 操作的读写序列、地址分配。

（4）硬件中断：如果系统使用硬件中断，列出所使用的硬件中断号和分配到其上的硬件。

（5）存储器空间分配：系统中程序存储器占用的地址、空间大小。数据存储器占用的地址、空间大小。

（6）处理器运行速度：需提供系统处理器的运行速度。由于进行软件设计时，一些参数如 UART 的波特率是由 CPU 的时钟分频得到的，设置 UART 时必须知道 CPU 的时钟。

总之，硬件设计应该提供尽量多的信息给软件开发者，便于进行软件设计和编程。

3. 软件设计

（1）设计软件子系统。

软件设计通常也采用由上而下（top-down）的设计方法：先设计大的子系统，然后再进行细化，把大的子系统分成小的子系统，小的子系统再细分，以此类推，直到每个模块都减小成一个可管理的子系统为止。

软件是数据、数据结构和算法的综合体，它们一起完成某些特定的功能。当系统的硬件接口定义完成后，程序分析师负责软件整体设计，软件相应被分解成子系统或模块，分离出的软件模块可以由程序员并行开发。开发过程中需要以设计文档的形式提供子系统和模块的详尽功能描述，有利于各子系统的联合与组装。分解模块独立开发，可以复用以前的设计工作，避免重复开发每一个子系统。此外，也可以购买第三方的软件模块，以缩短产品上市的时间。例如设计一个嵌入式系统，包括 LCD 显示、UART 通信端口、以太网端口，设计时把这些模块分开，分别设计和实现，将会大大加快项目的进展。在设计嵌入式软件模块时，设计者必须用专业技能和专业知识确保系统实时性良好，并且在允许的范围内占用最少的存储空间。

（2）定义软件接口。

详细说明所用应用程序接口，如函数调用、数据结构以及各子系统接口用到的全局数据；说明头文件及使用的函数原型、数据结构声明、类声明等。通常在较大的系统设计时，软件系统总设计师给出模块之间的依赖关系，各个模块的程序设计者给出函数之间的依赖关系。

（3）规定出错处理方案。

有些嵌入式系统需要连续数天的无人值守运行，错误处理环节关乎系统运行的稳定性与安全性，因此错误处理策略的设置尤为重要。在设计与实现阶段均要预留出错或异常处理程序。当然，嵌入式系统的应用环境千差万别，不同的系统对于出错的处理方法也不尽相同，如有的系统具有自动复位功能；有的系统需要一个模块通知系统管理员进行处理；有的可能具有冗余功能，冗余监视模块监视系统的运行，当出现不可恢复的错误时，可进行切换。

错误处理方案应包括发生致命错误、系统关闭或崩溃情况出现时，系统有监视计时器来进行检测，并自动重新启动系统；软件运行异常或错误出现时，用户界面能即刻反应并提示；能将异常存储于本地日志文件并进行错误报告或远程报错。

2.1.4 项目执行

这个阶段的主要工作就是系统开发和系统测试。由于嵌入式系统的特殊性，既要包含硬件开发，又需要在硬件基础上开发相应软件。开发完成后需要测试其是否符合要求。测试过程中如果发现问题，需要通过调试找出问题的所在并解决。所以系统的开发、集成、调试、测试环节穿插反复进行，贯穿整个“项目执行”阶段。

1. 系统开发平台

嵌入式系统的开发平台主要包括硬件平台与软件平台。硬件平台的选择主要是嵌入式系统的核心部件——嵌入式处理器的选择；软件平台的选择主要是操作系统、编程语言、集成开发环境以及调试工具的选择。

1）嵌入式处理器

处理器的选择应根据用户的需求和项目的要求，同时还需要兼顾以下因素。

（1）处理器的性能指标。

性能指标包括处理器的时钟频率、内部寄存器存容量、处理数据的字宽、是否需要浮点运算、外部接口的集成情况等。处理器的处理速度一般用每秒执行百万指令数（million instructions per second，MIPS）来表示，如果系统需要大量的浮点运算，那么可以用每秒百万次浮点操作（million of float-point operations per second，MFLOPS）来表示。

许多嵌入式处理器提供内置外设（如 UART、以大网控制器、液晶控制器等），这样可以减少芯片数量、增强系统功能、降低系统成本、提高系统可靠性。因此，在选择处理器时，尽量选择单芯片方案，也就是说，嵌入式系统所需要的 I/O 功能尽量集成在嵌入式处理器上，减少外接。

功耗也是需要考虑的主要因素，尤其是随着手持消费类电子产品的飞速发展，高性能、低功耗，价格合理是此领域处理器产品的重要特点。

注意：处理器的性能指标不要选得过高，高性能的处理器不仅成本高，而且开发起来比较困难，配套外围电路的成本也比较高，原则是要满足系统的需要，匹配项目的技术指标，考虑一定的余量即可。例如，移动设备选择 ARM 内核的处理器；消费类处理器可选择 Motorola 公司的 DragonBall 系列；通信类控制器可选择 Freescale 公司的 PowerPC 系列；小型工业控制可选择 ATMEL 公司的 AT91 系列；DSP 可选择 TI、Freescale、ADI 等公司的产品。

（2）处理器的软件支持工具。

这里主要指的是嵌入式操作系统的支持，一种新的处理器并非会被所有的嵌入式操作系统支持。另外，还需要考虑开发语言与交叉编译器等的支持。

（3）处理器的调试支持。

有的处理器没有集成的调试支持，其开发必须使用在线仿真器。低速处理器的在线仿真器耗时但比较便宜，高速处理器的在线仿真器非常昂贵，因此尽量选择内置硬件调试功能的处理器，如联合测试行动小组（Joint Test Action Group，JTAG）的国际标准测试协议等。现在大多数的嵌入式处理器具备了集成的调试功能，但价格并没有增加太多，如大多数 32 位的嵌入式处理器均集成了 JTAG 接口。

（4）处理器制造商的可信度。

这里需要根据产品的生命周期进行决策。在决定选择某个处理器前，设计者必须明确该处理器的供货量足够、技术支持和开发水平。一般地，尽量选择规模大的处理器供应商或者在某一方面专业的处理器供应商。

（5）对选择的处理器是否熟悉。

项目的开发人员需要在处理器本身的成本和开发成本之间作一个权衡。最为完美的是不仅选择的处理器各种指标都符合要求，项目组人员还对这种处理器很熟悉，那么开发过程一般会很顺利；但是当处理器在满足功能和开发人员熟练程度对立的时候，应该优先考虑处理器的性能，而不是开发人员的熟悉程度，虽然开发人员需要投入一定精力与时间去熟悉这种处理器的使用，会影响开发进度增加成本，但目前嵌入式技术开发环境很完善，几乎每一个处理器的制造商都提供了完善的技术支持，大多数嵌入式处理器的制造商都提供了评估板，为嵌入式产品开发者尽快熟悉使用此嵌入式处理器提供了便利条件。

总之，在选择处理器时，应该多作调研，尽量选择有成功案例的方案，这样可以避免做出错误的决策。

2）其他硬件部件

其他硬件部件包括单个集成电路、单元电路板、机械部件等。如果产品开发时间充足，使用数量越大，越值得自己去设计和开发、制造硬件，从而降低成本。相反，如果量很小，尽可能选择从第三方购买成品的硬件。

3）嵌入式操作系统

选择嵌入式操作系统是一个关键的决定。操作系统与硬件配置相关，应根据项目对嵌入式操作系统功能和性能的需求进行选择。硬件配置是挑选操作系统的重要因素，开发者可根据项目对嵌入式操作系统的功能和性能需求进行选择，并从以下几个方面进行参考。

（1）所需操作系统的类型。首先根据应用选择操作系统的类型。如果用于工控等复杂系统，则需要一个实时内核，如果是应用于掌上或随身设备等简单系统，则不严格要求实时性。其次考虑操作系统的功能及获取方式，操作系统是否要包括除文件系统、人机界面、网络支持（TCP/IP 协议等）、计算机卡支持、只读光盘支持（compact disc read-only memory，CDROM）、浮点仿真运算，以及串行 I/O 支持外的功能；另外，根据开发时间、人员等成本考虑是自己开发、还是购买商用操作系统或源码开放的免费操作系统。

（2）操作系统配套的开发工具。有些操作系统只支持该系统供应商的开发工具，即必须在操作系统供应商那里获取编译器、调试器等。有些操作系统使用广泛，有第三方工具可供使用。

（3）操作系统的移植难度。不同的操作系统的移植难度不同。大多数操作系统的供应商会提供流行的标准板的支持包，厂家也会提供一些移植的模板以供用户参考，尽可能选择可移植程度高的操作系统，加快系统开发进度。

（4）操作系统的内存要求。操作系统需要的内存越大，意味着目标板需要安装的存储器容量越大，加大了系统的成本。

（5）操作系统是否包括特殊的调试支持。有些操作系统允许用户打开特殊的调试层，并深入操作系统内部去调用一些有助于跟踪解决应用程序问题的功能。还有的操作系统提供源代码，但是提供源代码的操作系统不一定更方便用户的使用，因为用户开发的重点在于应用，而不是操作系统。所以，提供功能强大的调试手段是必要的。

（6）操作系统是否有目标硬件的驱动程序。针对某一种嵌入式处理器的操作系统，一般会提供处理器上的设备驱动程序。如果使用者的操作系统不支持该嵌入式处理器的设备驱动程序，那么必须开发多数操作系统会提供开发的模板代码。

（7）操作系统是否有可伸缩性。具有可伸缩性的操作系统使用灵活，用户可以方便地裁剪不需要的部分，以降低对硬件的资源要求，否则不必要的系统功能会消耗内存资源而增加产品的成本。

4）编程语言

选择系统开发语言，这一过程比较简单，目前在嵌入式系统开发中，使用比较多的语言是 C 语言或 C 语言与汇编语言的混合语言；其次是 Java、嵌入式 C++等。一般而言，越是高级的语言，其编译器和运行库附件的开销越大，应用程序越大，运行速度越慢。例如，已经公认用汇编语言能写出最小、最快的程序。但是如果使用汇编语言编写所有的代码，虽然对于处理器来说该代码的执行效率最优，但是对编程者来说会增加编程难度，甚至可能延误项目期限。反之，如果用高级语言编写应用程序，生成目标程序可能要比使用汇编语言慢，并且内存要求和处理器性能要求可能会超过技术指标的容

限。因此，必须根据应用程序的开发时间和运行性能来选择开发语言。

嵌入式系统往往选择 C 语言或 C 语言和汇编语言混合编程方式，几乎所有的嵌入式系统的编译器和连接器都支持混合编程方式。在项目开发时，大多数程序使用 C 语言开发，时间关键部分和访问硬件的部分可以使用汇编语言开发。使用 C 语言开发带来性能的降低可以通过采用更高性能的处理器和更大的内存来解决，通常不会增加太大的系统成本。

目前随着 Microsoft 公司嵌入式可视化工具（embedded visual tools，EVT）的使用，利用 Visual Studio 环境下的开发技术来从事嵌入式软件的开发工作已成为现实。如果在 Windows Embedded 下编写应用程序，那么开发者可以利用 VC++语言或 VB 语言环境，便于程序的开发和嵌入，大大缩短了软件研发周期。

如果所选择的嵌入式操作系统提供了 Java 虚拟机（Java virtual machine，JVM），也可以使用 Java 语言编写应用程序。当然，在选择 Java 语言之前，需要考虑性能问题。如果想要为各种硬件和操作系统环境开发嵌入式软件，那么 Java 语言是个不错的选择。如果嵌入式设备要具备网络功能，那么 Java 语言也是最佳选择。但是众所周知，Java 语言的运行效率比较低。

5）评估板

为了加快嵌入式系统的开发，一般先使用评估板进行开发，在评估板上开发、运行、调试成功之后，再根据评估板裁剪具体应用中不需要的硬件，最后做成产品板，调试成功后再大量生产。有很多厂商提供这种评估板应用于嵌入式系统开发，如 ARM 公司的 ARM Evaluator-7T、LINEO 公司的μCSimm 等。

一般的开发平台都需要在评估板上提供微处理器、存储芯片、I/O 等部件，在软件方面提供系统的开发平台和下载工具，还有驻留在硬件上的 Bootloader 程序。对于有嵌入式操作系统的评估板，还需要提供操作系统开发工具。

2. 嵌入式系统软件开发与验证

1）软件开发

使用嵌入式操作系统的情况下，嵌入式软件开发主要分如下几个步骤。

（1）建立交叉开发环境。

交叉开发环境（cross development environment，CDE）是嵌入式系统开发中必不可少的编程环境。由于嵌入式系统资源受限，目标机基本上只提供运行环境，开发环境一般需要搭建在主机上。由于主机和目标机的体系结构存在差异，那么在主机上开发目标机器上运行的程序，就需要交叉开发环境。例如，可以在个人计算机上利用 ADS 或 SDT 开发 ARM 目标板上运行的程序，即利用个人计算机进行程序编辑、编译、定位连接等，然后形成 ARM 目标板可运行的代码，那么 ADS 或 SDT 与个人计算机就构成了交叉开发环境。按照发布的形式，交叉开发环境主要分为开放和商用两种类型。

（2）交叉编译和连接。

使用建立好的交叉开发环境进行编译和连接工作。比如 ARM 公司的 gcc 交叉开发

环境中，arm-Linux-gcc 是编译器，arm-Linux-1d 是连接器。但并不是说对于一种体系结构只有一种编译连接器，比如对 MC68K 体系结构的 gcc 编译器而言，就有多种不同的编译器和连接器。如果使用 COFF 格式的可执行文件，那么在编译 Linux 内核时需要使用编译连接器 m68k-coff-gcc 和 m68k-coff-1d，在编译应用程序时需要使用 m68k-coff-pic-gcc 和 m68k-coff-pic-ld 的编译连接器。这是因为应用程序代码需要编译成为可重定位代码。这样，即使由于内核占用位置，导致应用程序存放的位置不同，但开发人员仍可以使用相对地址运行应用程序。

在连接过程中，对于嵌入式系统的开发而言，应尽量使用较小型的函数库，以使最后生成的可执行代码尽量小。因此在编译中使用的一般是特殊定制的函数库。

（3）重定位和下载。

编译、连接形成目标板使用的 image 文件后，就可以通过相应的工具与目标板上的 Bootloader 程序进行通信。可以使用 Bootloader 提供的或者通用的终端工具与目标板相连接。一般在目标板上使用串口，通过主机端软件工具和目标板通信。Bootloader 中提供下载等控制命令，能够完成嵌入式系统在目标板上正式运行之前对目标板的控制任务。Bootloader 指定 image 文件下载的位置。在下载结束之后，使用 Bootloader 提供的运行命令，从指定地址开始运行开发的程序。这样，一个完整的嵌入式软件便开始运行了。

（4）调试。

嵌入式系统的调试有多种方法，也被分成不同层次。就调试方法而言，有软件调试和硬件调试两种方法，前者使用软件调试器调试嵌入式系统软件，后者使用仿真调试器协助调试过程。就操作系统调试的层次而言，有时需要调试嵌入式操作系统的内核，有时需要调试应用程序。由于嵌入式系统特殊的开发环境，调试时需要目标运行平台和调试器两方面的支持。

2）主机系统上软件验证

在目标系统的硬件没有完善的情况下，可以在开发主机上验证软件；在主机上验证完成后，仍然需要在目标板上进行验证和测试。目前有些嵌入式系统开发工具供应商，提供了在开发主机上验证目标系统的各种工具，如 ARM 公司的软件仿真环境可验证软件的执行时间、MathWorks 公司的 Simulink 工具可以仿真网络协议的开发、ATI 公司的 MNT 可以仿真嵌入式应用软件的开发，这些公司也有文件系统的仿真开发工具，这些工具都可以作为嵌入式软件的验证平台。一般地，在主机上验证软件只能验证软件的一部分功能和一部分性能，最终的验证和测试还需要移植到目标板上进行。

3）目标系统上软件验证

软件在主机系统上测试通过，就可以移植到目标板上，以对功能和性能进行完整的测试。在这个阶段硬件工程师和软件工程师必须一起工作以确保软件按照设计要求工作。如果没有达到性能目标，代码优化就成为本阶段的首要任务。但是，随着性能良好的仿真器的使用，软件验证很大程度上可以在主机系统上完成。

4）代码优化

嵌入式系统软件开发的目标不仅要实现预定的功能，更重要的是利用最优的代码完

成上述功能。这里的最优包括两方面的含义：代码长度最短和执行时间最短。有时这两方面是矛盾的，需要在代码长度和执行速度两者之间取得平衡。根据具体应用，需要决定哪一个优先级更高。如果嵌入式系统有存储器限制，那么速度不是主要关心的问题，而代码长度很重要；如果要满足实时条件，那么执行速度比代码长度更加重要。可以使用如下的方法进行代码优化。

（1）清除程序中的无用代码，也就是说，清除那些从不执行的代码。有经验的编程人员会确保他们的程序中不包含无用代码，但编程新手编写的程序中往往会包含一些无用代码，比如那些初始化变量的语句，执行中可能根本就不使用这些变量。一般的编译器会辅助程序员检查无用的代码和变量。

（2）消除为调试所引入的代码。为了看到程序的输出，开发人员往往使用很多的 prinf 语句向标准设备输出字符串，以验证程序的执行结果。

（3）避免使用大型的库例程。标准 Linux 操作系统已经有了标准的函数库，现在为了适应嵌入式 Linux 的开发和应用，已经出现了小体积的用于嵌入式 Linux 开发的函数库，应避免使用大型的库例程。

（4）避免使用递归式例程，因为它们需要很大的堆栈。例如，编写一段计算阶乘的程序，可以使用递归方法，也可以不使用递归方法。桌面应用程序编程人员可以使用递归方法，而嵌入式软件编程人员应该避免使用递归方法。

（5）避免浮点操作。如果一定要进行浮点操作，必须将它们转换成定点操作，或使用具有浮点处理功能的处理器，尽量不要进行浮点仿真，因为浮点仿真代码不仅占用空间大，而且执行速度慢。

（6）通过使用非常简单的诀窍来减少计算要求，如乘法可以通过左移操作来完成。

（7）将访问最频繁的变量声明为寄存器变量或自动变量。

（8）尽量使用无符号数据类型。

（9）如果某个函数或例程消耗大量的运行时间，那么就将该函数或例程用汇编语言来编写。

（10）与处理器的开发工具一起提供的编译器中有一个代码优化器。编译器具有代码优化等级，通常为 0～3 级，3 级为最高级别。当编译程序时，将优化级设置为所需的等级。

3. 嵌入式系统的测试

嵌入式系统软件的测试工作与应用软件的测试工作有共同之处，也有独特之处。嵌入式开发人员经常会使用一些在应用软件开发中不使用的基于硬件的测试工具。

1）测试目的

硬件测试主要完成硬件电路的功能和指标的测试，主要是通过采集的信号测试电路设计的合理性、完整性。不同系统的指标要求不同，目前国内外对嵌入式系统产品都有了相关的强制指标，如国外的电磁兼容性测试标准、国内新实行的 3C 认证等。

软件测试同样重要，通过软件测试可以发现软件中的错误、减少用户与公司的风险、

节约开发与维护成本、提高产品性能。

计算机科学理论最早的重要成果之一是停机定理，它指出只要给予足够多的测试，就能证明一个程序是有缺陷的。测试并不能证明程序的“正确”，而只能找出错误，记住这一点是非常重要的。有经验的程序员都明白任何程序都有错误。要知道程序中还有多少错误的唯一方法就是用经过精心设计和量化的测试计划来进行测试。

测试可以将开发人员、公司及客户的风险降至最低。测试的目标是证明系统与软件正如设计所要求的那样正常工作。测试人员想要保证产品尽可能地安全，简而言之，他们想在系统与软件在现场运行之前，找出所有可能的错误或缺陷。有缺陷的产品一到现场，缺陷就会暴露出来，从而给公司和客户造成巨大损失。这样的案例举不胜举，如某公司由于设计的缺陷，从用户那里召回相当数量的产品，造成的损失可想而知。

对于关键性的系统，关键性的软件模块尤其需要重视测试工作。例如医院中的放射性治疗仪，如果出现问题，可能会造成重大的医疗事故。工厂中的自动化控制设备、核电站的控制系统、军事中的武器控制系统等，这些系统中并非所有的软件都是关键的，但是关键的软件需要格外重视测试。

惠普公司 1990 年由于软件开发错误造成的损失高达 4 亿美元。这笔钱相当于公司一年的研发费用的 1/3，因修正这些错误还增加了 67%的工资支出。这一结果震惊了惠普公司，为此他们开展了更加细致的测试工作以求在编写软件中消除错误。错误越早发现，修改费用就越低。在已经发行的产品中寻找缺陷及错误的成本比在单元测试期间明显高得多。

测试最优系统性能，找到并清除死代码及无效代码，不仅可以使软件代码更加简洁，并且还能避免硬件重新设计的可怕后果。

2）测试方法

通常嵌入式系统测试包括黑盒测试、白盒测试与灰盒测试。

（1）黑盒测试。

黑盒测试也称为功能测试，这类测试方法根据系统的用途和外部特征查找缺陷，不需要了解程序的内部结构。黑盒测试最大的优势在于不依赖代码，而是从实际使用的角度进行测试。因为黑盒测试与需求紧密相关，需求规格说明的质量会直接影响测试的结果，黑盒测试只能限制在需求的范围进行。在进行嵌入式系统的黑盒测试时，要把系统的预期用途作为重要依据，根据需求对负载、定时、性能的要求，判断是否满足这些需求规范。黑盒测试一般包括：极限情况测试，测试中有意使输入通道、内存缓冲区、内存管理器等部件超载；边界测试，检测待测试模块的输入输出处于边界情况时会发生什么；异常测试，进行系统异常或运行失败的相关测试。

（2）白盒测试。

白盒测试又称为覆盖测试。这类测试方法主要检查程序的内部设计，根据源代码的组织结构查找系统缺陷。白盒测试一般要求测试人员对系统的结构和作用要有详细的了解。白盒测试与代码覆盖率密切相关，可以在白盒测试的同时计算出测试的代码覆盖率，保证测试的充分性。由于高可靠性的要求，嵌入式系统测试通常要求有很高的代码覆

盖率。

典型的白盒测试包括：语句测试，选择的测试实例至少执行一次程序中的每条语句；判定或分支覆盖，选择的测试实例使每个分支至少运行一次；条件覆盖，选择的测试实例使每个判定表达式中的每个条件都取到各种可能的结果。

（3）灰盒测试。

灰盒测试是介于白盒测试与黑盒测试之间的测试，并结合了两者的要素。灰盒测试既关注输出对于输入的正确性，同时也关注内部表现，但这种关注不像白盒那样详细、完整，只是通过一些表征性的现象、事件、标志来判断内部的运行状态。灰盒测试考虑了用户端、特定的系统知识和操作环境，在系统组件的协同性环境中评价应用软件的设计，比黑盒测试更关注程序的内部逻辑。当黑盒测试输出结果难以得出确定的结论时，若直接用白盒测试来操作，则需要消耗大量的时间，因此需要采取灰盒测试，通过逻辑分析实现错误定位，缩小测试范围，以提高测试效率。与白盒测试相比，灰盒测试具有较高的时间产出比。

一般地，黑盒测试更多的是模拟用户操作，面对产品功能的设计与实现。白盒测试是针对研发人员，在具体的程序代码及基本硬件结构层面实现确定的功能。而灰盒测试更加侧重模块之间的接口测试，既要考虑产品设计要求，又要考虑功能实现的效果。

3）测试工具

用于辅助嵌入式系统测试的工具很多，下面对几类比较有用的嵌入式系统的测试工具加以介绍和分析。

（1）内存分析工具。

在嵌入式系统中，内存通常是有限的。内存分析工具用来发现动态内存分配中存在的缺陷。当动态内存被错误地分配后，通常难以再现，这种失效难以追踪，使用内存分析工具可以避免这类缺陷进入功能测试阶段。目前有软件和硬件两类内存分析工具。基于软件的内存分析工具成本小、使用方便，但可能会影响代码性能，导致代码的实时性较差。基于硬件的内存分析工具实时性较强，但其价格昂贵，而且只能在工具所限定的运行环境中使用。

（2）性能分析工具。

在嵌入式系统中，程序的性能通常是非常重要的。经常会有这样的要求，在特定时间内处理一个中断或生成具有特定定时要求的一帧。性能分析工具会提供有关的数据，从而可以决定如何优化软件，获得更好的时间性能。对于大多数应用来说，大部分执行时间用在相对少量的代码上，费时的代码估计占所有软件总量的 5%～20%。性能分析工具不仅能指出哪些例程花费时间，而且与调试工具联合使用可以引导开发人员查看需要优化的特定函数，性能分析工具还可以引导开发人员发现系统调用中存在的错误及程序结构上的缺陷。

（3）GUI 测试工具。

很多嵌入式应用带有某种形式的图形用户界面，有些系统性能测试根据用户输入响应时间进行。GUI 测试工具可以作为脚本工具在开发环境中运行测试用例，其功能包括对操作的记录和回放、抓取屏幕显示供以后分析和比较、设置和管理测试过程等。

（4）覆盖分析工具。

在进行白盒测试时，可以使用代码覆盖分析工具追踪哪些代码被执行过，测试人员对结果数据加以总结，确定哪些代码被执行过，哪些代码被遗漏。覆盖分析工具一般会提供功能覆盖、分支覆盖和条件覆盖的信息。

4）测试策略

（1）单元测试。

单元测试也被称为功能测试，是系统测试中的最小单位，也是系统测试的基础。目的在于检验一个小的程序模块或硬件的子系统（内存、周边等）是否如预期运行。在软件的测试方面，利用已建好的功能测试程序，可以有效地检查系统是否符合设计需求。在另一方面，使用设计良好的硬件测试程序也可以确认底层硬件是否正常地运作。

单元测试时，需要特别注意被条件限制的代码，例如，以下 exec2 代码由于很少被执行而被忽视：

```
if(condition)
    exec1
else
    exec2
```

如上例所示，仅当系统的 condition 不满足时才执行 exec2 中的代码。在某些系统中，测试阶段的 condition 往往为真，意味着 exec2 往往不被执行，因此 exec2 的正确性无法保证。对此有的程序员忽略了其测试工作，正确的方法是置 condition 为假，强制执行 exec2，测试它有无错误。

在单元测试时尽量测试到所有代码，减少此类错误在集成测试中被发现的概率。例如，硅谷的某个主要网络设备厂商做了一项调查研究，主要统计软件集成时所出现问题的主要来源，结果发现在项目集成阶段找到的错误中有 70%是由在单元测试中从未被测试过的代码产生的。

（2）集成测试。

在完成功能模块的实现与测试后，开发团队需要对系统进行集成测试。系统中的子系统是一些功能模块的组合，比方说嵌入式系统的文件系统就需要操作系统、文件系统、内存驱动程序互相配合来完成存取文件的功能。在功能测试阶段，每一个模块理论上都已经通过了基础的测试，但是这并不代表此功能模块可以和别的模块完美地集成，集成测试的目的在于发现模块与模块集成时出现的问题，让系统在子系统层次上得到质量保证。

（3）系统测试。

在所有的软硬件模块组合成系统之后，就需要对系统进行系统测试。系统测试的目的在于测试系统是否达到系统规格的要求。开发团队需要用不同的测试程序或方法来测试系统的行为是否和预期相同。进行到系统测试阶段，出现的问题可能会更加复杂，往往要追溯到单元测试或集成测试，由此可见前期测试环节的重要性。

（4）环境测试与移交测试。

由于嵌入式系统需在不同的环境中使用，因此针对系统的需求，开发完成的产品在交给客户之前，需要进行环境测试，以确定整个系统可以在其操作环境下顺利运行。不同的环境，可能会带给系统不一样的冲击，因此，在系统设计时，开发团队就应该将其列入测试范围。但是由于使用环境或系统操作者的多变性，使得系统的稳定性倍受挑战。在环境测试中，由于系统处在一个真实的操作环境，所以可以进一步地找出例外状况。

为了加快环境测试的进度，有一些系统会进行加速测试，如卫星系统会放入模拟的环境中，在比真实环境更恶劣的状况下测试卫星，使潜在的问题提早被发现。

在通过环境测试后，整个系统的功能与稳定性皆能为客户所接受，就可以开始进行系统的移交了。移交测试就是从用户使用角度来验收系统。由于用户和开发者的观点不一样，所以用户可能会以各种工程师事先没有预想到的方式对系统进行操作，如果这一阶段，系统顺利通过用户的测试，系统的开发可以告一段落。当然，随着系统使用时间的增加，会衍生出许多额外的问题，即项目需要售后服务的原因。

2.1.5　项目结题

产品开发完毕并移交给客户并不等于项目已经结束。客户在使用产品的过程中还会发现一系列的问题，此时开发团队还需要服务客户，这就是售后服务。售后服务是一种保障客户权利的措施，相对的也是开发团队的义务。当售后服务也结束了，项目就结题了，但最终还应该进行一场项目讨论，来总结学习项目开发过程中遇到的问题、经验。项目讨论是项目的反馈机制，通过这一程序，项目团队的经验才可以被记录下来，也就是说，这是一个撰写项目历史的过程。

1. 售后服务

虽然项目的产出经过了无数的测试，但是系统在实际执行环境过程中却难免会出现与设计预期不符的情况。除此之外，用户在使用过程中或许会变更需求，产品开发商会要求开发团队加入新的功能等，总之，系统出货后产生的问题，会比在设计阶段中预想到的问题更加复杂，系统实际运行环境远比在实验室的多变。另外，随着时间、市场、需求的改变，开发团队必须升级或者重新设计目前的系统，这些都属于售后服务范畴。

从系统生命周期起始，即正式转交给客户，到生命周期结束，即系统“退役”，这期间都需要系统的维护或升级。因此根据不同的系统生命周期，需要拟定相关的维护计划。对于生命周期短的产品，或许系统尚未出现故障，就被用户搁置或淘汰了。而生命周期长的系统，在其使用年限内，都需要备足系统中易损部件以供用户更换。

2. 项目讨论

项目进行过程中，需要留存多个相关的文件，成为项目历史的重要组成部分。在项目完成后的项目讨论中，纵观项目整体，无论是成功或失败的经验，都是团队最重要的资产。在项目讨论中，将项目经验记录成册，避免其随着人员的流动而消失。但是，如果项目团队留存的信息过多，且未经过良好的整理与分类，那么对于团队与新进的人员来说，不但不是一种好的经验来源，反而会变成一种额外的负担。

因此，现在很多公司提倡知识管理。知识管理本身的立意即在于保存众人的知识与经验，并经有效地分类与整理后，让公司内部人员都可以享受到这些宝贵的经验。对于嵌入式系统的开发团队来说，知识库中可能存有开发大型系统工程项目的经验，也可能存有小的系统调试的程序。知识管理系统的构建，可将知识库保存在电子媒介而非人脑，知识不会随人员流动而消失，前人宝贵的经验有利于今后遇到类似问题的解决。

2.2　嵌入式系统的工程设计方法

嵌入式系统工程的设计方法主要体现在系统整体的设计思想上。从解决实际工程问题的不同角度出发，嵌入式系统工程的设计思想可以分为面向过程思想和面向对象思想。在实际应用中，对于结构简单、资源有限的嵌入式系统工程，使用面向过程的思想进行开发，可以使系统的性能更高，程序流程更加清晰易懂；而对于较为复杂的系统工程，使用面向对象的思想进行开发，更便于系统的维护、复用与扩展。使用面向对象思想来解决问题的一种设计工具是统一建模语言（unified modeling language，UML）。UML以面向对象图的方式来描述任何类型的系统，通过描述类之间的关系等，可以更好地实现面向对象的设计。下面分别对面向过程思想、面向对象思想以及 UML 系统建模进行详细的介绍。

2.2.1　面向过程思想

1. 由上而下方法

由上而下方法（top-down approach）是一种“至顶向下，分布求精”的解决问题方法。嵌入式系统工程设计的由上而下方法通常指遵循系统工程的流程，将问题逐步地分解为确定需求、制订系统规格、设计、实现、测试等环节，至顶向下，最终完成系统设计。

【例 2-1】 洗衣机洗衣程序按由上而下方法设计，洗衣可被分解为注水—洗涤—排水—脱水，至顶向下犹如“瀑布”模式。以伪代码形式分解如下。

（1）注水：

```
启动注水开关
while 水位满足要求
关闭注水开关
```

（2）洗涤：

```
启动电机
do
```

```
{ 电机转动
}
while 洗涤时间到
关闭电机
```

（3）排水：

```
启动排水开关
while 水位为 0
关闭排开关
```

（4）脱水：

```
启动排水开关
do
{ 电机快速转动
}
while 脱水时间到
关闭电机，关闭排水开关，发出提示音
```

由上而下将问题逐步地分解，将复杂问题简单化，从而有利于问题的解决。

2. 由下而上方法

由下而上方法（bottom-up approach）是向上增长模式。通常源于已有的基础或组件，逐步向上延伸，最后完成整个系统。可见，系统会受限于已存在的基础或组件。但是，在嵌入式系统工程实际应用中，项目设计通常采用的是两种方式相结合的方法。

2.2.2　面向对象思想

当系统需求简单或直接面对单一问题时，最直接快速的解决方案是将问题分解成一系列步骤，第一步先做什么，第二步再做什么，这就是传统的面向过程思维模式。使用面向过程模式解决问题时，属性和方法是分开的，复用的层次只局限于方法。

但是，随着系统需求的日益增加、功能及复杂程度的不断增大，为了使系统易于开发与维护（易于开发意味着不是从零开始，应具有良好的前期基础，便于维护则意味着系统是否能够适应新的变化），开发时就不能单纯考虑每一步的内容，还要考虑一旦产生变化，如增加功能系统能否灵活应对。这就是面向对象开发模式的起源，使用抽象替代具体，解决系统的可重用性、可扩展性。例如，用户有如下需求：需要将很多条粗细不一的管子从 A 处连接到 B 处，然后从 A 向 B 放水。如果是面向过程的思想，就需要一一去连接。而面向对象则开发一种“黑盒”，“黑盒”两侧提供符合不同管道粗细的接口，内部则封装了接口一致的通路，使用时用户无须考虑每条管子从 A 到 B 的连接过程，而只需要连好 A、B 端相应的接口，就可以完成从 A 放水到 B 的功能，灵活性更强。这便是面向对象的思想。但是，如果只有一根管子的话，面向过程是很简单的，面向对象则需要做很多前期处理才能达到目的。所以面向对象和面向过程其实没有简单的优劣之分，只是适用场合的区别。

面向对象利用封装、继承、多态将具体问题抽象成为类和对象，然后再分析这些类和对象具有的属性和方法，最后分析类和类之间具体有什么关系，实现属性和方法的聚合，从而大大提高了复用性与可扩展性。

面向对象开发需要先分析再设计，最后去实现，所以面向对象的开发由面向对象分析（object-oriented analysis，OOA）、面向对象设计（object-oriented design，OOD）和面向对象编程（object-oriented programming，OOP）组成。

通过 OOA 将系统抽象为对象及类。对象是客观世界中存在的具有某种特征或状态，以及能力或行为的实体，特征的描述是静态的，行为的描述是动态的。使用计算机语言对问题域中事物的描述也被称为对象，它通过“属性（attribute）”和“方法（method）”来分别对应事物所具有的静态属性和动态属性。类可以作为属性相同对象的模板，类中定义了这一类对象所具有的静态属性和动态属性。对象则为该类的一个具体实例。所以实例（instance）与对象（object）等同。OOA 还需要分析各个类的功能、行为，即分析与定义每个对象的属性与方法。

OOD 是将 OOA 所建立的分析模型转变为软件构造蓝图的设计模型，即在预定义的基本类框架上构建一个系统，这个阶段需要进一步确定各个类之间的关系。

OOP 是指将 OOD 的系统模型程序化，即具体实现，强调的是分析及解决问题的思路，而具体编程所使用的语言，仅仅为实现工具。

2.2.3 面向对象建模基础

建模是为了更好地理解系统。模型有助于按照实际情况或需求对系统进行可视化；模型有助于清晰地列出系统的结构、行为；模型提供了构造系统的模板；模型便于人员间的交流与沟通。

统一建模语言（UML）是一种标准的图形化建模语言，在系统开发与设计中起到巨大的作用，是程序开发者、系统设计师、工程师、项目管理者交流的标准语言。

UML 的目标是以面向对象图的方式来描述任何类型的系统，具有很宽的应用领域。其中最常用的是建立软件系统的模型，但它同样可以用于描述非软件领域的系统，如机械系统、企业机构或业务过程，以及处理复杂数据的信息系统、具有实时要求的工业系统或工业过程等。总之，UML 是一个通用的标准建模语言，可以对任何具有静态结构和动态行为的系统进行建模。

此外，UML 适用于系统开发过程中从需求规格描述到系统完成后测试的不同阶段。在需求分析阶段，可以用用例来捕获用户需求。通过用例建模，描述对系统感兴趣的外部角色及其对系统（用例）的功能要求。分析阶段主要关心问题域中的主要概念（抽象、类和对象等）和机制，需要识别这些类以及它们相互间的关系，并用 UML 类图来描述。为实现用例，类之间需要协作，这可以用 UML 动态模型来描述。在分析阶段，只对问题域的对象（现实世界的概念）建模，而不考虑定义软件系统中技术细节的类（处理用户接口、数据库、通信和并行性等问题的类）。这些技术细节将在设计阶段引入，因此

设计阶段为构造阶段提供更详细的规格说明。

编程（构造）是一个独立的阶段，其任务是用面向对象编程语言将来自设计阶段的类转换成实际的代码。在用 UML 建立分析和设计模型时，应尽量避免考虑把模型转换成某种特定的编程语言。因为在早期阶段，模型仅仅是理解和分析系统结构的工具，过早考虑编码问题十分不利于建立简单正确的模型。

总之，标准建模语言 UML 适用于以面向对象技术来描述的任何类型系统，而且适用于系统开发的不同阶段，从需求规格描述直至系统完成后的测试和维护。

UML 模型由事物（things）、关系（relationships）及图（diagrams）构成。

1. 事物

事物是对模型中最具有代表性成分的抽象，为UML模型中最基本的构成元素。UML包含4种事物。

（1）构件事物：描述概念或物理元素，是 UML 的静态部分，包括类（class）、接口（interface）、协作（collaboration）、用例（use case）、主动类（active class）、构件（component）和节点（node）。

（2）行为事物：描述跨越空间和时间的行为，是 UML 模型的动态部分，包括交互（interaction）、状态机（state machine）。

（3）分组事物：描述事物的组织结构，是 UML 模型图的组织部分，主要将元素组织成组，也被称作包（package）。

（4）注释事物：用来对模型中的元素进行说明、解释的简单符号，是 UML 模型的解释部分，负责对元素进行约束或解释（note）。

2. 关系

关系把事物紧密联系在一起，UML 提供以下几种关系。

（1）依赖（dependency）：是两个事物之间的使用关系，一个类的实现需要另一个类的协助。箭头为虚线箭头，指向被使用者。

（2）关联（association）：是一种拥有关系，它指明一个类拥有另一个类的属性和方法。箭头为实线箭头，指向被拥有者。

（3）泛化（generalization）：表示的是一种继承关系，一般与特殊的关系，它指定了子类继承父类的所有的特征和行为。箭头为带三角的实线箭头，箭头指向父类。

（4）实现（realization）：是类元之间的关系，一种类与接口的关系，表示类是接口所有特征和行为的实现。箭头为带空心三角的虚线箭头，箭头指向接口。

3. 图

图是事物和关系的可视化表示，由各种图形符号组成，用来表述模型元素之间的相互联系。UML 从系统的不同角度出发，定义了用例图、类图、对象图、状态图、活动图、时序图、协作图、构件图、部署图 9 种图。这些图从不同的侧面对系统进行描述。

系统模型将这些不同的侧面综合成一致的整体，便于系统的分析和构造。

UML 定义了 4 种结构图，即静态图：类图、部署图、对象图、构件图。UML 定义了 5 种行为图，即动态图：用例图、时序图、协作图、状态图、活动图。见图 2-2。

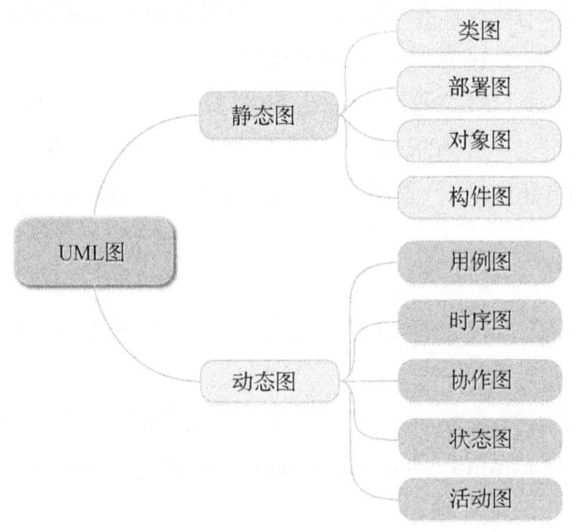

图 2-2　UML 图

（1）用例图（use case diagrams）：用例图从用户角度描述系统功能，是用户所能观察到的系统功能的模型图。主要目的是说明系统的使用者，使用者要使用的功能，以及使用者需要向系统提供的功能。用例图一方面可以让使用者清楚地了解系统提供的功能是否满足自身需求，另一方面可以让开发者更好地理解需求，从而更好地去实现这些需求。

（2）类图（class diagrams）：展现了一组对象、接口、协作，以及它们之间的关系。类图定义系统中的类，描述类的内部结构和类与类之间的关系，是一种静态结构图，在系统的整个生命周期都是有效的。

（3）对象图（object diagrams）：描述的是参与交互的各个对象以及它们之间的关系。对象图是类图的实例。

（4）状态图（state diagrams）：由状态、转换、事件和活动组成，描述类的对象的所有可能状态以及事件发生时的转移条件。通常状态图是对类图的补充，仅需为那些有多个状态、行为随外界环境而改变的类画状态图。

（5）活动图（activity diagrams）：是状态图的一种特殊情况，展现了系统内一个活动到另一个活动的流程。本质是一种流程图，有利于识别并行活动。

（6）时序图（sequence diagrams）：时序图的主要用途是把用例表达的需求，转化为进一步、更具有层次的精细表达。用例常常被细化为一个或者更多的时序图。同时时序图更有效地描述如何分配各个类的职责以及各类具有相应职责的原因。时序图按照时间顺序布图，描述以时间顺序组织的对象之间的交互活动。

（7）协作图（collaboration diagrams）：时序图和协作图都属于交互图。协作图按照空间结构布图，用于描述对象间的交互关系，由一组对象和它们之间的关系组成，包含

它们之间可能传递的消息。协作图强调收发消息的对象的结构组织，描述了收发消息的对象的组织关系，强调对象之间的合作关系。

（8）构件图（component diagrams）：构件图也被称作组件图，是用来表示系统中构件与构件之间，类或接口与构件之间的关系图。其中，构件图之间的关系表现为依赖关系，定义的类或接口与类之间的关系表现为依赖关系或实现关系。展现了一组构件的物理结构和构件之间的依赖关系，有助于分析和理解构件之间的相互影响程度。

（9）部署图（deployment diagrams）：描述了系统运行时进行处理的节点以及在节点上活动构件的配置。强调了物理设备以及之间的连接关系。

UML 模型还可作为测试阶段的依据。系统通常需要经过单元测试、集成测试、系统测试和验收测试。不同的测试小组使用不同的 UML 图作为测试依据：单元测试使用类图和类规格说明；集成测试使用部件图和协作图；系统测试使用用例图来验证系统的行为；验收测试由用户进行，以验证系统测试的结果是否满足在分析阶段确定的需求。

2.2.4 基于 UML 的车载 GPS 终端设计

UML 提供了基础的工具与基本的规范，可利用图形化的方法来设计、构建以及记录系统。基于嵌入式系统的项目，可以利用 UML 详细地去描述系统的构架，图形化的表示更有利于参与人员对系统的了解、相互间的讨论、功能的修改等。

在设计阶段使用 UML 来描述系统的模型，可以及早确定系统的方向、规划系统的功能，并提早发现问题，还可以记录项目历程，为后续项目作储备。因此，在嵌入式系统设计中使用 UML 建模通常可以起到事半功倍的效果。

1. 车载 GPS 终端系统简介

车载 GPS 终端是一种实时定位装置，通常置于机动车内，应用对象是需要定位或进行调度的车辆。车辆用户利用安装的终端装置，通过和 GPS 卫星连接，可以实现对车辆的实时、准确定位，并利用无线通信网络，可以上报远程的中心系统。中心用户可以通过终端远程监视行车轨迹，进行信息调度，甚至在特殊情况下通过终端控制车辆。同时，终端还可以起到车载电话的作用，并可在车辆遇险时进行报警。

2. 需求分析

通过系统的需求分析，至少要确认用户的详细需求，列出系统应具备的所有功能，包括系统的外观、与系统交互的对象（agents）、事件（events）等的具体描述。可以使用车载用例图给出系统功能模型图，见图 2-3。对于车载 GPS 终端系统，与系统交互的对象主要有：车载终端用户和监控中心用户。终端用户可以使用报警、车载电话等功能；监控中心用户可以使用车辆位置查询，调度信息发送等功能。

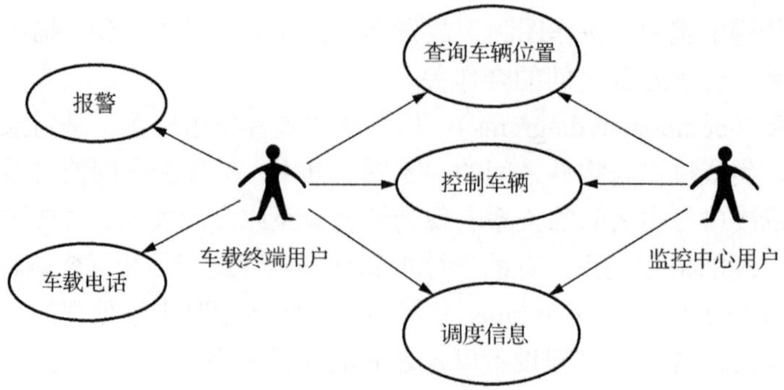

图 2-3　车载 GPS 终端用例图

3. 系统分析与设计

（1）对象结构与行为。

车载 GPS 终端系统需要根据用例、功能识别出对象，抽象成相应类。然后使用更为直观与清晰的类图形式，来描述其内部结构和参与交互的类与类之间的关系。见图 2-4，类图描述的是需要接收的 GPS 卫星信号的特性与操作，即内部结构与行为。

可以利用 GPS 数据处理流程图进行行为的描述，见图 2-5，图中显示了 GPS 数据到达时，车载 GPS 终端系统读取数据的流程。

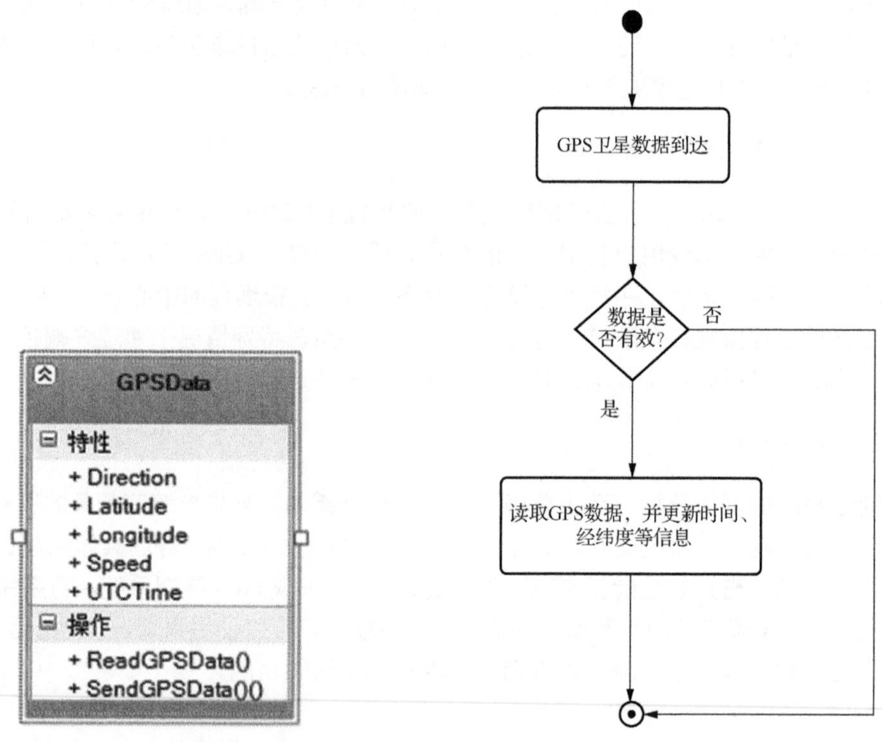

图 2-4　车载 GPS 终端 GPS 卫星信号类图

图 2-5　GPS 数据处理流程图

（2）系统硬件、软件结构设计。

系统的硬件组成框图见图 2-6。车载 GPS 终端的硬件由主控制器模块、用户控制模块、GPS 接收模块、显示模块、无线通信模块、电源模块组成。

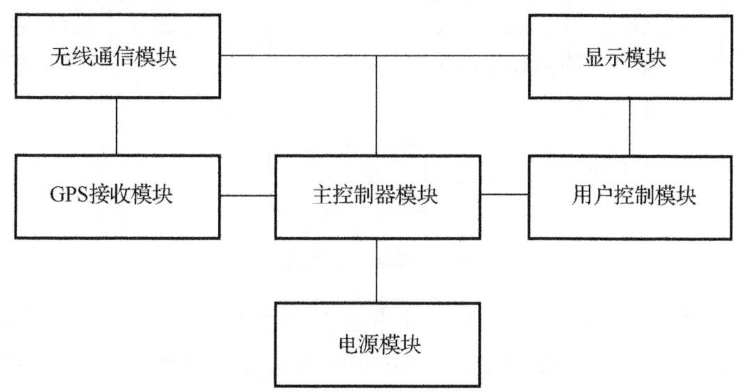

图 2-6　车载 GPS 终端硬件组成框图

可以使用构件图描述车载 GPS 终端系统的车载客户端软件系统架构，见图 2-7。由底层操作系统模块、用户按钮监视模块、LCD 显示控制模块、报文信息解析交换模块、AT 命令控制全球移动通信系统（global system for mobile communications，GSM）模块、GPS 数据接收模块、语音对话控制模块等组成。

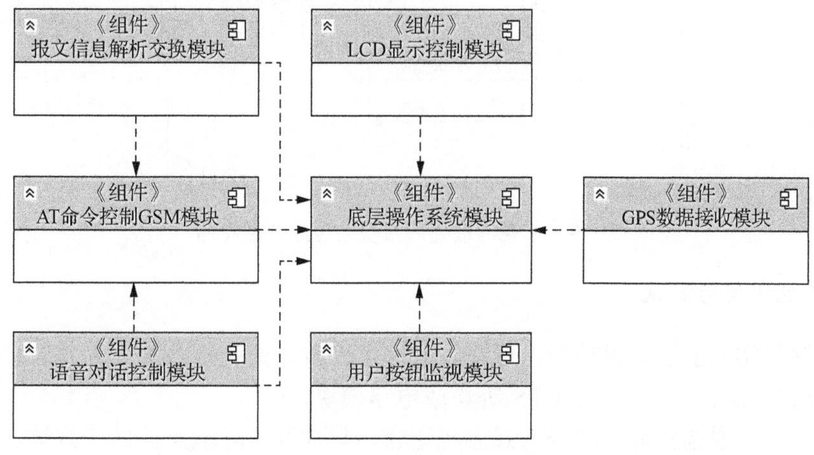

图 2-7　车载客户端软件系统架构图

（3）系统构件设计。

对系统的每一个构件都应进行详细的设计。以 GSM 模块设计为例，GSM 模块共有四个状态：待命、有问题、通话中、短消息通信中。利用状态图描述它们之间的转换关系，见图 2-8。

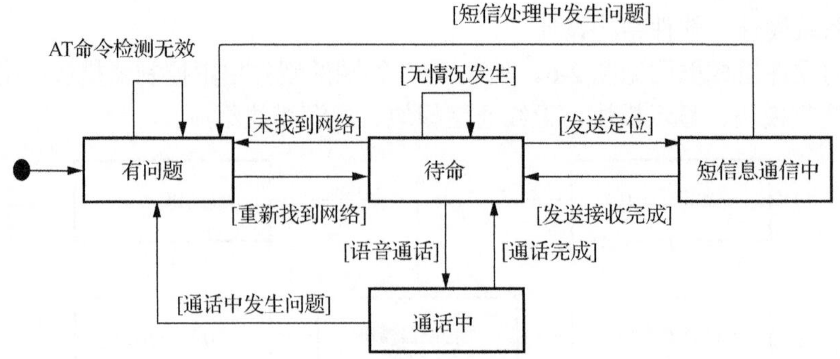

图 2-8　GSM 模块状态图

当表述一个特定对象进行特定操作时所遇到的流程，可以利用顺序图加以描述，见图 2-9，显示了车载终端用户在遇到危险按下报警按钮后系统的处理过程。

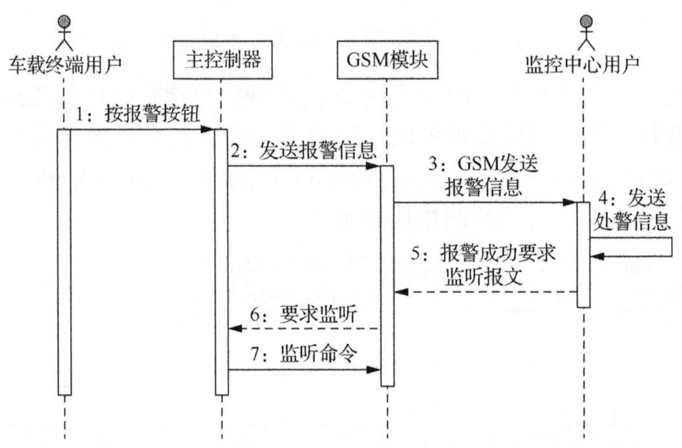

图 2-9　车载终端处理报警功能处理顺序图

4. 系统实现与测试

系统硬件实现上要考虑功能、价格、尺寸等因素，选择适合的嵌入式 MCU 作为主控制器、LCD 显示器、GSM、GPS 等集成电路模块。

软件实现上要选择适合的嵌入式编程语言、集成开发环境及调试工具等。

在集成测试时，可以使用所有的 UML 框图认真分析每个构件的原理，针对每一个系统功能、每一个可能发生错误的过程写出相应的测试程序，进行完整而可靠的程序测试。

利用 UML 和系统的设计方法可以规范嵌入式系统的开发方式，提高嵌入式系统的开发速度和产品质量，增强设计的可复用性。

本 章 小 结

本章介绍了嵌入式系统的项目开发生命周期及工程设计方法：对项目开发生命周期中的需求分析、方案设计、项目执行、项目结题四个阶段主要步骤进行了具体介绍；介绍了嵌入式系统工程的设计方法，从解决实际工程问题的不同角度出发，将嵌入式系统工程的设计思想分为面向过程思想和面向对象思想；并针对更适用于复杂系统工程的面向对象思想，给出了统一建模语言（UML）设计工具，通过描述类之间的关系以实现面向对象的设计；最后结合项目开发具体步骤及 UML 方法，给出了具体的应用实例。

习　　题

2-1　总结嵌入式系统项目开发分为几个阶段？详细描述每个阶段的作用？

2-2　嵌入式系统架构设计需要考虑哪些因素？

2-3　什么是面向对象的思想？简述面向对象思想的组成和特征。

2-4　根据自己的理解说明利用面向对象与面向过程思想处理嵌入式系统应用问题时有什么区别。

2-5　应用嵌入式系统工程设计方法，以车载 GPS 终端设计为例，简述设计过程。

2-6　面向对象与 UML 之间是什么关系？使用 UML 系统建模具有哪些优点？

第3章　8位嵌入式MCU芯片硬件基础

教学目的：

通过对本章的学习，能够认识典型的8位嵌入式MCU芯片——8051单片机的基本组成，分析其系统结构及功能，以及建立8051单片机的最小应用系统。

3.1　8051单片机的基本组成

虽然近年来嵌入式新型高端单片微控制器（microcontroller unit，MCU）系列产品不断出现，但8位的微处理器在嵌入式设备中仍然有着极其广泛的应用。MCS-51是Intel公司生产的8位单片机，20世纪80年代中期，Intel把8051内核专利转让给了ATMEL、Philips等多家半导体厂家，这些厂家采用CMOS工艺，在8051内核的基础上相继开发了功能更多、更强大的MCS-51系列兼容产品。例如，ATMEL公司的AT89C51增加了4KB的可反复擦写的只读程序存储器。本章主要以8051、AT89C51为主介绍8位嵌入式MCU芯片硬件基础。

8051单片机的基本组成见图3-1。8051单片机的基本部件包括：中央处理器、由振荡器和时序电路组成的时钟电路、程序存储器、数据存储器、并行口、串行口、定时器/计数器及内、外中断系统。这些部件通过总线连接，并被集成在一块半导体芯片上，即为MCU。

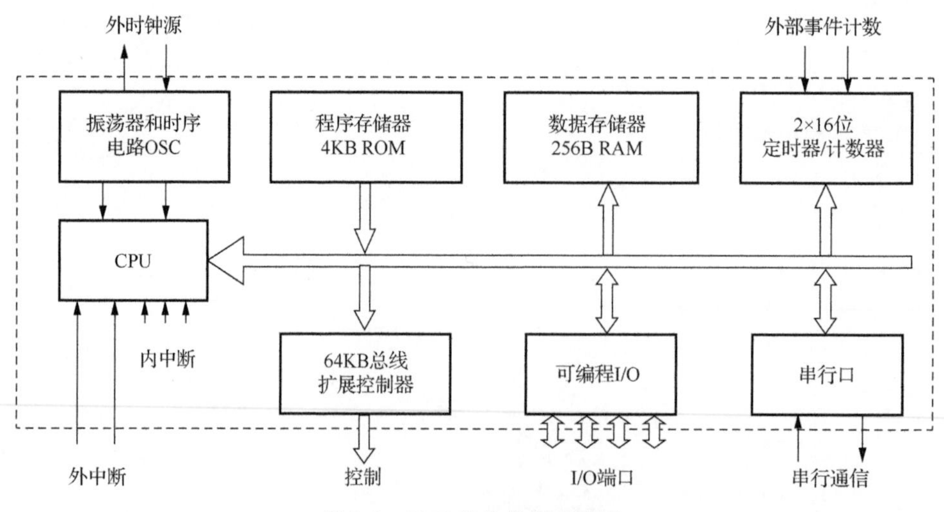

图3-1　8051单片机组成框图

8051 芯片采用高性能金属氧化物半导体（high performance metal-oxide-semiconductor，HMOS）工艺制造，双列直插式封装（dual in-line package，DIP）。见图 3-2。

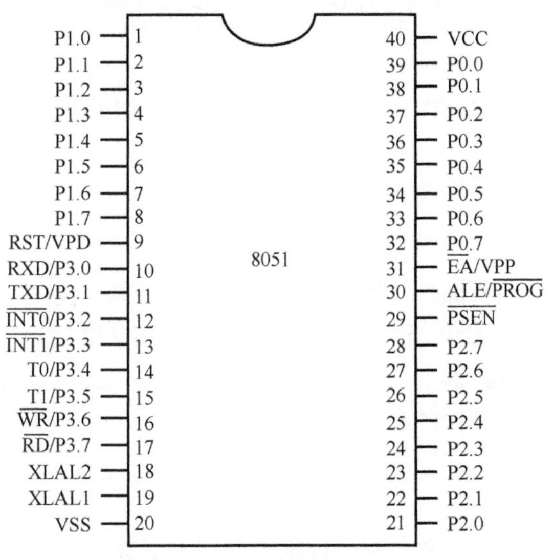

图 3-2　8051 单片机引脚图

8051 共有 40 个引脚，分别为：2 个电源引脚、2 个时钟引脚、4 个控制引脚以及 32 个 I/O 引脚。引脚的功能如下。

（1）电源引脚。

VCC：正电源端，接+5V 电源。VSS：接地端。

（2）时钟引脚。

XTAL1：反相振荡放大器的输入及内部时钟工作电路的输入端。XTAL2：反相振荡放大器的输出端。当使用内部时钟振荡方式时，该引脚用于外接石英晶体振荡器（简称晶振）和电容。当使用外部时钟时，用于接外部时钟脉冲信号。

（3）控制引脚。

$\overline{\text{EA}}$/VPP 引脚：$\overline{\text{EA}}$ 为访问外部程序存储器的控制信号，低电平有效。该引脚为低电平时，对 ROM 的读操作限定在外部程序存储器；为高电平时，先读内部程序存储器，超出地址范围后自动转向读外部程序存储器。VPP 为复用引脚，用于施加编程电压。

ALE/ $\overline{\text{PROG}}$ 引脚：ALE 用于锁存出现在 P0 的低 8 位地址，以实现低位地址和数据的分离。PROG 为复用引脚，作为编程脉冲的输入端。

$\overline{\text{PSEN}}$ 引脚：片外程序存储器选通信号，低电平有效。

RST/VPD 引脚：RST 是复位信号，高电平有效。当此输入端保持两个机器周期以上的高电平时，就可以完成单片机的复位初始化操作。VPD 为复用引脚，备用电源输入端。

（4）I/O 引脚。

P0、P1、P2 和 P3 共占用 32 个引脚。由于芯片的引脚数目受到工艺及标准化等因素的限制，MCS-51 系列把芯片引脚数目限定为 40 条，但单片机为实现其功能所需要的信号数目却超过此数，因此就赋予一些引脚双重功能，具体见 3.4 节中的 P3。

3.2 8051 中央处理器

中央处理器是单片机内部的核心部件，它决定了单片机的主要功能特性，由运算器和控制器两大部分组成。

3.2.1 运算器

运算器是计算机的运算部件，用于实现算术逻辑运算、位变量处理、移位和数据传送等操作。它是以算术逻辑单元（arithmetic logic unit，ALU）为核心，加上累加器（accumulator，ACC）、寄存器 B、程序状态字（program status words，PSW）以及十进制调整电路和专门用于位操作的布尔处理器等组成的。

1. 算术逻辑单元

算术逻辑单元（8 位）用来完成二进制数的四则运算和布尔代数的逻辑运算。运算结果影响程序状态标志寄存器的有关标志位。

2. 累加器

累加器为 8 位寄存器，是 CPU 中使用最频繁的寄存器。它既可用于存放操作数，也可用来存放运算的中间结果。MCS-51 单片机中大部分单操作数指令的操作数就取自累加器，许多双操作数指令中的一个操作数也取自累加器，单片机中的大部分数据操作都是通过累加器进行的。

3. 寄存器 B

寄存器 B 是一个 8 位寄存器，是为 ALU 进行乘除运算设置的。在执行乘法运算指令时，寄存器 B 用于存放其中一个乘数和乘积的高 8 位数；在执行除法运算时，寄存器 B 用于存放除数和余数。此外，寄存器 B 也可作为一般的数据寄存器使用。

4. 程序状态字

程序状态字是一个 8 位特殊功能寄存器，它的各位包含了程序运行的状态信息，以供程序查询和判断。程序状态字格式和含义如表 3-1 所示。

表 3-1 程序状态字格式和含义

PSW 位地址	字节地址 D0H
D7H	CY
D6H	AC
D5H	F0

续表

PSW 位地址	字节地址 D0H
D4H	RS1
D3H	RS0
D2H	OV
D1H	F1
D0H	P

（1）CY（PSW.7）为进位标志位，CY 是 PSW 中最常用的标志位。由硬件或软件置位和清“0”。在字节运算时，它表示运算结果是否有进位（或借位）。如果运算结果在最高位有进位输出（加法时）或有借位输入（减法时），则 CY 由硬件置“1”，否则 CY 被清“0”；在位操作时作为累加器使用，由软件置“1”或清“0”。

（2）AC（PSW.6）为辅助进位（或称半进位）标志，当执行加减运算时，运算结果产生低四位向高四位进位或借位时，AC 由硬件置“1”，否则 AC 位被自动清“0”。

（3）F0（PSW.5）为用户标志位，用户可根据自己的需要对 F0 位赋予一定的含义，由用户置位或复位，作为软件标志。

（4）RS1 和 RS0（PSW.4，PSW.3）为工作寄存器组选择位，这两位的值决定选择哪一组工作寄存器为当前工作寄存器组。由用户通过软件改变 RS1 和 RS0 值的组合，以切换当前选用的工作寄存器组。其组合关系见表 3-2。

表 3-2　寄存器组

RS1	RS0	寄存器组	片内 RAM 地址
0	0	第 0 组	00H～07H
0	1	第 1 组	08H～0FH
1	0	第 2 组	10H～17H
1	1	第 3 组	18H～1FH

（5）OV（PSW.2）为溢出标志位，它反映运算结果是否溢出，溢出时则由硬件将 OV 位置“1”，否则置“0”。

（6）F1（PSW.1）为用户标志位，同 F0（PSW.5）。

（7）P（PSW.0）为奇偶标志位，P 标志表明累加器中 1 的个数的奇偶性。在每条指令执行完后，单片机根据累加器的内容对 P 位自动置位或复位。若累加器中有奇数个“1”，则 P=1；若累加器中有偶数个“1”，则 P=0。

5. 布尔处理器

MCS-51 的 CPU 是 8 位微处理器，它还具有 1 位微处理器的功能。布尔处理器具有较强的布尔变量处理能力，以位为单位进行运算和操作。它以进位标志（CY）作为累加位，以内部 RAM 中所有可位寻址的位作为操作位或存储位，以 P0～P3 的各位作为 I/O 位，同时布尔处理器也有自己的指令系统。

3.2.2 控制器

控制器是计算机的控制部件，它包括程序计数器 PC、指令寄存器 IR、指令译码器 ID、数据指针 DPTR、堆栈指针 SP 以及定时控制与条件转移逻辑电路等。它对来自存储器中的指令进行译码，并通过定时和控制电路在规定的时刻发出各种操作所需要的控制信号，使各部件协调工作，完成指令所规定的操作。下面介绍控制器中主要部件的功能。

1. 程序计数器 PC

PC 是一个 16 位计数器。实际上 PC 是程序存储器的字节地址计数器，其存储内容是将要执行的下一条指令的地址，寻址范围达 64KB。PC 具有自动加 1 功能，从而实现程序的顺序执行。可以通过转移、调用、返回等指令改变其内容，以实现程序的转移。

2. 数据指针 DPTR

数据指针 DPTR 为 16 位寄存器。它的功能是存放 16 位的地址，作为访问外部程序存储器和外部数据存储器时的地址。编程时，DPTR 既可按 16 位寄存器使用，也可以按两个 8 位寄存器分开使用，即 DPH 为 DPTR 的高 8 位，DPL 为 DPTR 的低 8 位。

3. 堆栈及堆栈指针

堆栈是一种数据结构，所谓堆栈就是只允许在其一端进行数据插入和数据删除操作的线性表。数据写入堆栈称为插入运算（PUSH），也叫入栈。数据从堆栈中读出称为删除运算（POP），也叫出栈。堆栈的最大特点就是“后进先出”，常把后进先出写为 LIFO（last-in，first-out）。这里所说的进与出就是数据的入栈和出栈，即由于先入栈的数据存放在栈的底部，因此后出栈；而后入栈的数据存放在栈的顶部，因此先出栈。如同向弹仓中压入子弹和从弹仓中弹出子弹的情形。

（1）堆栈的功能。

堆栈是为程序调用和中断操作而设立的，具体功能是保护断点和保护现场。因为在计算机中，无论是执行子程序调用操作还是执行中断操作，最终都要返回主程序，因此在计算机转去执行子程序或中断服务程序之前，必须考虑返回问题，为此应预先把主程序的断点保护起来，为程序的正确返回做好准备。

计算机在转去执行子程序或中断服务程序后，很可能要使用单片机的某些寄存单元，这样就会破坏这些寄存单元中原有的内容。为了既能在子程序或中断服务程序中使用这些寄存单元，又能保证在返回主程序之后恢复这些寄存单元的原有内容，CPU 在执行中断服务之前要把单片机中各有关寄存器中的内容保存起来。

（2）堆栈指针。

堆栈有栈顶和栈底之分。栈底地址一经设定后固定不变，它决定了堆栈在 RAM 中的物理位置。如前所述，堆栈共有进栈和出栈两种操作，但不论是数据进栈还是出栈，都是对堆栈的栈顶单元进行的，即对栈顶单元的写和读操作。为了指示栈顶地址，要设置堆栈指针（stack pointer，SP）。SP 的内容就是堆栈栈顶的存储单元地址。当堆栈中无数据时，栈顶地址和栈底地址重合。

MCS-51 单片机 SP 为 8 位。它在片内 RAM 的 128 个字节中开辟栈区，并随时跟踪栈顶地址。系统复位后，SP 初始化为 07H，堆栈也可以在内部 RAM 的 30H～7FH 单元中开辟。

（3）堆栈使用方式。

堆栈的使用有两种方式。一种是自动方式，即在调用子程序时，断点地址自动进栈。程序返回时，断点地址再自动弹回 PC，这种操作无须用户干预。另一种是指令方式，即使用专用的堆栈操作指令，执行进出栈操作。例如：保护现场就是一系列指令方式的进栈操作，而恢复现场则是一系列指令方式的出栈操作。需要保护多少数据由用户决定。

3.3 8051 存储器

8051 单片机在系统结构上采用哈佛型，与冯·诺依曼型结构（程序和数据共用一个存储器）的通用计算机不同，它将程序和数据分别存放在两个存储器内，因此，8051 单片机有四个物理上相互独立的存储空间，即片内和片外 ROM，片内和片外 RAM，其配置见图 3-3。

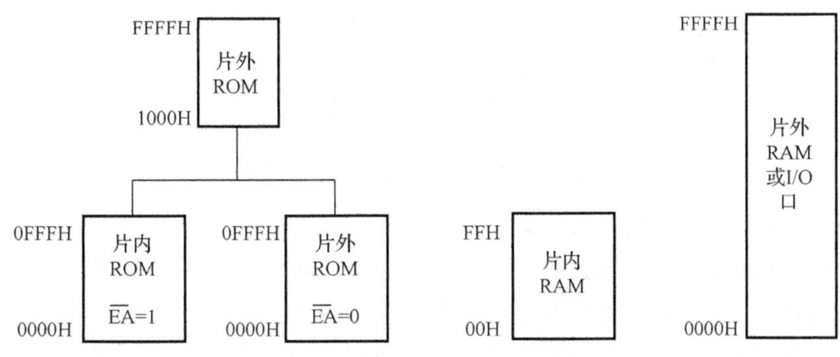

图 3-3 8051 存储器配置图

3.3.1 程序存储器

程序存储器用来存放程序代码和常数，分成片内、片外两大部分，即片内 ROM 和片外 ROM。其中，8051 内部有 4KB 的 ROM，地址范围为 0000H～0FFFH，片外用 16 位地址线扩充 64KB 的 ROM，两者统一编址。

单片机执行的程序是从片内 ROM 取指令，还是从片外 ROM 取指令，应由 CPU 引脚 $\overline{EA}$ 的电平高低来决定。当 CPU 的引脚 $\overline{EA}$ 接高电平时，PC 在 0000H～0FFFH 范围内，CPU 从片内 ROM 取指令；而当 PC 大于 0FFFH 后，则自动转向片外 ROM 去取指令。当引脚 $\overline{EA}$ 接低电平时，8051 片内 ROM 不起作用，CPU 只能从片外 ROM 取指令，地址可以从 0000H 开始编址。

3.3.2 数据存储器

数据存储器用来存放运算的中间结果、标志位，以及数据的暂存和缓冲等。它也分为片内和片外两大部分，即片内 RAM 和片外 RAM。

1. 片内 RAM

片内 RAM 组成见图 3-4。低 128 单元共分为工作寄存器区、位寻址区和用户 RAM 区三个区域。高 128 单元为特殊功能寄存器区。

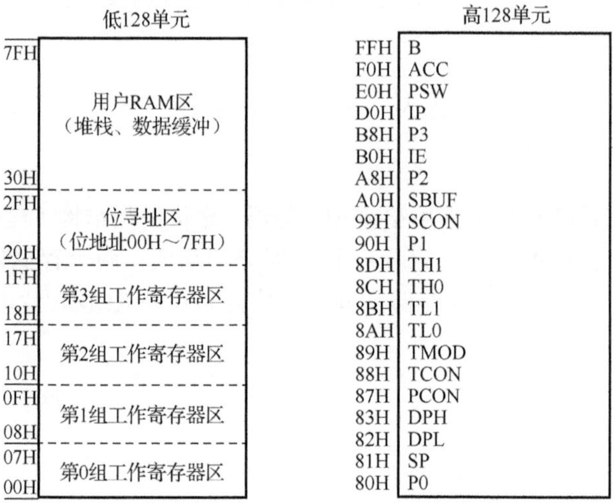

低128单元

7FH～30H	用户RAM区（堆栈、数据缓冲）
2FH～20H	位寻址区（位地址00H～7FH）
1FH～18H	第3组工作寄存器区
17H～10H	第2组工作寄存器区
0FH～08H	第1组工作寄存器区
07H～00H	第0组工作寄存器区

高128单元

地址	寄存器
FFH	B
F0H	ACC
E0H	PSW
D0H	IP
B8H	P3
B0H	IE
A8H	P2
A0H	SBUF
99H	SCON
90H	P1
8DH	TH1
8CH	TH0
8BH	TL1
8AH	TL0
89H	TMOD
88H	TCON
87H	PCON
83H	DPH
82H	DPL
81H	SP
80H	P0

图 3-4　8051 内部数据寄存器配置图

（1）工作寄存器区（00H～1FH）。

32 个 RAM 单元共分四组，每组 8 个寄存单元（R0～R7）。寄存器常用于存放操作数及中间结果等。由于它们的功能及使用不做预先规定，因此称为通用寄存器，也叫工作寄存器。四组通用寄存器占据内部 RAM 的 00H～1FH 单元地址。在任一时刻，CPU 只能使用其中的一组寄存器，并且把正在使用的那组寄存器称为当前寄存器组。当前寄存器组由程序状态寄存器 PSW 中 RS1、RS0 位的状态组合决定，其对应关系见表 3-1。非当前寄存器组可作为一般的数据缓冲器使用。

（2）位寻址区（20H～2FH）。

内部 RAM 的 20H～2FH 单元为位寻址区，这 16 个单元（共计 128 位）的每一位都有一个 8 位表示的位地址，位寻址范围为 00H～7FH。位寻址区的每一个单元既可作为一般 RAM 单元使用，进行字节操作，也可以对单元中的每一位进行位操作。

（3）用户 RAM 区（30H～7FH）。

30H～7FH 是供用户使用的一般 RAM 区，也是数据缓冲区，共 80 个单元。对用户 RAM 区的使用没有任何规定或限制，一般用于存放用户数据及作堆栈区使用。

（4）特殊功能寄存器区。

8051 片内高 128 字节 RAM 中，除程序计数器 PC 外，还有 21 个特殊功能寄存器

(special function register，SFR)，又称为专用寄存器。它们离散地分布在地址为 80H～0FFH 的 RAM 中，见表 3-3。

表 3-3　MCS-51 专用寄存器一览表

寄存器符号	地址	寄存器名称
*ACC	E0H	累加器
*B	F0H	寄存器 B
*PSW	D0H	程序状态字
SP	81H	堆栈指针
DPL	82H	数据指针低 8 位
DPH	83H	数据指针高 8 位
*IE	A8H	中断允许控制寄存器
*IP	B8H	中断优先控制寄存器
*P0	80H	I/O 端口 P0
*P1	90H	I/O 端口 P1
*P2	A0H	I/O 端口 P2
*P3	B0H	I/O 端口 P3
PCON	87H	电源控制及波特率选择寄存器
*SCON	98H	串行口控制寄存器
SBUF	99H	串行口缓冲寄存器
*TCON	88H	定时器控制寄存器
TMOD	89H	定时器方式选择寄存器
TL0	8AH	定时器 0 低 8 位
TL1	8BH	定时器 1 低 8 位
TH0	8CH	定时器 0 高 8 位
TH1	8DH	定时器 1 高 8 位

*表示可位寻址的寄存器

2. 片外 RAM

片外数据存储器，即片外 RAM，一般由静态 RAM 芯片组成。用户可根据需要确定扩展存储器的容量，MCS-51 单片机访问片外 RAM 可用 1 个特殊功能寄存器——数据指针 DPTR 寻址。由于 DPTR 为 16 位寄存器，可寻址的范围为 0～64KB。因此，扩展片外 RAM 的最大容量是 64KB。

片外 RAM 地址范围为 0000H～FFFFH，其中在 0000H～00FFH 区间与片内数据存储器空间是重叠的，CPU 可使用不同指令加以区分。

3.4　8051 的 I/O 端口

I/O 端口是单片机对外部电路实现控制和交换信息的通路。8051 有四个 8 位并行接口 P0～P3，共有 32 根 I/O 线。它们都具有双向 I/O 功能，均可以作为数据输入或输出使用。每个接口内部都有一个 8 位数据输出锁存器、一个输出驱动器和一个数据输入缓冲器，因此，CPU 数据从并行 I/O 端口输出时可以得到锁存，输入时可以得到缓冲。

1. P0

对应 P0.0～P0.7，P0 由输出锁存器、三态输入缓冲器、输出驱动电路和输出控制电路组成。输出驱动电路由场效应管组成，输出控制电路由与门电路、反相器和多路开关组成。

当 MCS-51 片外无扩展 RAM、I/O、ROM 时可作通用 I/O 端口使用。P0 的输出可以驱动 8 个低功耗肖特基晶体管-晶体管逻辑（low-power Schottky transistor-transistor logic，LSTTL）负载。若要驱动 N 型金属-氧化物-半导体（N-metal-oxide-semiconductor，NMOS）或者其他拉电流负载时，需外接上拉电阻。P0 作输入口时，在端口进行输入操作前，应先向端口输出锁存器写入“1”。

当 MCS-51 片外扩展有 RAM、I/O 端口、ROM 时，P0 作为地址/数据总线复用。

2. P1

P1 通常作为通用 I/O 端口使用，所以在电路结构上与 P0 有一些不同之处。首先它不再需要多路转换开关；其次是电路的内部有上拉电阻，与场效应管共同组成输出驱动电路。为此 P1 作为输出口使用时，已能向外提供推拉电流负载，无须再外接上拉电阻。当 P1 作为输入口使用时，同样也需先向其锁存器写入“1”，使输出驱动电路的场效应管截止。

3. P2

P2 电路与 P1 电路相比，增加了一个多路转换开关。通过多路转换开关的控制，P2 可以作为通用 I/O 端口使用或作为高位地址线使用。当 MCS-51 片外扩展有 RAM、I/O 端口、ROM 时，P2 通常作为高位地址线使用。

4. P3

P3 的特点在于增加了第二功能控制逻辑，以满足引脚信号第二功能的需要。P3 的第二功能见表 3-4。

表 3-4　P3 的第二功能

P3	第二功能	信号名称
P3.0	RXD	串行数据接收
P3.1	TXD	串行数据发送
P3.2	$\overline{\text{INT0}}$	外部中断 0 申请
P3.3	$\overline{\text{INT1}}$	外部中断 1 申请
P3.4	T0	定时器/计数器 0 计数输入

续表

P3	第二功能	信号名称
P3.5	T1	定时器/计数器 1 计数输入
P3.6	$\overline{WR}$	外部 RAM 写选通
P3.7	$\overline{RD}$	外部 RAM 读选通

3.5　8051 的中断系统

中断是一种使 CPU 中止正在执行的程序而转去处理某特殊事件的操作。这些引起中断的事件称为中断源，它们可能是来自外设的输入或输出请求，也可能是计算机的一些异常事故或其他内部原因。更具体地，定义 CPU 中断为这样一个过程：在特定的事件（中断源，也称中断请求信号）触发下，CPU 暂停正在运行的程序（主程序），转而先去处理一段为特定事件而编写的处理程序（中断处理程序），等中断处理程序处理完成后，再回到主程序被打断的地方继续运行。

3.5.1　中断技术的优势及中断系统的功能

1. 中断技术的优势

查询方式时数据的传送是有条件的。在 I/O 操作之前，要先检测外设的状态，以了解外设是否已为数据输入或输出做好了准备，只有在确认外设已“准备好”的情况下，CPU 才能执行数据输入或输出操作。这种方式的缺点是需要一个等待的过程，特别是在进行连续数据传送时。由于外设工作速度比 CPU 慢得多，所以 CPU 在完成一次数据传送后要等待很长的时间才能进行下一次传送。

当 CPU 与外部设备交换信息时，若用查询方式，由于外设工作速度比 CPU 慢得多，CPU 就要浪费时间去等待外设。为了解决快速 CPU 和慢速外设之间的矛盾，提高 CPU 和外设的工作效率，引入了中断技术。中断技术是现代计算机中一项很重要的技术，它能使计算机的功能更强、效率更高。计算机引入中断技术有以下优点。

（1）分时操作。

采用中断技术后，CPU 可以分时为多个 I/O 设备服务，提高了 CPU 和外设的工作效率。当外设把数据准备好后，发出中断请求，请求 CPU 中断主程序的执行，当 CPU 响应这一中断请求后，转去执行输入/输出中断处理程序，中断处理程序执行完后，CPU 恢复执行主程序，外设也继续工作。有了中断功能，CPU 可命令多个外设同步工作，这样就大大提高了效率。

（2）实时处理。

当计算机用于实时控制时，中断是一个十分重要的功能。根据现场采集到的各种数据现场 I/O 设备可在任何时间发出中断请求，要求 CPU 进行处理，若中断是开放的，

CPU 就可以马上响应并进行数据处理。这样的实时处理在查询工作方式下是做不到的。

（3）故障处理。

计算机在运行过程中，往往出现事先预料不到的情况或故障（掉电、存储出错、运算溢出等），计算机可以利用中断系统自行处理，而不必停机或报告工作人员。

2. 中断系统的功能

（1）实现中断及返回。

当某一中断源发出中断请求时，CPU 能决定是否响应这个中断请求（当 CPU 在执行更紧急，更重要的工作时，可以暂不响应中断）。若允许响应这一中断请求，CPU 必须在现行的指令执行完后，把断点的 PC 值（即下一条应执行的指令地址）、各个寄存器的内容和标志的状态，推入堆栈保留下来，这就称为保护断点和现场，然后转到需要处理的中断源的服务程序的入口。当中断处理完后，恢复被保留下来的各个寄存器和标志位状态（称为恢复现场）后，再恢复 PC 值（称为恢复断点），然后使 CPU 返回断点，继续执行主程序。

（2）实现优先权排队。

在系统中有多个中断源，经常会出现两个以上中断源同时提出中断请求的情况，这样就需要设计者事先根据轻重缓急给每一个中断源确定一个中断级别（优先权），当多个中断源同时发出中断请求时，CPU 能找到优先权级别最高的中断源，响应它的中断请求，在优先权级别最高的中断源处理完后，再响应级别较低的中断源。

（3）高级中断源能中断低级中断处理。

当 CPU 响应某一中断源的请求，在进行中断处理时，若有优先权级别更高的中断源发出中断请求，则 CPU 要能中断正在进行的中断服务程序，保留这个程序的断点和现场，响应高级中断请求，在高级中断请求处理完以后，再继续进行被中断的中断程序。若当发出新的中断请求的中断源的优先级别与正在处理的中断源同级或更低时，CPU 不响应这个中断请求，直到正在处理的中断服务程序执行完后，才去处理新的中断请求。

3.5.2 中断系统结构

8051 单片机中断系统结构见图 3-5。51 单片机中断系统共有五个中断源，四个用于中断控制的寄存器 IE、IP、TCON（用 6 位）和 SCON（用 2 位），一个用于控制中断的类型、中断的开/关和各种中断源的优先级别。五个中断源有两个中断优先级，每个中断源可以编程为高优先级或低优先级中断，可以实现二级中断服务程序的嵌套。

1. 8051 中断源

8051 单片机的五个中断源包括：$\overline{\text{INT0}}$、$\overline{\text{INT1}}$ 引脚输入的外部中断源，三个内部中断源（定时器 T0、T1 的溢出中断源和串行口的发送/接收中断源）。这些中断源分别由特殊功能寄存器 TCON 和 SCON 的相应位锁存。

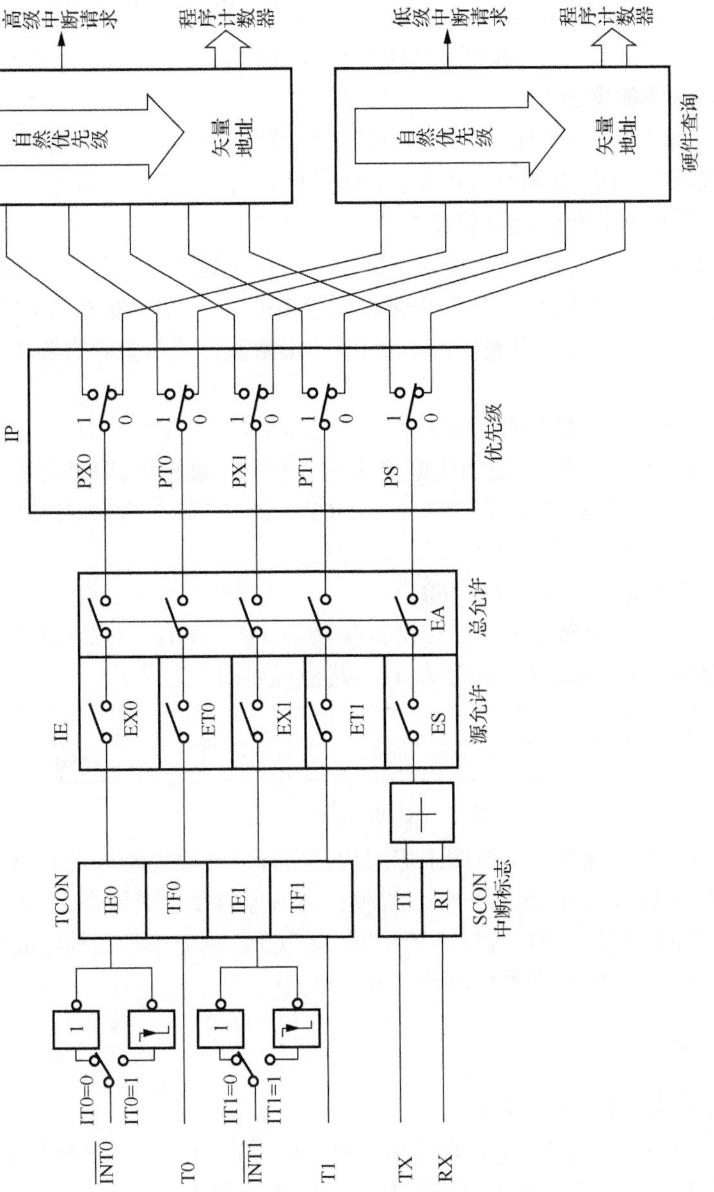

图 3-5　中断系统结构

（1）定时器/计数器控制寄存器 TCON（88H）。

TCON 为定时器/计数器 T0、T1 的控制器，同时也是 T0、T1 的溢出中断源和外部中断源，与中断有关的位如图 3-6 所示。

TCON（88H）	TF1		TF0		IE1	IT1	IE0	IT0
位地址	8FH		8DH		8BH	8AH	89H	88H

图 3-6　TCON 与中断有关位

与外部中断有关的位如下：

IT0/IT1：外部中断 0（$\overline{\text{INT0}}$）/外部中断 1（$\overline{\text{INT1}}$）触发方式控制位。由软件来置 1 或清 0，以控制外部中断 0 的触发类型。IT0=0/IT1=0，外部中断 0/外部中断 1 为电平触发方式；IT0=1/ IT1=1 为边沿触发方式。

IE0/IE1：外部中断 0（$\overline{\text{INT0}}$）/外部中断 1（$\overline{\text{INT1}}$）请求标志位。当 CPU 检测到在 $\overline{\text{INT0}}$/$\overline{\text{INT1}}$ 引脚上出现外中断信号时，由硬件置位 IE0=1，外部中断 0 向 CPU 请求中断，当 CPU 响应外部中断时，IE0 由硬件自动清 0（边沿触发方式），IE0 需要由手动清 0（电平触发方式）。

与定时器/计数器中断有关的位如下：

TF0/TF1：定时器 T0 /T1 的溢出中断请求位。T0 /T1 被允许计数以后，从初值开始加 1 计数，当产生溢出时置 TF0=1 /TF1=1，向 CPU 请求中断，直到 CPU 响应该中断时才由硬件清 0（也可由查询程序清 0）。

（2）串行口控制寄存器 SCON（98H）。

串行口的发送/接收中断由串行口控制寄存器 SCON（98H）的低两位控制，分别为串行口接收中断标志 RI 和发送中断标志 TI，其格式如图 3-7 所示。

SCON（98H）							TI	RI
位地址							99H	98H

图 3-7　SCON 有关中断位

RI 和 TI：串行口内部表示中断请求标志位。串行口接收中断标志 RI 和发送中断标志 TI 逻辑“或”以后作为内部的一个中断源。当串行口发送或接收完一帧数据时，将 SCON 中的 TI 或 RI 位置 1，向 CPU 申请中断。在 CPU 响应串行口的中断时，TI 和 RI 中断标志并不清 0，TI 和 RI 必须由软件清 0。

2. MCS-51 中断控制

（1）中断允许寄存器 IE（A8H）。

MCS-51 单片机中，特殊功能寄存器 IE 为中断允许寄存器，控制 CPU 对中断源的开放或屏蔽，以及每个中断源是否允许中断。其格式如图 3-8 所示。

IE（A8H）	EA			ES	ET1	EX1	ET0	EX0
位地址	AFH			ACH	ABH	AAH	A9H	A8H

图 3-8　IE 有关中断位

EA：CPU 中断开放标志。EA=1，CPU 开放中断；EA=0，CPU 屏蔽所有的中断请求。

ES：串行中断允许位。ES=1，允许串行口中断；ES=0，禁止串行口中断。

ET1/ ET0：T1/ T0 溢出中断允许位。ET1=1 /ET0=1，允许 T1/ T0 中断；ET1=0/ET0=0，禁止 T1/ T0 中断。

EX1/ EX0：外部中断 1（$\overline{\text{INT1}}$）/外部中断 0（$\overline{\text{INT1}}$）允许位。EX1=1 /EX0=1，允许外部中断 1/外部中断 0 中断；EX1=0/EX0=0，禁止外部中断 1/外部中断 0 中断。

8051 单片机复位后，IE 中各位均被清 0，即禁止所有中断。

（2）中断源优先级设定寄存器 IP（B8H）。

8051 单片机具有两个中断源优先级，每个中断源可编程为高优先级中断或低优先级中断，并可实现二级中断嵌套。

特殊功能寄存器 IP 为中断源优先级设定寄存器，所存各种中断源优先级的控制位，用户可用软件设定各中断源优先级别，其格式如图 3-9 所示。

IP（B8H）				PS	PT1	PX1	PT0	PX0
位地址				BCH	BBH	BAH	B9H	B8H

图 3-9　IP 有关中断位

PS：串行口中断优先级控制位。PS=1，设定串行口为高优先级中断；PS=0,为低优先级中断。

PT1：T1 中断优先级控制位。PT1=1，设定定时器 T1 为高优先级中断；PT1=0，为低优先级中断。

PX1：外部中断 1 中断优先级控制位。PX1=1，设定外部中断 1 为高优先级中断；PX1=0，为低优先级中断。

PT0：T0 中断优先级控制位。PT0=1，设定定时器 T0 为高优先级中断；PT0=0，为低优先级中断。

PX0：外部中断 0 中断优先级控制位。PX0=1，设定外部中断 0 为高优先级中断；PX0=0，为低优先级中断。

当系统复位后，IP 各位均为 0，所有中断设置为低优先级中断。

（3）优先级结构。

设置 IP 寄存器把各中断源的优先级分为高、低两级，它们遵循两条基本原则：第一，低优先级中断可以被高优先级中断打断，反之不能；第二，一种中断一旦得到响应，与它同级的中断不能再中断它。当 CPU 同时收到几个同一优先级别的中断请求时，哪一个请求将得到服务，取决于内部的硬件查询顺序，CPU 将按自然优先级顺序确定该响应哪个中断请求。其自然优先级由硬件形成，从高级到低级的排列为：外部中断 0、定时器 T0 中断、外部中断 1、定时器 T1 中断、串行口中断。利用中断优先级可以实现两级中断嵌套，两级中断嵌套的过程见图 3-10。

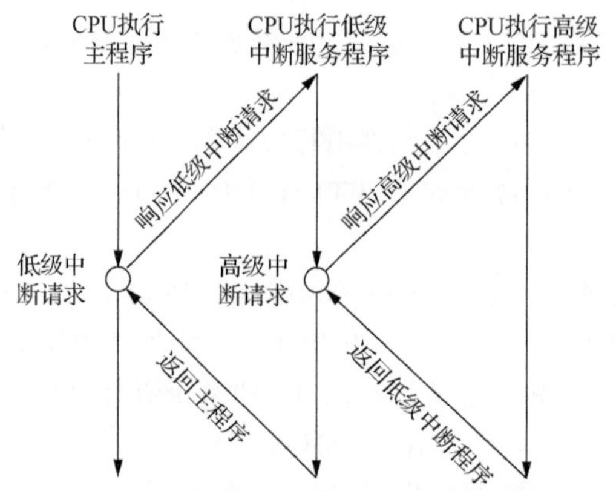

图 3-10　两级中断嵌套响应过程示意图

8051 的 CPU 每一个机器周期顺序检查每一个中断源，在任意机器周期的最后一个状态采样并按优先级处理所有被激活的中断请求，在下一个机器周期的第一个状态，只要不受阻断就开始响应其中最高优先级的中断请求。若发生下列情况，中断响应会受到阻断：

第一，同级或高优先级的中断正在进行；

第二，现在的机器周期不是所执行指令的最后一个机器周期；

第三，正执行的指令是 RETI 或是访问 IE 或 IP 的指令，也就是说 CPU 在执行 RETI 或访问 IE、IP 的指令后，至少需要再执行其他一条指令之后才会响应。

如果上述条件中有一个存在，CPU 将丢弃中断查询的结果；若都不存在，接着的下一机器周期，中断查询结果变为有效。

CPU 响应中断，由硬件自动将响应的中断矢量地址装入程序计数器 PC，转入该中断服务程序进行处理。对于有些中断源，CPU 在响应中断后会自动清除中断标志，如定时器溢出标志 TF0、TF1，以及边沿触发方式下的外部中断标志 IE0、IE1；而有些中断标志不会自动清除，只能由用户用软件清除，如串行口的接收发送中断标志 RI、TI；在电平触发方式下的外部中断标志 IE0 和 IE1 则是根据引脚 $\overline{\text{INT0}}$ 和 $\overline{\text{INT1}}$ 的电平变化的，CPU 无法直接干预，需在引脚外加硬件（D 触发器）使其自动撤销外部中断请求。

CPU 执行中断服务程序之前，自动将程序计数器 PC 内容（断点地址）压入堆栈保护（但不保护状态寄存器 PSW 的内容，更不保护累加器 A 和其他寄存器的内容），然后将对应的中断矢量装入程序计数器 PC，使程序转向该中断矢量地址单元中，以执行中断服务程序。中断源及其对应的矢量地址见表 3-5。

表 3-5　中断源及其对应的矢量地址

中断源	中断矢量地址
外部中断 0（$\overline{\text{INT0}}$）	0003H
定时器 T0 中断	000BH
外部中断 1（$\overline{\text{INT1}}$）	0013H
定时器 T1 中断	001BH
串行口中断	0023H

中断服务程序从矢量地址开始执行，一直到返回指令“RETI”为止。“RETI”指令的操作，一方面告诉中断系统该中断服务程序已经执行完毕，另一方面把原来压入堆栈保护的断点地址从栈顶弹出，装入程序计数器 PC，使程序返回到被中断的程序断点处，以便继续执行。

在编写中断服务程序时应注意：

（1）在中断矢量地址单元处放一条无条件转移指令（JMP xxxxH），使中断服务程序可灵活地安排在 64K 字节程序存储器的任何空间。

（2）在中断服务程序中，用户应注意用软件保护现场，以免中断返回后，丢失原寄存器、累加器中的信息。

（3）若要在执行当前中断程序时禁止更高优先级中断，可以先用软件关闭 CPU 中断，或禁止某中断源中断，中断返回前再开放中断。

3.5.3　中断处理过程

8051 单片机的中断处理过程可分为四个阶段：中断响应、中断处理、中断返回和中断请求标志撤销。

1. 中断响应

（1）响应条件：有中断源发出中断请求；中断总允许位 EA=1，即 CPU 开中断；申请中断的中断源的中断允许位为 1。满足以上条件，CPU 响应中断；如果中断受阻，CPU 不会响应中断。

（2）响应过程：单片机一旦响应中断，首先置位响应的优先级触发器，然后执行一个硬件子程序调用，把断点地址压入堆栈保护，最后将对应的中断入口地址装入程序计数器 PC，使程序转向该中断入口地址，以执行中断服务程序。

2. 中断处理

CPU 响应中断结束后即转至中断服务程序的入口。从中断服务程序的第一条指令开始到返回指令为止，这个过程称为中断处理或称中断服务。中断处理包括两部分内容：一是保护现场，二是为中断源服务。

现场通常有 PSW、工作寄存器、专用寄存器等。如果在中断服务程序要用这些寄存器，则在进入中断服务之前应将它们的内容保护起来称保护现场；同时在中断结束，执行 RETI 指令之前应恢复现场。

中断服务是针对中断源的具体要求进行处理。

3. 中断返回

中断处理程序的最后一条指令是中断返回指令 RETI。它的功能是将断点弹出送回 PC 中，使程序能返回到原来被中断的程序继续执行。

4. 中断请求标志撤销

CPU 响应某中断请求后，在中断返回（RETI）之前，该中断请求标志应该撤销，否则会引起另一次中断。8051 各中断源的中断请求标志撤销的方法各不相同。

（1）定时器 0 和定时器 1 的溢出中断。CPU 在响应中断后，由硬件自动清除 TF0 或 TF1 标志位，即中断请求标志自动撤销，无须采取其他措施。

（2）外部中断请求的撤销与设置的中断触发方式有关。对于边沿触发方式的外部中断，CPU 在响应中断后，也是由硬件自动将 IE0 或 IE1 标志位清除。对于电平触发方式的外部中断，不可以自动清除，需要手动中断请求标志。

（3）串行口的中断，CPU 响应后，硬件不能自动清除 TI 和 RI 标志位，因此在 CPU 响应中断后，必须在中断服务程序中，用软件来清除相应的中断请求标志位，以撤销该中断请求标志。

3.6 8051 的定时器/计数器

在实时控制系统中，经常需要有实时时钟以实现定时、延时控制，也常需要有计数功能以实现对外界脉冲（事件）进行计数。MCS-51 系列单片机内部提供了两个可编程的定时器/计数器 T0 和 T1，它们可以用于定时或者对外部脉冲（事件）计数，还可以作为串行口的波特率发生器。定时器达到预定时间或者计数器计满数时，给出溢出标志，还可以发出内部中断。

作为定时器使用时，定时器计数 8051 单片机片内振荡器输出经过 12 分频后的脉冲个数，即：每个机器周期使定时器 T0/T1 的寄存器值自动累加 1，直到溢出，溢出后继续从 0 开始循环计数；所以，定时器的分辨率是时钟振荡频率的 1/12；作为计数器使用时，通过引脚 T0（P3.4）或 T1（P3.5）对外部脉冲信号进行计数，当输入的外部脉冲信号发生从 1 到 0 的负跳变时，计数器的值就自动加 1。计数器的最高频率一般是时钟振荡频率的 1/24；不论是作为定时器还是计数器，T0 和 T1 均不占用 CPU 的时间，除非定时器/计数器 T0 和 T1 溢出，才可能引起 CPU 中断，转而去执行中断处理程序。所以说，定时器/计数器是单片机中效率高且工作灵活的部件。

3.6.1 定时器/计数器的结构和功能

1. 定时器/计数器的内部结构

MCS-51 单片机内部的定时器/计数器逻辑结构见图 3-11，它是由六个 SFR 组成。其中 TMOD 为方式控制寄存器，用来设置两个 16 位定时器/计数器 T0 和 T1 的工作方式；TCON 为控制寄存器，主要用来控制定时器/计数器 T0 和 T1 的启动和停止；两个 16 位的定时器/计数器 T0（TH0 和 TL0）和 T1（TH1 和 TL1），用于设置定时或计数的初值。

2. 定时器/计数器的功能

MCS-51 单片机内部设置的两个 16 位可编程的定时器/计数器 T0 和 T1，它们均有定时和计数功能。T0 和 T1 的工作方式选择、定时时间、启动方式等均可以通过编程对相应特殊功能寄存器 TMOD 和 TCON 的设置来实现的，计数器值也由软件命令设置于 16 位的计数寄存器中（TH0、TL0 或 TH1、TL1），计数器为加 1 计数器。选择 T0 和 T1 工作在定时方式时，计数器对内部时钟机器周期数进行计数，即每个机器周期等于 12 个晶体振荡周期；T0 和 T1 工作在计数方式时，计数脉冲来自外部输入引脚 T0 和 T1，用于对外部事件进行计数。当外部输入信号由 1 跳变至 0 时，计数器的值加 1。

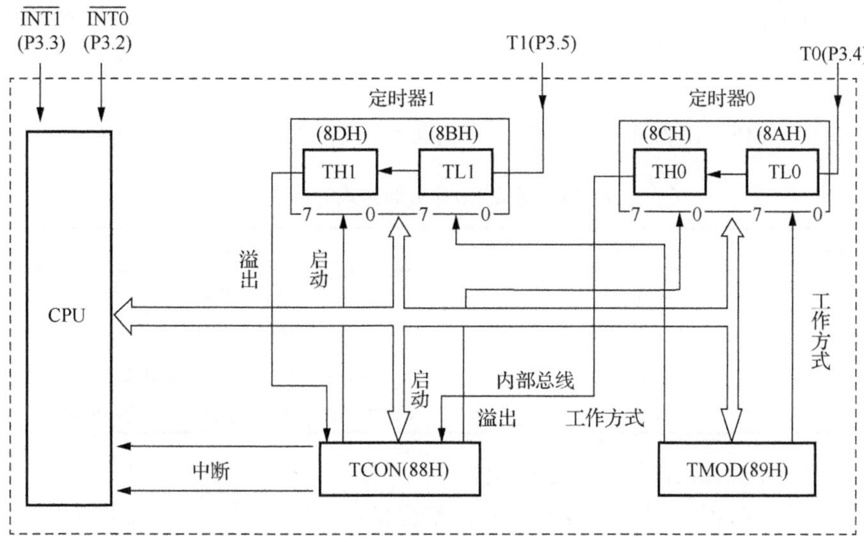

图 3-11　定时器/计数器逻辑结构图

3.6.2 方式寄存器和控制寄存器

定时器/计数器 T0 和 T1 是可编程的，因此，在使用前必须对其初始化，CPU 向 TMOD 和 TCON 两个 8 位特殊功能寄存器写入控制字，用来设置 T0 和 T1 的工作方式和控制。

1. 方式寄存器 TMOD

TMOD 用于控制 T0 和 T1 工作方式，其各位定义见图 3-12。8 位的方式寄存器 TMOD，低 4 位用于控制 T0，高 4 位用于控制 T1。

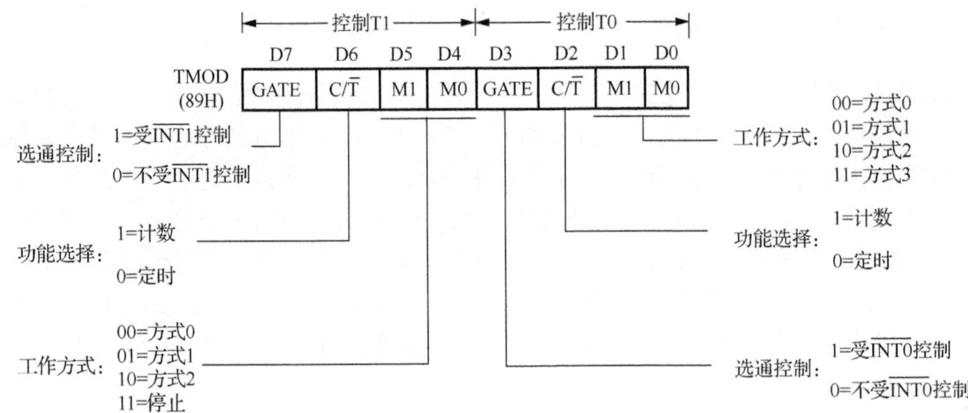

图 3-12　TMOD 各位定义

（1）M1 和 M0：工作方式控制位，对应 4 种工作方式，如表 3-6 所示。

表 3-6　定时器/计数器方式的选择

M1　M0	工作方式	功能描述
0　0	方式 0	13 位计数器
0　1	方式 1	16 位计数器
1　0	方式 2	8 位自动重装计数初值计数器
1　1	方式 3	仅适用于 T0，分为 2 个独立的 8 位计数器

（2）C/$\overline{T}$ 定时器或计数器方式选择位。

C/$\overline{T}$ = 0 为定时器方式，计数脉冲由内部提供，定时器采用晶体脉冲的十二分频信号作为计数信号，也就是对机器周期进行计数。

C/$\overline{T}$ = 1 为计数器方式，当用作外部事件计数时，计数脉冲来自外部引脚 T0（P3.4）或 T1（P3.5），当输入脉冲电平由高到低负跳变时，计数器加 1。

（3）GATE：门控位。

GATE=1 时，定时器/计数器的启动要由外部中断引脚 $\overline{INTi}$ 和 TR*i* 位共同控制。只有 $\overline{INT0}$（或 $\overline{INT1}$）引脚为高电平时，TR0 或 TR1 置“1”才能启动定时器/计数器。

GATE=0 时，定时器/计数器由软件设置 TR0 或 TR1 来控制启动。TR*i*=1，定时器/计数器启动开始；TR*i*=0，定时器/计数器停止工作。

2. 控制寄存器 TCON

TCON 用于控制定时器/计数器的启、停、溢出标志和外部中断信号触发方式。TCON 各位定义见图 3-13。

TF1/TF0：T1/T0 溢出标志位。当定时器/计数器计数产生溢出时，由硬件自动将 TF1/TF0 置 1，并向 CPU 申请中断。进入中断服务程序后，TF1/TF0 又被硬件自动清 0。TF1/TF0 也可作为程序查询的标志位，在查询方式下由软件清 0。

TR1/TR0：T1/T0 运行控制位。TR1/TR0 由软件置 1 而定时器/计数器 T1/T0 开始启

动计数。软件将 TR1/TR0 清 0，T1/T0 停止工作。

IE1、IT1、IE0、IT0：外部中断 $\overline{\text{INT0}}$ 和 $\overline{\text{INT1}}$ 请求方式控制位。

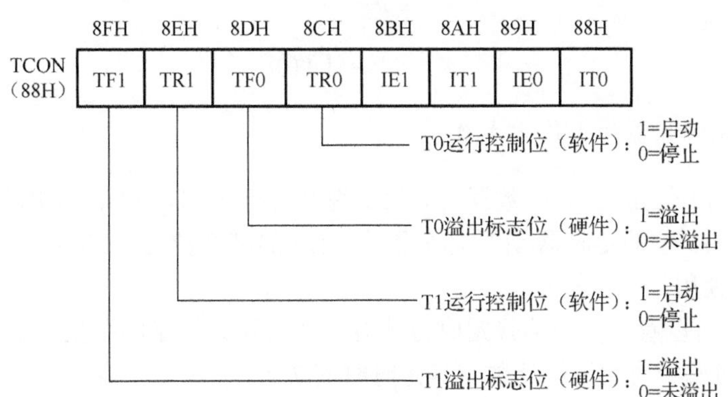

图 3-13　TCON 各位定义

3.6.3　定时/计数器的工作方式

1. 定时器/计数器的初值计算

使用定时器/计数器时必须计算初值。定时器/计数器通过软件对 TMOD 的 M1 和 M0 位设置四种不同的工作方式，每一种工作方式对应的最大计数值见表 3-7。

表 3-7　最大计数值选择表

M1　M0	工作方式	位数值
0　0	方式 0	2^{13}=8192
0　1	方式 1	2^{16}=65536
1　0	方式 2	2^{8}=256
1　1	方式 3	2^{8}=256

注：T0 和 T1 均可以工作在方式 0,1,2，但方式 3 时 T0 分成两个独立的 8 位计数器，T1 无工作方式 3

单片机的两个定时器/计数器均有两种功能：定时和计数功能。通过软件设置 TMOD 的 C/$\overline{\text{T}}$ 位选择定时或计数功能。

（1）定时功能的初值计算。

选择定时功能时，由内部供给计数脉冲，定时是对机器周期进行计数。假设用 T 表示定时时间，对应的初值用 X 表示，所用计数器位数为 N，设系统时钟频率为 f_{OSC}，则它们满足下列关系式：

$$(2^N - X)\times 12 / f_{\text{OSC}} = T \tag{3-1}$$

$$X = 2^N - f_{\text{OSC}} / 12 \times T \tag{3-2}$$

（2）计数功能的初值计算。

选择计数功能时，计数脉冲由外部 T0 或 T1 端引入，计数是对外部（事件）脉冲进行计数，因此计数值根据要求确定。N 是所用计数器的位数，它由 TMOD 中 M1 和 M0 两位设置确定。

其计数初值：

$$X = 2^N - \text{计数值} \quad (3\text{-}3)$$

2. 定时器/计数器的工作方式 0

方式 0 为 13 位定时器/计数器。以 T0 为例进行说明，T1 的使用与 T0 类似。如图 3-14 所示，13 位的定时器/计数器分别由 TH0 的高 8 位与 TL0 的低 5 位组成，TL0 的高 3 位未被使用。

由图 3-14 可以看出，当选择定时方式时，多路开关与连接晶振的 12 分频器输出连通，此时 T0 对机器周期进行计数。其定时时间 T 为

$$T = (2^N - X) \times 12 / f_{\text{OSC}} = (2^{13} - X) \times \text{机器周期} \quad (3\text{-}4)$$

式中，X 为计数初值；f_{OSC} 为晶振频率。

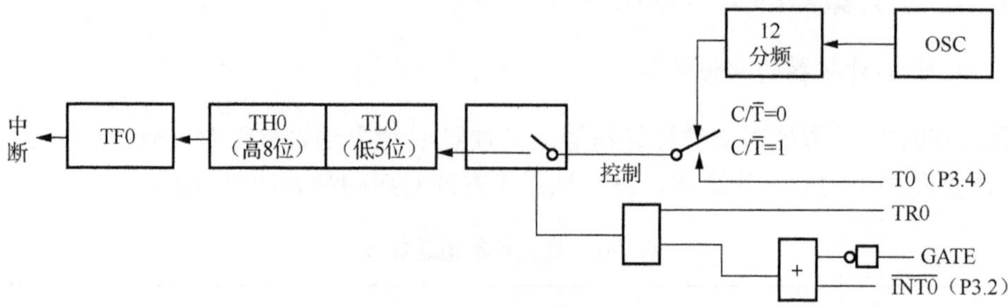

注：OSC 为晶振（crystal oscilator）

图 3-14　T0 方式 0 的结构

当 $C/\overline{T}=1$ 为计数方式时，多路开关与定时器的外部引脚连通，外部计数脉冲由 T0 引脚输入。当外部信号电平发生由 1 至 0 的跳变时，计数器加 1，这时 T0 成为外部事件的计数器，其计数初值为

$$X = 2^{13} - \text{计数值} \quad (3\text{-}5)$$

3. 定时器/计数器的工作方式 1

方式 1 是 16 位定时器/计数器，其结构几乎与方式 0 完全相同，唯一的区别是计数器的长度为 16 位。

定时功能定时时间 T 为

$$T = (2^{16} - X) \times 12 / f_{\text{OSC}} \quad (3\text{-}6)$$

计数初值 X 为

$$X = 2^{16} - T \times f_{\text{OSC}} / 12 \quad (3\text{-}7)$$

计数功能计数初值 X 为

$$X = 2^{16} - \text{计数值} \quad (3\text{-}8)$$

4. 定时器/计数器的工作方式 2

当方式 0、方式 1 用于循环重复定时计数时，每次计满溢出，寄存器全部为 0，第二次计数还得重新装入计数器初值。方式 2 是能自动重装计数初值的 8 位计数器。方式 2 中把 16 位的计数器拆成两个 8 位计数器，低 8 位作计数器用，高 8 位用以保存计数初值。以 T0 为例，当低 8 位计数产生溢出时，将 TF0 位置 1，同时又将保存在高 8 位中的计数初值重新装入低 8 位计数器中，又继续计数，循环重复不止。方式 2 的逻辑结构见图 3-15。

定时功能计数初值 $X = 2^8 - T \times f_{OSC} / 12$，式中 T 为定时时间。

计数功能计数初值 $X = 2^8 -$ 计数值，初始化编程时，TH0 和 TL 都装入此 X 值。

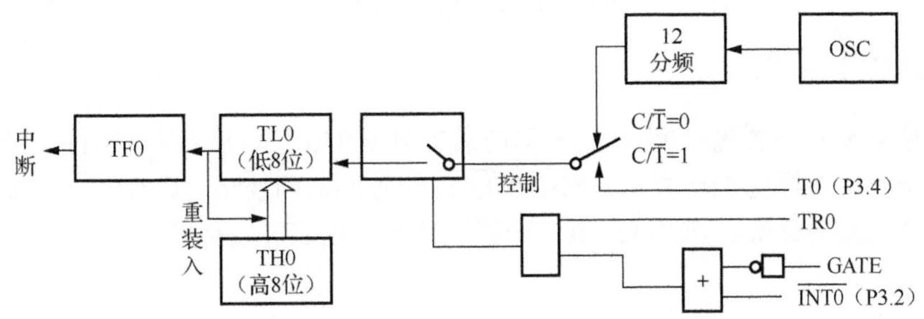

图 3-15　T0 方式 2 的结构

5. 定时器/计数器的工作方式 3

只有 T0 有工作方式 3，T1 无工作方式 3。

若将 T0 设置为方式 3，TL0 和 TH0 被分成两个互相独立的 8 位计数器。其中 TL0 用原 T0 的各控制位、引脚和中断源。TL0 除仅用 8 位寄存器外，其功能和操作与方式 0（13 位计数器）、方式 1（16 位计数器）完全相同。TL0 也可设置为定时器方式或计数器方式。

TH0 只有简单的内部定时功能。它占用了定时器 T1 的控制位 TR1 和 T1 的中断标志位 TF1，其启动和关闭仅受 TR1 的控制，见图 3-16。

定时器 T1 无工作方式 3 状态，若将 T1 设置为方式 3，就会使 T1 立即停止计数，但会保持原有的计数值，其作用相当于使 TR1=0，封锁与门，断开控制开关。

定时器 T0 用作方式 3 时，T1 仍可设置为方式 0～2。由于 TR1 和 TF1 被定时器 T0（TH0）占用，计数器控制开关已被接通，此时仅用 T1 控制位 C/T̄ 切换其定时器或计数器工作方式就可使 T1 运行。寄存器（8 位、13 位或 16 位）溢出时，只能将输出送入串行口或用于不需要中断的场合。在一般情况下，当定时器 T1 用作串行口波特率发生器时，定时器 T0 才设置为工作方式 3。此时，常把定时器 T1 设置为工作方式 2，用作波特率发生器。

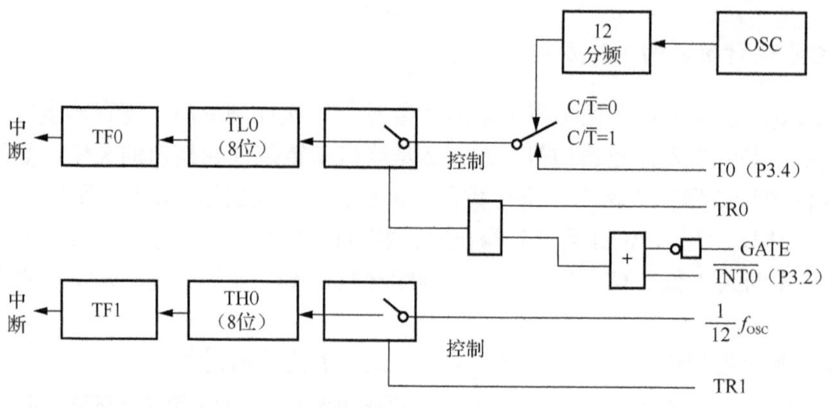

图 3-16　T0 方式 3 的结构

6. GATE 位的应用

门控位 GATE 设置为“0”，定时器的启动只受 TRi 位控制；当 GATE 设置为“1”时，定时器的启动将受 TRi 位和外部中断 $\overline{\text{INT}i}$ 信号的共同控制。只有当 $\overline{\text{INT}i}=1$，同时 TRi=1 时才能启动计数；当 $\overline{\text{INT}i}=0$，则停止计数。我们可以利用这一特性测试外部输入脉冲的宽度。

3.7　8051 的串行口

8051 单片机具有一个全双工的串行口。全双工是指可以在双机之间同时串行接收、发送数据；串行通信是指发送端和接收端可以用各自的时钟来控制数据的发送和接收。要传送的串行数据以数据帧形式一帧一帧的发送，通过传输线由接收数据设备一帧一帧的接收。

8051 单片机的串行口有 4 种工作方式，波特率可以通过软件设置，由片内的定时器/计数器产生。串行口接收、发送数据均可触发中断系统，使用十分方便。8051 单片机的串行口除了可以用于串行数据通信，还可以用来扩展并行 I/O 端口。

3.7.1　串行口结构及控制寄存器

8051 的串行口，通过软件编程，可作异步通信串行口（UART）用，也可作同步移位寄存器。它的字符帧格式可以是 8 位、10 位或 11 位，可以设置各种波特率，能方便地构成双机、多机串行通信接口。

1. 串行口的结构

8051 串行口结构框图见图 3-17。由图可见 MCS-51 单片机串行口主要由两个物理上独立的缓冲寄存器 SBUF、发送控制器、接收控制器、输入移位寄存器和输出控制门组

成。两个特殊功能寄存器 SCON 和 PCON 用来控制串行口的工作方式和波特率。发送缓冲寄存器 SBUF 只能写，不能读；接收缓冲寄存器 SBUF 只能读，不能写。两个缓冲寄存器共用一个地址 99H，可以用读/写指令区分。

串行发送时，通过“MOV SBUF，A”写指令，CPU 把累加器 A 的内容写入发送缓冲寄存器 SBUF（99H），再由 TXD 引脚一位一位地向外发送；串行接收时，接收端从 RXD 一位一位地接收数据，直到收到一个完整的字符数据后通知 CPU，再通过“MOV A，SBUF”读指令，CPU 从接收缓冲寄存器 SBUF（99H）读出数据，送到累加器 A 中。发送和接收的过程可以采用中断方式，从而可以大大提高 CPU 的效率。

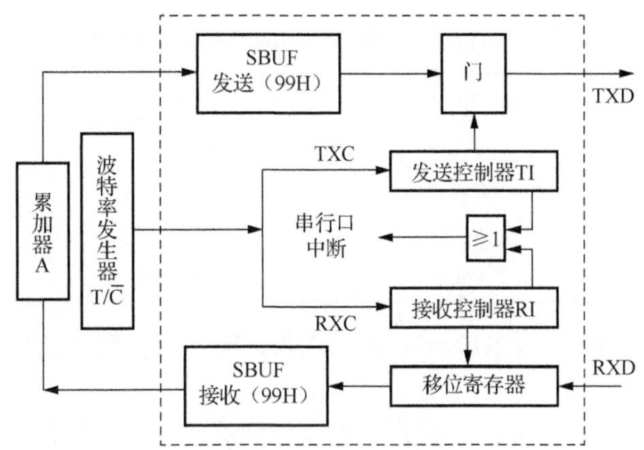

图 3-17　MCS-51 串行口内部结构示意图

在进行通信时，外界数据是通过引脚 RXD（P3.0，串行数据接收端）和引脚 TXD（P3.1，串行数据发送端）与单片机进行串行通信。输入数据先进入输入移位寄存器，再送入接收 SBUF。在此采用了双缓冲结构。这是为了避免在接收到第二帧数据之前，CPU 未及时响应接收器的前一帧的中断请求，没把前一帧数据读走，而造成接收过程中出现的帧重叠错误（又称为溢出错）。与接收数据情况不同，发送数据时，由于 CPU 是主动的，不会产生帧重叠错误，因此发送电路不需双重缓冲结构。

2. 串行口的控制寄存器 SCON

在 8051 的 SFR 中，与串行口有关的控制寄存器有四个。其中最重要的是串行口控制寄存器 SCON，在使用串行口时，必须先对它进行初始化。

SCON 是 8051 的一个可位寻址的 SFR，串行数据通信的方式选择、接收和发送控制以及串行口的状态标志均由专用寄存器 SCON 控制和指示。复位时所有位被清 0。SCON 的格式如图 3-18 所示。

	D7	D6	D5	D4	D3	D2	D1	D0	
SCON	SM0	SM1	SM2	REN	TB8	RB8	TI	RI	98H

图 3-18　SCON 的格式

SCON 各位功能说明如下。

（1）SM0、SM1：串行口工作方式选择位，定义见表 3-8。

（2）SM2：在方式 2 和方式 3 中用于多机通信控制。当方式 2 或方式 3 处于接收状态时，若置 SM2=0，单机发送/接收工作方式，则接收一帧数据后，不管第 9 位数据（RB8）是 0 还是 1，都置 RI=1，接收到的数据装入 SBUF 中；若置 SM2=1，允许多机通信。当接收到的第 9 位数据 RB8 是 0，则 RI 不置位。若 SM2=1，且同时 RB8 为“1”时，RI 置位。在方式 1 时，若置 SM2=1，未收到有效的停止位，RI 不置位。方式 0 时，不用 SM2，必须设置 SM2=0。

表 3-8　串行口的工作方式和所用波特率的对照表

SM0	SM1	相应工作方式	说明	所用波特率
0	0	方式 0	同步移位寄存器	$f_{OSC}/12$
0	1	方式 1	10 位异步收发	由定时器控制
1	0	方式 2	11 位异步收发	$f_{OSC}/32$ 或 $f_{OSC}/64$
1	1	方式 3	11 位异步收发	由定时器控制

（3）REN：允许接收位。REN=0，禁止接收；REN=1，允许接收。该位由软件置位或复位。

（4）TB8：在方式 2、3 时，是发送的第 9 位数据，也可作奇偶校验位。在多机通信中，TB8 位的状态表示主机发送的是地址还是数据：TB8=0 为数据，TB8=1 为地址。该位由软件置位或复位。

（5）RB8：在方式 2、3 时，存放接收到的第 9 位数据。方式 1 时，若 SM2=0，则 RB8 存放接收到的停止位；在方式 0 时，不使用 RB8。

（6）TI：发送中断标志位。在方式 0 时，发送第 8 位数据结束时由硬件置位；其他方式在停止位之前置位。TI 在发送前必须由软件清 0。TI=1，表示发送帧结束，可供软件查询，也可请求中断。

（7）RI：接收中断标志位。方式 0 时，RI 在接收第 8 位数据结束后由硬件置位。其他方式下，接收到停止位的中间位置时置位。RI 在接收一帧字符之后必须由软件清 0，准备接收下一帧数据。RI=1，表示帧接收结束。RI 可供软件查询，也可请求中断。

串行发送中断标志 TI 和串行接收中断标志 RI 是同一个中断源，CPU 事先不知道是发送中断 TI 还是接收中断 RI 产生的中断请求，所以在全双工通信时，必须由软件来判别。

3. 电源控制寄存器 PCON

PCON 主要是为 CHMOS 型单片机的电源控制设置的专用寄存器，地址为 87H。PCON 的最高位 SMOD 是串行口波特率倍增位。当 SMOD=1 时，波特率加倍，复位时，SMOD=0。

3.7.2　串行口的工作方式

8051 串行口有 0、1、2、3 四种工作方式。下面重点讨论各种方式的功能和特性，对串行口的内部逻辑和内部时序的细节不做详细讨论。

1. 串行口方式 0

在方式 0 下，串行口为同步移位寄存器方式，波特率固定为 $f_{OSC/12}$。这时的数据传送，无论是输入还是输出，均由 RXD（P3.0）端完成，而由 TXD（P3.1）端输出移位时钟脉冲。发送和接收一帧的数据为 8 位二进制，不设起始位和停止位，低位在前，高位在后。一般用于 I/O 端口扩展。

（1）方式 0 发送。

方式 0 发送时，执行任何一条以 SBUF 为目的寄存器的指令，串行口即将 8 位数据以振荡频率的 1/12 的波特率，将数据从 RXD 端串行发送出去。在写信号有效后，相隔一个机器周期，发送控制端 SEND 有效（高电平），允许 RXD 发送数据，同时，允许从 TXD 输出移位脉冲，1 帧（8 位）数据发送完毕时，各控制端均恢复原状态，只有 TI 保持高电平，呈中断请求状态。要再次发送数据时，必须由软件将 TI 清 0。

（2）方式 0 接收。

方式 0 接收时，在同时满足 REN=1 和 RI=0 的条件下，以读 SBUF 的指令开始。此时，RXD 为串行输入端，TXD 为同步脉冲输出端。串行接收的波特率也为振荡频率的 1/12。同样，当接收完一帧（8 位）数据后，控制信号复位，只有 RI 仍保持高电平，呈中断请求状态。再次接收时，必须通过软件对 RI 清 0。

2. 串行口方式 1

在方式 1 下，串行口为 10 位通用异步通信接口。一帧信息包括 1 位起始位（0）、8 位数据位（低位在前）和 1 位停止位（1）。TXD 是发送端，RXD 是接收端。其传送波特率可调。

（1）方式 1 发送。

串行口以方式 1 发送时，数据由 TXD 端输出，任何一条以 SBUF 为目的寄存器的指令都启动一次发送，发送条件是 TI=0。发送开始时内部 SEND 信号变为有效电平，随后由 TXD 端输出自动加入的起始位，此后每过一个时钟脉冲，由 TXD 端输出一个数据位，8 位数据发送完后，置位 TI。TI 置“1”是通知 CPU 可发下一个字符。

（2）方式 1 接收。

方式 1 接收时，数据从 RXD 端输入。当 REN 置位后，就允许接收器接收，接收器便以波特率的 16 倍速率采样 RXD 端电平。当采样到 1 至 0 的跳变时，启动接收器接收，并复位内部的 16 分频计数器，以实现同步。计数器的 16 个状态把每 1 位时间等分成 16 份，并在该位的第 7、8、9 个计数状态时，采样 RXD 电平。因此，每一位的数值采样三次，至少两次相同时才有效。如果起始位接收到的值不是 0，则起始位无效，复位接收电路。在检测到一个 1 到 0 的跳变时，再重新启动接收器。如果接收值为 0，起始位有效，则开始接受本帧的其余信息。在 RI=0 的状态下，接收到停止位为 1（或 SM2=0）时，将停止位送入 RB8，8 位数据进入接收缓冲器 SBUF，中断标志 RI 置位。

在方式 1 的接收器中设有数据辨识功能，当同时满足以下两个条件时，接收的数据才有效，且实现装载 SBUF、RB8 及 RI 置位，接收控制器再次采样 RXD 的负跳变，以便接收下一帧数据。这两个条件是：

① RI＝0；

② SM2＝0 或接收到的停止位＝1。

如果上述条件任一不满足，所接收的数据无效，接收控制器不再恢复。

3. 串行口方式 2 和方式 3

串行口工作在方式 2、3 时，为 11 位异步通信口，发送、接收一帧信息由 11 位组成，即 1 位起始位（0）、数据 8 位（低位在前）、1 位可编程位（第 9 数据位）和 1 位停止位（1）。发送时，可编程位（TB8）可设置 0 或 1，该位一般用作校验位；接收时，可编程位送入 SCON 中的 RB8。

方式 2、3 的区别在于：方式 2 的波特率为 $f_{OSC}/32$ 或 $f_{OSC}/64$，而方式 3 的波特率可变。

（1）方式 2 和方式 3 发送。

方式 2、3 发送时，数据由 TXD 端输出，附加的第 9 位数据为 SCON 中的 TB8。发送前，先根据通信协议由软件设置 TB8（作奇偶校验位或地址/数据标识位），然后将要发送的数据写入 SBUF，便立即启动发送器发送。发送过程是由任何一条以 SBUF 为目的寄存器的指令而启动的。“写 SBUF”信号将 8 位数据装入 SBUF，同时还将 TB8 装到发送移位寄存器的第 9 位，并通知发送控制器，要求进行一次发送。然后从 TXD（P3.1）端输出一帧信息，送完一帧信息时，TI=1，发送中断标志位置位。

（2）方式 2 和方式 3 接收。

方式 2、3 接收与方式 1 类似。接收时，先置位 REN 为 1，使串行口处于允许接收状态，同时还要将 RI 清 0。当 REN=1 时，CPU 开始不断对 RXD 采样。采样速率为波特率的 16 倍。当检测到负跳变后启动接收器，位检测器对每位采集 3 个值，用采 3 取 2 方法确定每位状态。当采至最后一位时，再根据 SM2 的状态和所接收到的 RB8 的状态决定此串行口是否将 RI 置位，并申请中断，接收数据。

当 SM2=0 时，不管 RB8 为 0 还是为 1，都将 8 位数据装入 SBUF，第 9 位数据装入 RB8 并置 RI=1。

当 SM2=1，且 RB8 为 1 时，表示在多机通信情况下，接收的信息为地址帧，此时 RI 置位，串行口接收发来的信息。

当 SM2=1，且 RB8 为 0 时，表示接收的信息为数据帧，但不是发给从机的，此时 RI 不置 1，因而所接收的数据帧将丢失。

从上述可见，方式 2、3 中同样也设有数据辨识功能。即当 RI=0、SM2=0 和接收到的第 9 位的数据为 1 的任一条件不满足时，接收的数据帧无效。

3.7.3　波特率设计

针对串口来说，波特率被定义为每秒传送二进制码的位数，与比特率相等，单位是 bit/s。波特率是串行通信的重要指标，用于表征数据传送的速率。波特率越高，数据传输速度越快。字符的实际传送速率与波特率不同。字符的实际传送速率是指每秒钟内所传字符帧的帧数，与字符帧格式有关。

例如，波特率为 2400bit/s 的通信系统，若采用图 3-19（a）的字符帧，则字符的实际传送速率为 2400/11=218.18 帧/s；若采用图 3-19（b）的字符帧，则字符的实际传送速率为 2400/14=171.43 帧/s。

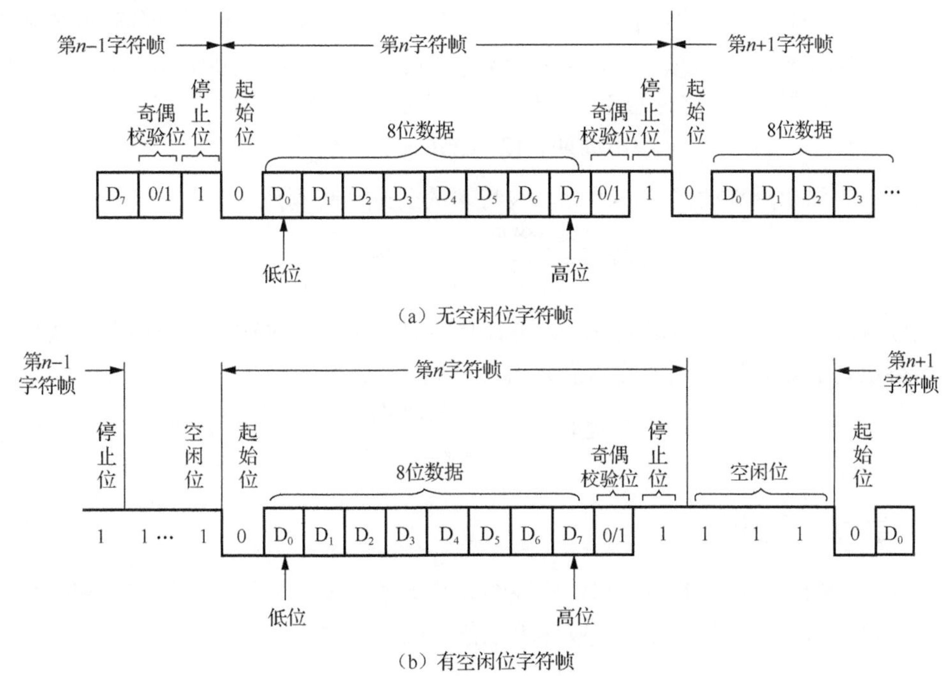

图 3-19　异步通信的字符帧格式

每位的传送时间定义为波特率的倒数。通常，异步通信的波特率在 50～9600bit/s。波特率不同于发送时钟和接收时钟，时钟频率常是波特率的 1 倍、16 倍或 64 倍。在异步串行通信中，接收设备和发送设备保持相同的传送波特率，并以字符帧的起始位与发送设备保持同步。起始位、奇偶校验位和停止位的约定在同一次传送过程中必须保持一致，这样才能成功的传送数据。

1. 串行口方式 0 和方式 2

在方式 0 时，每个机器周期发送或接收一位数据，因此波特率固定为单片机时钟频率的 1/12（$f_{OSC}/12$），且不受 SMOD 的影响。若晶振频率 f_{OSC}=12MHz 时，则

$$波特率=1\text{Mb}/\text{s} \tag{3-9}$$

因此，即 1μs 移位一次。

方式 2 的波特率取决于 PCON 中 SMOD 的值，当 SMOD=0 时，波特率为f_{OSC}的 1/64；若 SMOD=1 时，则波特率为f_{OSC}的 1/32，即

$$波特率 = 2^{SMOD} \times f_{OSC} / 64 \tag{3-10}$$

2. 串行口方式 1 和方式 3

方式 1、方式 3 的波特率可变，由定时器 T1 的溢出率与 SMOD 的值共同决定，即

$$波特率 = 2^{SMOD} / 32 \times 定时器\ T1\ 溢出率 \tag{3-11}$$

其中溢出率取决于计数速率和定时器的预置值。当利用 T1 作波特率发生器时，通常选用方式 2，即 8 位自动重装载模式，其中 TL1 作计数器，THl 存放自动重装载的定时初值。因此，对 T1 初始化时，写入方式控制字（TMOD）＝00100000B。这样每过“256-X”个机器周期，定时器 T1 就会产生一次溢出，溢出周期为

$$溢出周期 = 12 \times (256 - X) / f_{OSC} \tag{3-12}$$

溢出率为溢出周期的倒数，因此，波特率的公式还可写成

$$波特率 = \frac{2^{SMOD}}{32} \times \frac{f_{OSC}}{12 \times (256 - X)} \tag{3-13}$$

实际应用时，总是先确定波特率，再计算定时器 1 的定时初值。根据上述波特率的公式，得出计算定时器方式 3 的初值 X 的公式为

$$X = 256 - \frac{f_{OSC} \times (SMOD + 1)}{384 \times 波特率} \tag{3-14}$$

3.7.4 串行口应用

学习 MCS-51 单片机的串行口，归根结底是要学会编制通信软件的方法和技巧。本节将介绍串行口在作 I/O 扩展及一般异步通信中的应用原理。

1. 利用串行口方式 0 作 I/O 扩展

串行口方式 0 是同步移位寄存器的通信方式，它主要用于扩展 I/O 端口。利用它可以把串行口设置成“并入串出”的并行输入口，或“串入并出”的并行输出口。

把串行口变为并行输出口使用时，要有一个 8 位“串入并出”的同步移位寄存器配合（CD4094 或 74LS164），电路连接见图 3-20。当使用 74LS164 作扩展输出口时，要注意 74LS164 的输出无控制端，在串行输入过程中，其输出端的状态会不断变化，故在某些应用场合，在 74LS164 与输出装置之间，还应加上输出可控的缓冲级，以便串行输入过程结束后再输出。串行口变为并行输入口使用时，要有一个 8 位“并入串出”功能的同步移位寄存器（CD4014 或 74LS165）与串行口配合使用。

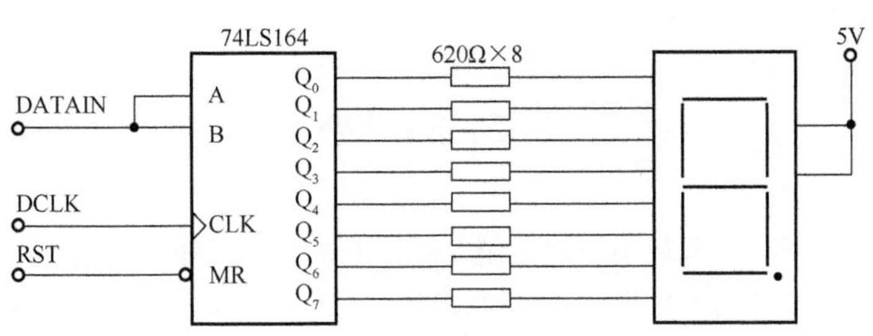

图 3-20 利用串行口扩展输出口

2. 利用串行口方式 1、方式 2 和方式 3 进行双机异步通信

串行口工作在方式 1、2、3 时，都可用于异步通信。它们之间的主要差别在于字符帧格式和通信波特率的不同。双机异步通信的连接线路见图 3-21。双机通信也称为点对点的串行异步通信。利用单片机的串行口，可以进行单片机与单片机、单片机与通用微机间点对点的串行通信。

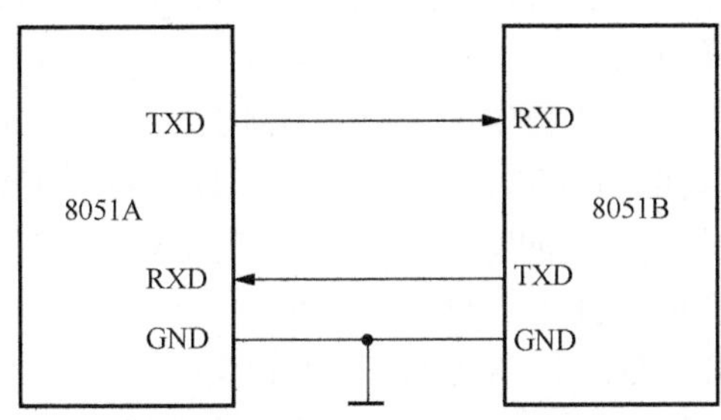

图 3-21 双机异步通信的连接线路图

（1）晶体管-晶体管逻辑电平信号直接传输。

如果采用晶体管-晶体管逻辑（transistor-transistor logic，TTL）电平直接在电缆（或双绞线）上传输信息，传输距离一般不超过 1m。例如 8051 与扩展的串行打印机的连接就是这样。这时双方的串行口可以直接相连。

如果传输的距离在 15m 之内，就应该采用 RS-232 电平信号传输。微机的串口采用的就是 RS-232 电平。

（2）RS-232C 电平信号传输。

RS-232C 是广泛使用的串行总线标准。RS-232C 标准规定了传送的数据和控制信号的电平。但是这些信号电平与 TTL 电平不匹配，所以为了实现 RS-232C 电平与 TTL 电平的连接，必须进行信号电平转换。实现 RS-232C 标准电平与 TTL 电平间相互转换的接口芯片，目前常用的一种是 MAX232，这种连接的传输介质一般采用双绞线，通信距离一般不超过 15m，传输速率小于 20kb/s。在要求信号传输快、距离远时，可采用 RS-422A、RS-485 等其他标准通信。

3.8 8051 的最小系统

单片机最小系统，也称最小应用系统，是指用最少的元件组成的可以工作的单片机系统。对于 MCS-51 系列单片机，其内部已经包含了一定数量的程序存储器和数据存储器，因此在单片机外部加入电源电路、时钟电路和复位电路即可构成单片机最小系统。

1. 单片机

MCS-51 系列的单片机有多种，在功能上可分为普通型和增强型两大类。其中普通型包括 8051、8031、8751、89C51、89S51 等；增强型包括 8032、8052、8752、89C52、89S52 等。它们的结构基本相同，主要的差别反映在存储器的配置上，如 8051 的内部设有 4KB 的掩模 ROM 程序存储器，89C51 则为 4KB 的闪速带电擦除可编程只读存储器（electrically-erasable programmable read-only memory，EEPROM），对于增强型的单片机，其存储容量为普通型的 2 倍。

MCS-51 系列单片机具有两种生产工艺：HMOS 工艺（高密度短沟道 MOS）和 CHMOS（互补金属氧化物的 HMOS）工艺。其中 CHMOS 是 CMOS 和 HMOS 的结合，除了保持 HMOS 高速度和高密度的特点外，它还具有 CMOS 低功耗的特点。采用 HMOS 工艺生产的 MCS-51 系列单片机包括 8051、8751、8052、8032 等，采用 CHMOS 工艺生产的单片机包括 80C51、83C51、80C31、80C32 等。

在选择单片机时要根据实际设计和单片机的价格来选择合适的单片机。

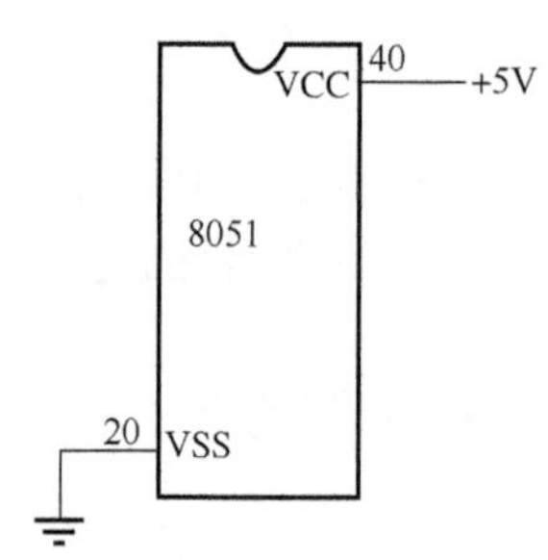

图 3-22 电源电路

2. 电源电路

8051 单片机采用+5V 单电源进行供电，芯片的 VSS（20 脚）为接地端，VCC（40 脚）为+5V 电源端，电源电路见图 3-22。

3. 时钟电路

时钟电路用于产生单片机工作所需要的时钟信号。单片机相当于一个复杂的同步时序电路，为了保证同步工作方式的实现，电路应在唯一的时钟信号控制下严格地按时序进行工作。而时序所研究的是指令执行中各个信号的相互关系。单片机本身就如一个复杂的同步时序电路，为了保证同步工作方式的实现，电路应在唯一的时钟信号控制下严格地按时序进行工作。

单片机系统中利用时钟电路提供时钟信号的方式通常有两种：内部振荡方式和外部振荡方式。

（1）内部振荡方式。

8051 系列单片机内部有一个用于构成振荡器的高增益反相放大器，其输入端为芯片引脚 XTAL1，输出端为 XTAL2。而在芯片的外部，XTAL1 和 XTAL2 之间跨接晶体振

荡器和微调电容，从而构成一个稳定的自激振荡器，这就是单片机的时钟电路，见图 3-23。一般电容 C_1 和 C_2 取 30PF 左右。晶体的振荡频率范围是 1.2～12MHz。晶体振荡频率越高，则系统的时钟频率越高，单片机运行速度也就越快。

（2）外部振荡方式。

在多个单片机组成的系统中，为了各单片机之间时钟信号的同步，应当引入唯一的公用外部脉冲信号作为各单片机的振荡脉冲，这时外部的脉冲信号应经 XTAL2 引脚输入，XTAL1 端接地，其连接见图 3-24。

4. 复位电路

复位电路的目的是使 CPU 以及系统中其他部件都处于一个明确的初始状态，便于系统启动。对于 MCS-51 单片机系统，RST 引脚是复位信号的输入端，复位信号为高电平有效。当高电平持续 24 个振荡脉冲周期（即两个机器周期）以上时，单片机完成复位。假如使用的晶振频率为 6MHz，则复位信号持续时间应不小于 4μs。

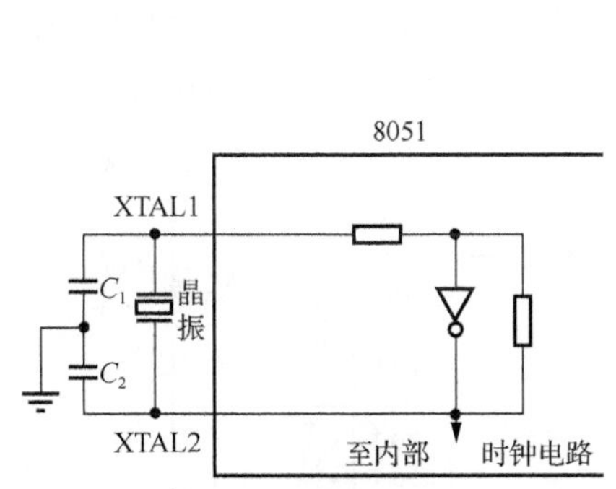

图 3-23　内部振荡方式

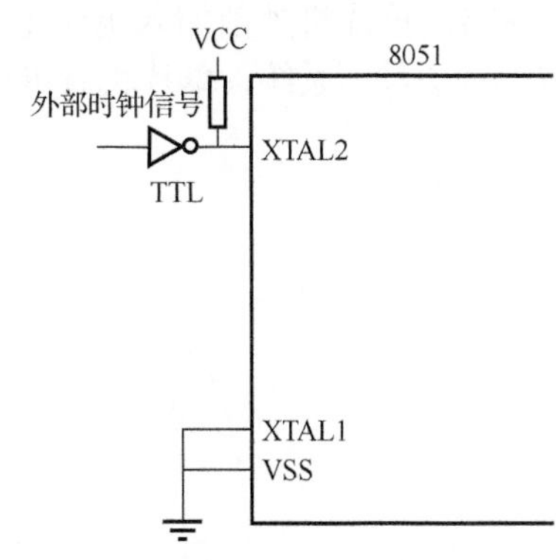

图 3-24　外部振荡方式

单片机的外部复位电路分为上电自动复位和按键手动复位两种。复位电路中的电阻、电容数值是为了保证在 RST 端能够保持两个机器周期以上的高电平以完成复位而设定的。

（1）上电自动复位。

上电自动复位是在单片机接通电源时，通过对电容充电来实现的，电路见图 3-25。上电瞬间，RST 端的电位与 VCC 相同。随着充电电流的减小，RST 端的电位逐渐下降，只要 RST 端保持阈值电压的时间足够长，单片机便可自动复位。

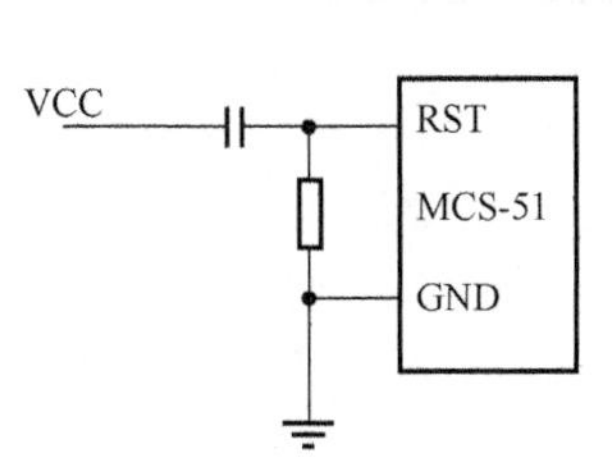

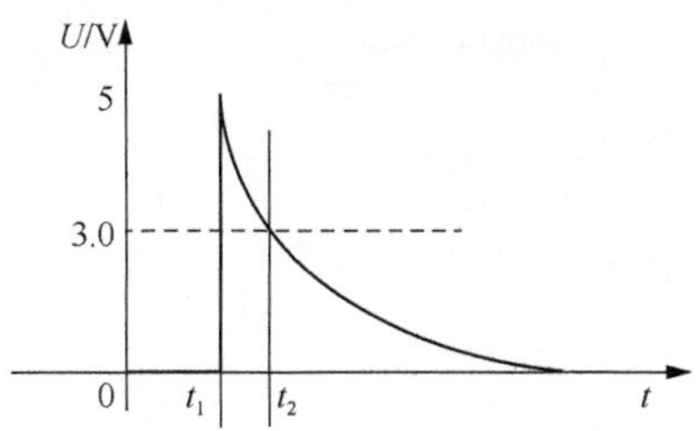

图 3-25　上电自动复位

（2）按键手动复位。

按键手动复位实际上是上电自动复位兼按键手动复位，电路见图 3-26。当按键未被按下时，为上电自动复位。当按键被手动按下时，电容与电阻并联，电容被放电，RST 被拉到高电平，且可以持续一段时间令单片机复位。

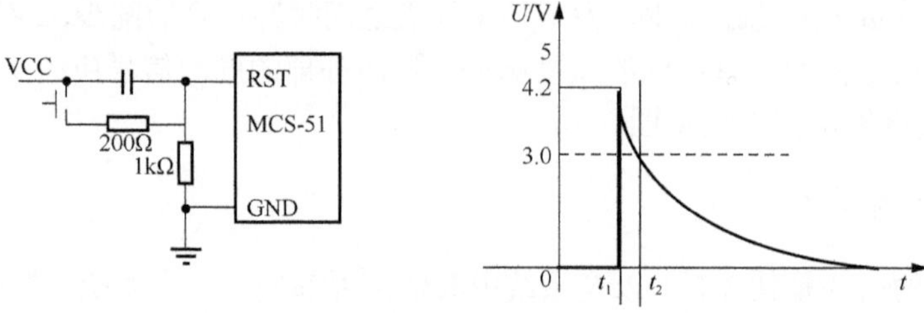

图 3-26　按键手动复位

5. 最小系统举例

在 8051 单片机外部加入电源电路、时钟电路和复位电路，组成其最小系统，见图 3-27。有了最小系统，单片机就可以正常工作、执行用户固化在它内部的程序了。

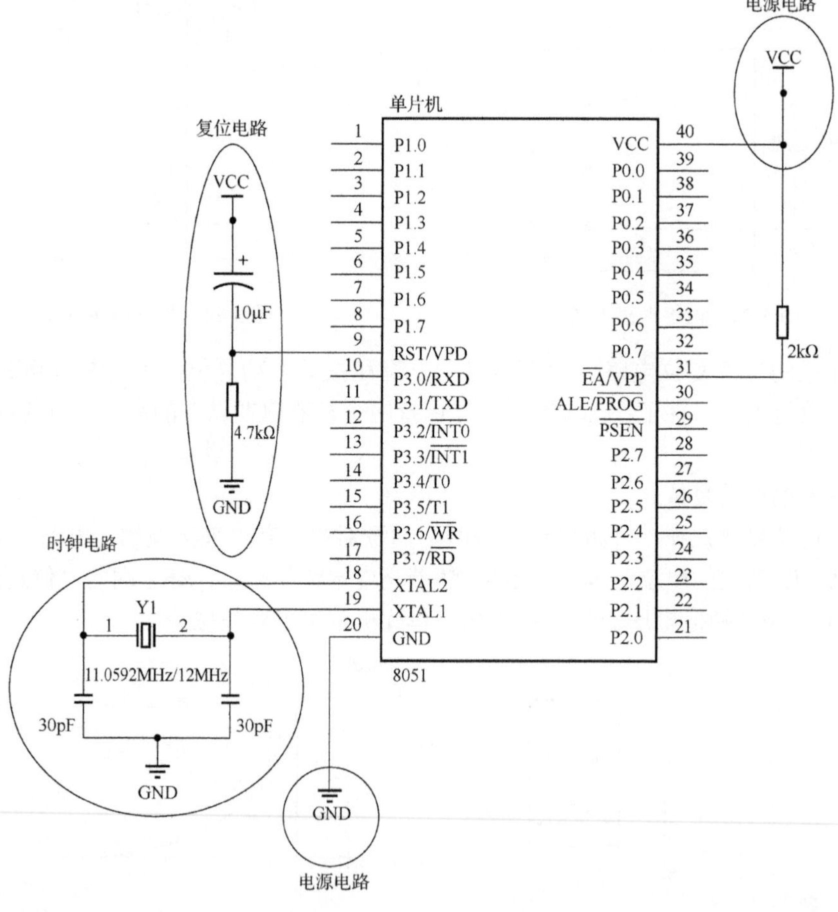

图 3-27　MCS-51 最小系统

3.9　MCS-51 扩展基础

一般情况下，采用 MCS-51 单片机的最小系统只能用于一些很简单的应用场合，这种情况下可直接使用单片机内部程序存储器、数据存储器、定时功能等内部资源，使得应用系统的成本较低。但在许多应用场合，仅靠单片机的内部资源不能满足要求，因此，系统扩展是单片机应用系统硬件设计中常遇到的问题。

本节以介绍扩展原理为主，扩展芯片的具体引脚及功能请参阅相应的芯片使用手册。

3.9.1　单片机扩展及系统结构

1. 扩展系统结构

单片机扩展通常采用总线结构形式，典型的单片机扩展结构见图 3-28。

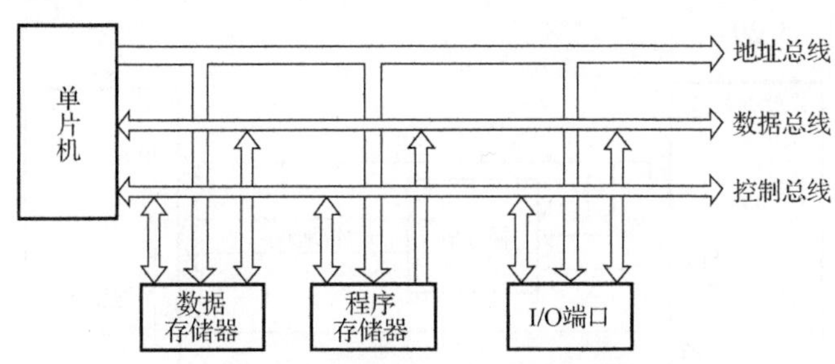

图 3-28　单片机扩展系统结构图

整个扩展系统以单片机为核心，扩展内容可包括数据存储器、程序存储器和 I/O 端口等。单片机通过总线把各个外部扩展的部件连接起来，其形式如各部件“挂”在总线上。

所谓总线，就是连接系统中各扩展部件的一组公共信号线。按其功能通常把系统总线分为三种：地址总线、数据总线和控制总线。

（1）地址总线。

地址总线（address bus, AB）用于传送单片机送出的地址信号，以便进行存储单元和 I/O 端口的选择。地址总线的数目决定着可直接访问的存储单元的数目。例如 n 位地址，可产生 2^n 个连续地址编码，因此可访问 2^n 个存储单元，即通常所说的寻址范围为 2^n 个地址单元。MCS-51 单片机存储器扩展最多可达 64KB，即 2^{16} 个地址单元，因此，最多需要 16 位地址线。这 16 根地址线是由 P0 和 P2 构建的，其中 P0 的 8 位口线作地址线的低 8 位，P2 的 8 位口线作高位地址线。需要注意的是，在进行系统扩展时，P0 还用作数据线，因此需采用分时复用技术，对地址和数据进行分离。为此在构造地址总线时要增加一个 8 位锁存器，先把低 8 位地址送锁存器暂存。由地址锁存器给系统提供低 8 位地址，然后把 P0 作为数据线使用。

（2）数据总线。

数据总线（data bus, DB）用于在单片机与存储器之间或单片机与 I/O 端口之间传送数据。单片机系统数据总线的位数与单片机处理数据的字长一致。如 MCS-51 单片机是 8 位字长，所以数据总线的位数也是 8 位。在系统扩展时，数据总线是由 P0 构造的。

（3）控制总线。

控制总线（control bus, CB）是一组控制信号线。这些信号线有的是专用信号线，有的则是第二功能信号线。其中包括地址锁存信号 ALE、程序存储器的读选通信号 $\overline{\text{PSEN}}$，以及读 $\overline{\text{RD}}$ 和写 $\overline{\text{WR}}$ 信号等。

2. 锁存

单片机与外设进行数据交换时，必须要保证整个读写周期中地址线的状态不变。由于单片机的扩展总线是由 I/O 端口构造，而且数据总线与低 8 位地址线是分时复用的，这就需要在 P0 外接一个地址信息的保持部件，我们称为地址锁存器，以 8051 为例，其扩展电路结构见图 3-29。

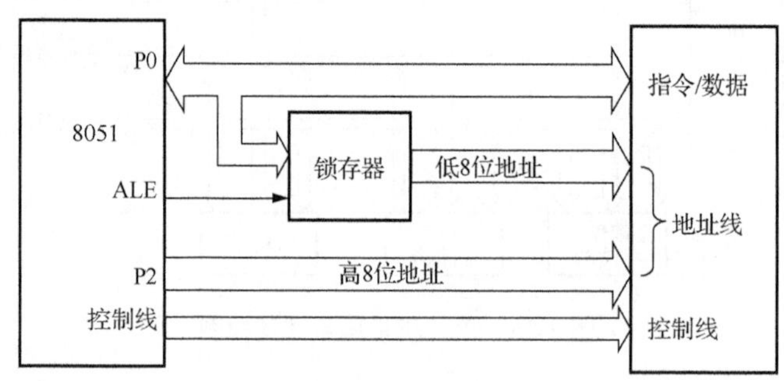

图 3-29　8051 外部扩展电路结构

8051 单片机中的 16 位地址，分为高 8 位和低 8 位。高 8 位由 P2 输出，低 8 位由 P0 输出。而 P0 同时又是数据输入/输出口，故在传送时采用分时方式，先输出低 8 位地址，然后再传送数据。

常用的地址锁存器为带三态缓冲输出的 8D 锁存器 74LS373 或 8282，也可使用带清除端的 8D 锁存器 74LS273，地址锁存信号为 ALE。

3. 片选

多片存储器芯片构成外部存储器时，除了低 8 位地址需要锁存之外，还要由高位地址产生片选信号。产生片选信号的方法有线选法和译码法两种。

线选法是用某几根多余的高位地址线作为片选信号，来实现外扩芯片的目的。由于剩余的高位地址不参加译码，值可为任意状态，线选法将有很多地址空间重叠。线选法的优点是电路简单；其缺点是不同的高位地址线控制不同芯片，地址空间不连续，故只

能用于外扩芯片数目较少的系统。

译码法是由译码器组成译码电路，译码电路将地址空间划分为若干块，其输出可选通各存储器芯片。这样，既充分利用了存储空间，又克服了空间分散的缺点。若全部地址都参加译码，称为全译码；若部分地址参加译码，称为部分译码，这时存在部分地址重叠的情况。常用的地址译码器有 3-8 线译码器 74LS138 和双 2-4 线译码器 74LS139。

3.9.2 外部存储器扩展

MCS-51 的程序存储器空间、数据存储器空间是相互独立的。

1. 扩展 ROM

程序存储器寻址空间为 64KB（0000H～0FFFFH），其中 8051 片内包含有 4KB 的 ROM。紫外线擦除可编程只读存储器 EPROM，可作为 MCS-51 单片机的外部 ROM，典型产品为 Intel 公司的系列芯片 2716（2KB×8bit）、2732（4KB×8bit）、2764（8KB×8bit）、27128（16KB×8bit）、27256（32KB×8bit）和 27512（64KB×8bit）等。

外部 ROM 芯片需要通过总线连接到 MCS-51 单片机上。

数据总线：由 P0 提供。

地址总线：由 P0 和 P2 共同提供；P0 分时提供低 8 位地址和 8 位双向数据总线，所以需要地址锁存器的配合。

控制总线：片选端（chip enable，CE）由地址译码器的译码输出控制；MCS-51 单片机访问外部 ROM 所使用的控制信号有 ALE 和 $\overline{\text{PSEN}}$。其中 ALE 是低 8 位地址锁存控制信号；$\overline{\text{PSEN}}$ 是外部程序存储器的读选通控制信号。

2. 扩展 RAM

8051 单片机内部有 128B RAM 存储器。CPU 对内部的 RAM 具有丰富的操作指令。但是用于实时数据采集和处理时，仅靠片内提供的 128B 的数据存储器是远远不够的。在这种情况下，可利用 MCS-51 的扩展功能扩展外部 RAM。最常用的静态 RAM 芯片有 6264（8KB×8bit）、62128（16KB×8bit）、62256（32KB×8bit）等。

扩展 RAM 空间地址同外扩 ROM 相似，通过如下总线连接到 MCS-51 单片机上。

数据总线：由 P0 提供。

地址总线：由 P0 和 P2 共同提供，P0 分时提供低 8 位地址和 8 位双向数据总线，所以需要地址锁存器的配合。

控制总线：片选端 CE 由地址译码器的译码输出控制；MCS-51 单片机访问外部 RAM 所使用的控制信号有读 $\overline{\text{RD}}$（P3.1）和写 $\overline{\text{WR}}$（P3.6）。

3. 扩展既可读又可写的 ROM

在单片机中，程序存储器和数据存储器是严格分开的，它们使用不同的读选通控制信号，通过不同的读指令进行读操作。读程序存储器时产生 $\overline{\text{PSEN}}$ 控制信号，而访问数据存储器时产生的是$\overline{RD}$信号。由于程序存放在 EPROM 中，这就给程序调试带来了困难，因为放在程序存储器中的程序只能运行却不能修改，而在数据存储器中的内容虽然可以修改，但不能运行程序。为解决这一矛盾，可把数据存储器芯片经过特殊的连接，作为程序存储器使用，使之既可以运行程序，又可以修改程序。这时的数据存储器可称为仿真的程序存储器。

从前面的介绍中可知，程序存储器使用$\overline{PSEN}$作选通信号，而数据存储器使用$\overline{RD}$作选通信号。如果把这两个信号经过与门综合后，再作为 RAM 存储芯片的读选通信号，即可达到扩展可读写程序存储器的目的，见图 3-30。如果$\overline{RD}$或$\overline{PSEN}$两个信号中有一个有效（低电平），则与门的输出就为低电平，在$\overline{OE}$端就可得到一个有效的读选通信号，从而使两个选通信号中任何一个都可以控制该存储芯片。如此，该芯片可以作为数据存储器使用，又可以作为程序存储器使用。

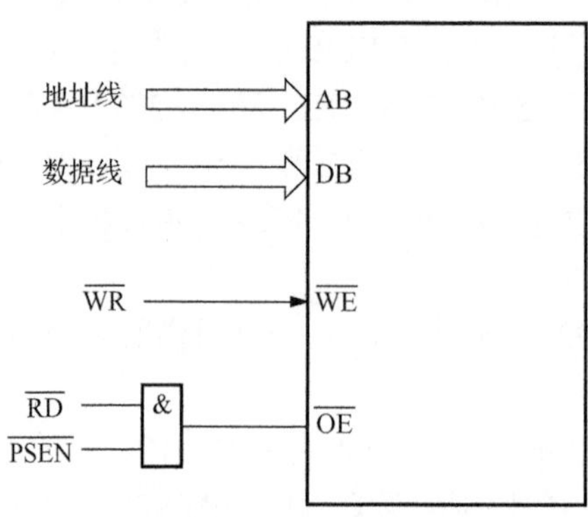

图 3-30　可读写程序存储器的连接示意图

4. *扩展存储器实例*

8051 与 32KB 外部 ROM 和外部 RAM 的译码法连接的电路图见图 3-31。图中，27128 为存储容量 16KB 的 EPROM 芯片，62128 为存储容量 16KB 的 SRAM 芯片。两种芯片的容量均为 16KB，所以地址线均需要 14 根，P0 数据/地址分时复用，通过 74LS373 锁存器可形成低 8 位地址，P2.0～P2.5 形成高 6 位地址（A0～A13）；各芯片均通过 P0 形成 8 位数据线；ROM 的控制信号为$\overline{PSEN}$，RAM 的控制信号为$\overline{RD}$和$\overline{WR}$。

P2.6 与 P2.7 两根地址线可作为 2～4 译码器 74LS139 的输入控制，见表 3-9。

表 3-9　地址分配表

74LS139 译码器输入 P2.7	P2.6	74LS139 译码器有效输出	选中芯片	地址范围	存储容量
0	0	Y0	IC1：27128	0000H～3FFFH	16KB
0	1	Y1	IC2：27128	4000H～7FFFH	16KB
1	0	Y2	IC3：62128	8000H～0BFFFH	16KB
1	1	Y3	IC4：62128	0C000H～0FFFFH	16KB

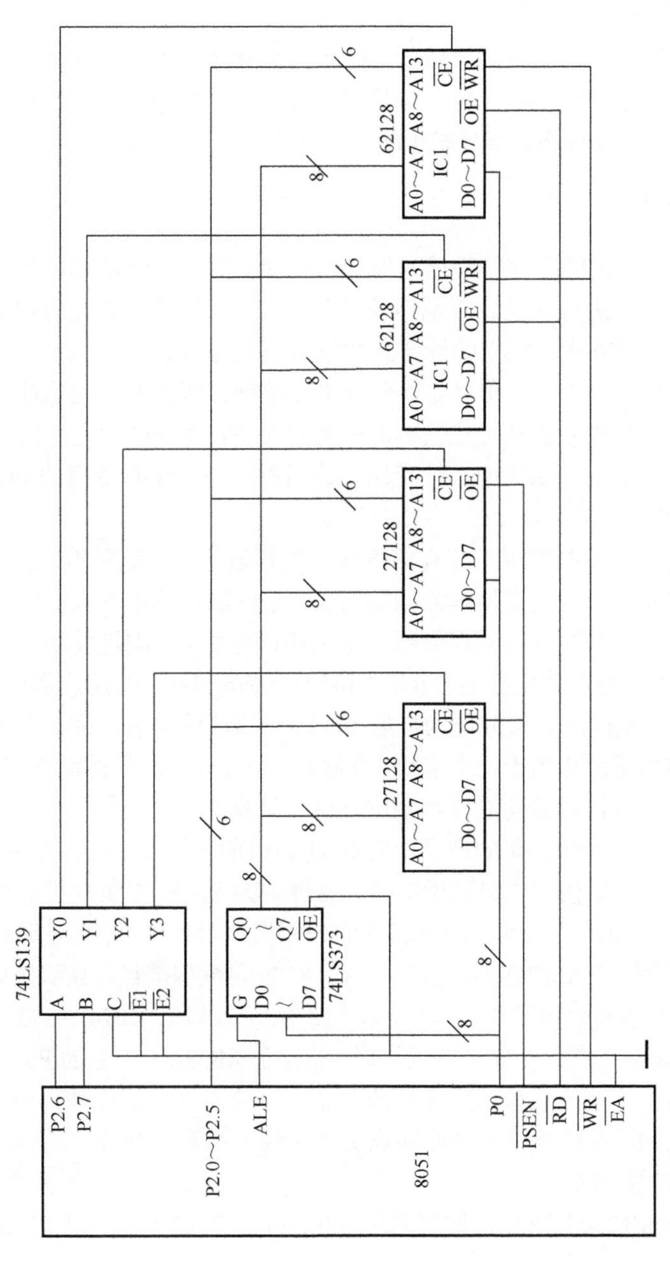

图 3-31　8051 外部存储器扩展图

所以根据各芯片片选信号所连接的译码有效输出引脚，EPROM 芯片 27128 的地址范围为 0000～7FFFH，SRAM 芯片 62128 的地址范围为 8000H～FFFFH。

3.9.3 外部简单 I/O 扩展

在 MCS-51 系列单片机的应用系统中，单片机本身提供的输入/输出端口并不多，只有 P1 准双向口的 8 位 I/O 线和 P3 的某些位线可作为输入/输出线使用。因此，在多数应用系统中，MCS-51 单片机都需要外扩 I/O 端口芯片。

1. I/O 扩展概述

在进行 I/O 扩展时，同样存在编址的问题。存储器是对存储单元进行编址，而接口电路则是对其中的端口进行编址。对端口编址是为了 I/O 操作，因此也称为 I/O 编址。常用的 I/O 编址有两种方式：独立编址方式和统一编址方式。

所谓独立编址，就是把 I/O 和存储器分开进行编址，即各编各的地址。这样在计算机系统中就形成了两个独立的地址空间：存储器地址空间和 I/O 地址空间。因此在使用独立编址方式的计算机指令系统中，除存储器读写指令外，还有专门的 I/O 指令以进行数据输入/输出操作。

统一编址就是把系统中的 I/O 和存储器统一进行编址。在这种编址方式中，把 I/O 端口中的寄存器与存储器中的存储单元同等对待。采用这种编址方式的计算机只有一个统一的地址空间，该地址空间既供存储器编址使用，也供 I/O 编址使用。

MCS-51 单片机的外部数据存储器 RAM 和 I/O 是统一编址的，用户可以把外部 64KB 的数据存储器 RAM 空间的一部分作为扩展 I/O 端口的地址空间，每一个接口芯片中的一个功能寄存器口地址就相当于一个 RAM 存储单元，CPU 可以像访问外部存储器 RAM 一样访问外部接口芯片，对其功能寄存器进行读、写操作。

MCS-51 单片机是 Intel 公司的产品，而 Intel 公司配套的外围接口芯片的种类齐全，并且与 MCS-51 单片机的接口电路逻辑简单，这样就为 MCS-51 单片机扩展外围接口芯片提供了便利条件。Intel 公司常用的可编程的外围接口芯片有 8255 可编程通用并行接口芯片，8155 可编程的 RAM/IO 扩展接口芯片，8279 可编程键盘、显示接口芯片。另外 74LS 系列的 LSTTL 电路也可以作为 MCS-51 的扩展 I/O 端口，如 74LS373、74LS377 等。

MCS-51 单片机进行扩展 I/O 端口设计时，要熟悉 MCS-51 本身的 P0～P3 特性及指令功能，分析清楚要扩展的接口芯片的功能、结构及能力，在进行硬件设计时要注意，接口电平及驱动能力。设计驱动程序要注意防止总线上的数据冲突，还应根据实际情况采用不同的数据传送控制方式。

本节主要介绍 MCS-51 单片机如何利用 74LS244、74LS245、74LS273 等来扩展简单并行 I/O 端口。

2. 简单 I/O 扩展

简单输入扩展实质上就是扩展数据缓冲器。其作用是当输入设备被选通时使数据源

能与数据总线直接沟通；而当输入设备处于非选通状态时，把数据源与数据总线隔离，既缓冲器输出高阻抗状态。常用的扩展输入口的 TTL 芯片有 74LS244、74LS373 等。

简单输出扩展的主要功能是进行数据保持，或者说是数据锁存。所以简单输出接口是带锁存器的电路。简单输出接口扩展通常使用 74LS377、74LS273 等。下面，给出一个 8051 的简单 I/O 扩展例子。

74LS244 是一个三态输出八路缓冲器及总线驱动器，其负载能力强，可直接驱动小于 130Ω 的负载，可以作为 8051 外部的一个扩展输入口，接口电路见图 3-32。8 位并行输入口 74LS244 由 P2.6 和 $\overline{RD}$ 相“或”控制，当引脚 P2.6=0 时，选通地址为 0BFFFH，执行 MOVX A，@DPTR 类指令可产生 RD 信号，将数据读入单片机。

74LS273 为带有允许输出端的 8D 锁存器，有 8 个 D 输入端，8 个 Q 输出端，一个时钟输入端 CLK，一个锁存允许信号 E。当 E=0 时，CLK 端信号的上升沿将 8D 输入端的数据存入 8 位锁存器。利用 74LS273 这些特性，通过 8051 的 P0 扩展一片 74LS273 锁存器作为输出口，该锁存器被视为 8051 的一个外部 RAM 单元。使用 MOVX @DPTR，A 类指令访问之，输出控制信号为 $\overline{WR}$ 。图 3-32 中 74LS273 的选通地址为 7FFFH（即 P2.7=0）。

利用图 3-32 连接电路，如果将 74LS244 口输入的内容转交至 74LS273 口输出，则相应的代码如下：

```
MOV     DPTR,#0BFFFH        ;指向 74LS244 输入口
MOVX    A,@DPTR             ;输入数据
MOV     DPTR,#7FFFH         ;指向 74LS273 选通地址
MOVX    @DPTR, A            ;送 74LS273 锁存器
```

3.9.4　外部 A/D 扩展

在微机过程控制和数据采集等系统中，经常要对一些过程参数进行测量和控制。这些参数往往是连续变化的物理量，如温度、压力、流量、速度和位移等，通常称这些随时间连续可变的物理量称为模拟量，然而计算机本身所能识别和处理的都是数字量。这些模拟量在进入计算机之前必须转换成二进制数表示的数字信号。能够把模拟量变成数字量的器件称为模数（A/D）转换器。相反，微机加工处理的结果是数字量，也要转换成模拟量才能去控制相应的设备。能够把数字量变成模拟量的器件称为数模（D/A）转换器。本节主要介绍模数（A/D）转换器与单片机系统的接口应用技术，以应用较多的 8 位并行输出型 A/D 转换器 ADC0809 为例。

1. ADC0809 的结构及工作时序

ADC0809 是一种 8 路模拟输入 8 位数字输出的 A/D 转换芯片，它是采用逐次逼近的方法完成 A/D 转换的。

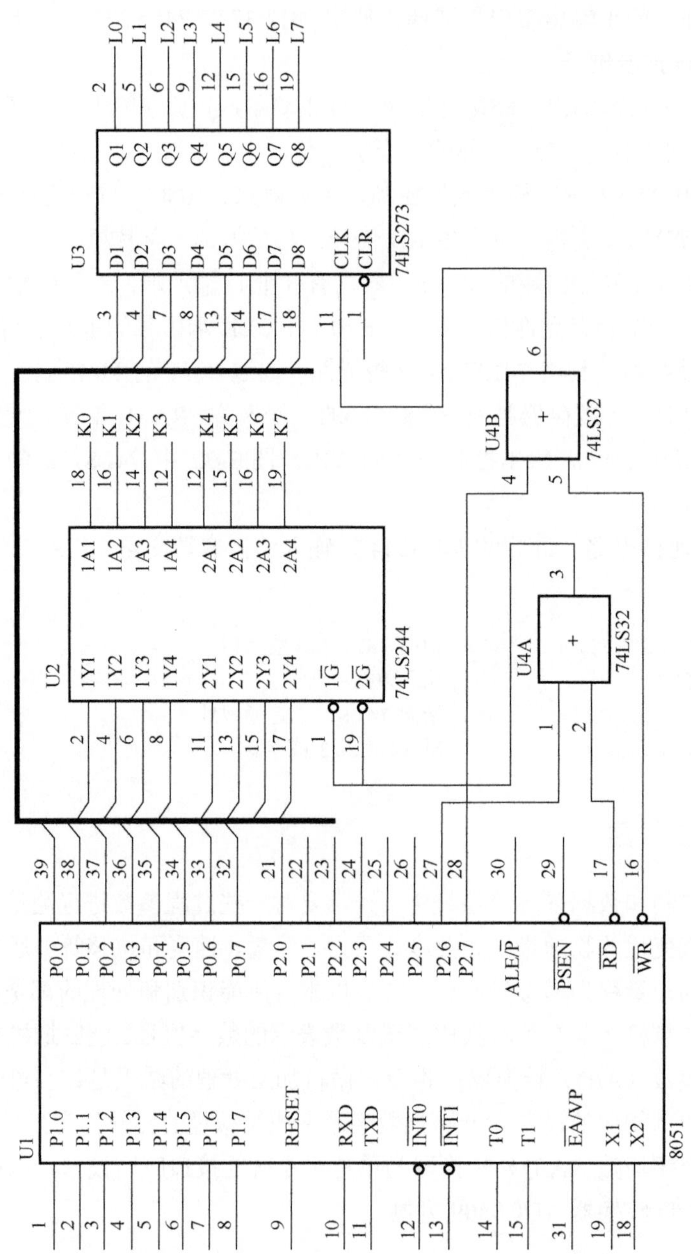

图 3-32 简单 I/O 扩展电路

ADC0809 的结构框见图 3-33。ADC0809 由单一的+5V 电源供电，此时输入范围为 0～5V；片内有一个带有锁存功能的 8 路模拟量开关，可对 8 路 0～5V 的输入模拟电压信号分时进行转换，三个地址信号 A、B 和 C 决定是哪一路模拟信号被选中并送到内部 A/D 转换器中进行转换，完成一次转换约需 100μs；片内具有多路开关、地址译码器和锁存电路以及逐次逼近寄存器。输出具有 TTL 三态锁存缓冲器，可直接接到单片机数据总线上。

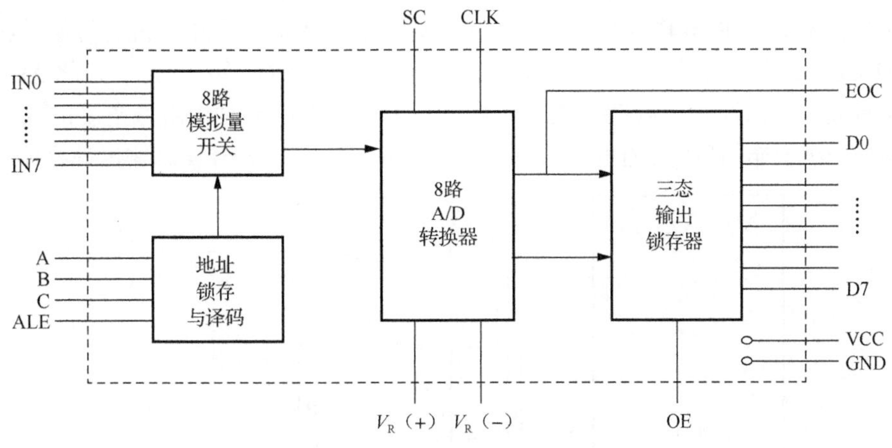

图 3-33　ADC0809 结构框图

图中，IN0～IN7 为 8 路模拟量输入引脚；A、B、C 为地址输入线，经译码后可选通 IN0～IN7 8 通道中的一个通道进行转换，A 为最低，C 为最高；ALE 为通道地址锁存允许信号输入端，上升沿有效；SC 为 A/D 转换启动信号输入端，当 SC 为高电平时，A/D 开始转换；CLK 为时钟信号输入端；EOC 为转换结束信号输出引脚，开始转换时为低电平，当转换结束时为高电平；D7～D0 为 8 位数字量输出引脚；电源电压 VCC 接+5V，GND 为数字地；OE 为输出允许控制端，用以打开三态数据输出锁存器；V_R（+）为参考电压正端，一般接+5V 高精度参考电源；V_R（−）为参考电压负端，一般接模拟地。

ADC0809 的操作时序见图 3-34。

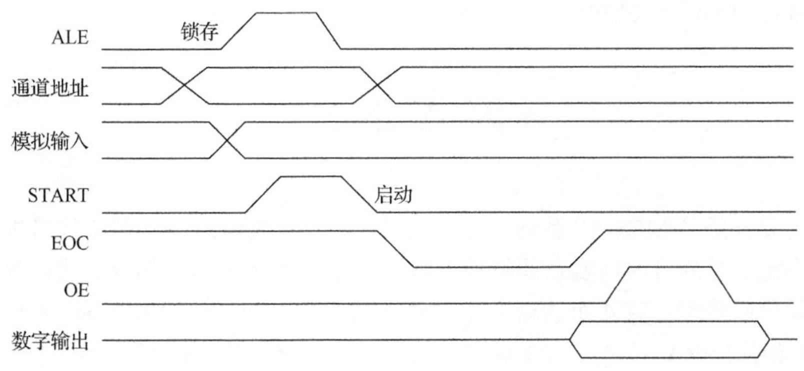

图 3-34　ADC0809 工作时序

2. ADC0809 与 8051 的接口

ADC0809 与 8051 单片机的连接见图 3-35。由于 ADC0809 片内无时钟，可利用 8051 提供的地址锁存允许信号 ALE 经 D 触发器二分频后获得，ALE 频率是单片机时钟频率的 1/6。如果单片机时钟频率采用 6MHz，则 ALE 脚的输出频率为 1MHz，二分频后为 500kHz，符合 ADC0809 对时钟频率的要求。ADC0809 的 8 位数据输出引脚可直接与数据总线相连；A、B、C 引脚可分别与地址总线的低三位 A0、A1、A2 相连，分别对应 IN0～IN7 通路。将 P2.0 作为片选信号，在启动 A/D 转换时，由单片机的写信号和 P2.0 控制 ADC0809 的地址锁存和转换启动，由于 ALE 和 START 连在一起，因此 ADC0809 在锁存通道地址的同时，启动并进行转换。在读取转换结果时，用低电平的读信号和 P2.0 脚经一级或非门后，产生的正脉冲作为 OE 信号，用以打开三态输出锁存器。

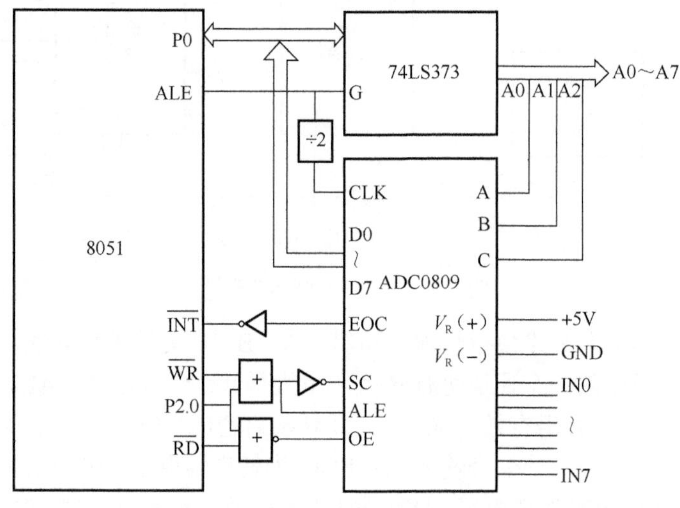

图 3-35　ADC0809 与 8051 的连接

ADC0809 的 A、B、C 分别与 P0.0～P0.2 相连，通道为 IN0～IN7，如果将未连接的口线都视为高电平，则 P0.0～P0.2 为 0 时对应 IN0 通道，低 8 位地址为 11111000；P2.0 为 0 时芯片选通，所以 P2 高 8 位地址应为 11111110。所以 ADC0809 的端口 IN0～IN7 地址为 0xFEF8～0xFEFF。

本 章 小 结

本章主要介绍了 MCS-51 系列单片机的基本组成，其中：CPU 是单片机内部的核心部件，它决定了单片机的主要功能特性，由运算器和控制器两大部分组成；存储器在系统结构上采用哈佛型，有 4 个物理上相互独立的存储空间，即片内 ROM 和片外 ROM，片内 RAM 和片外 RAM；4 个 I/O 端口，除 P1 外，其他 I/O 端口都是双功能口；5 个中断源，2 个外部中断、3 个内部中断，每个中断分为高级和低级两个优先级别；2 个 16

位的定时器/计数器 T0 和 T1；1 个全双工串行口。本章最后介绍了 8051 单片机的最小系统组成及系统扩展基础。

习　题

3-1　简述 MCS-51 系列单片机的系统组成。

3-2　MCS-51 系列单片机有几个中断源？CPU 响应中断有哪些条件？

3-3　什么是堆栈？简述 MCS-51 中断响应的过程，并说明堆栈在中断响应过程中起的作用。

3-4　8051 单片机内部设有几个定时器/计数器？定时器与计数器的区别是什么？

3-5　已知 8051 单片机的 f_{OSC}=12MHz，用 T1 定时，试编程由 P1.0 输出周期为 2ms 的方波。

3-6　编写一个定时间隔为 1s 的函数，晶振频率为 12MHz。

3-7　什么是串行通信？什么是异步通信？

3-8　请利用串行口工作方式 0 设计相应的硬、软件，实现 8051 的 8 位 I/O 扩展。

3-9　请画出 8051 双机异步通信的连接线路图，并编写程序实现 A 机发送一字符串，B 机接收的。设串行口工作于方式 1，波特率为 9600bit/s，主频 f_{OSC} 为 11.0592MHz。

3-10　为什么在 RS-232 与 TTL 之间加电平转换器件？一般加什么转换器件？

3-11　请给出任一 MCS-51 系列单片机最小系统电路，可使用 Proteus 仿真软件绘制电路图。

3-12　什么是总线？简述 MCS-51 外部扩展原理。

第 4 章　嵌入式 C 程序设计基础及编码规范

教学目的：

通过对本章的学习，能够遵循嵌入式 C 语言编码规范，利用 C51 程序设计基本方法，编写与调试应用定时器、中断、串行口的 C51 程序。

4.1　C51 简介

4.1.1　C51 特点

采用汇编语言编写单片机应用系统程序的周期长，而且调试和排错也比较困难。C51 语言是近些年在 51 单片机中普遍采用的程序设计语言，既有高级语言特点，又有汇编语言特点，C 语言的主要特点如下。

（1）语言简洁，使用方便灵活。C 语言是现有程序设计语言中规模较小的语言之一。C 语言的关键字少，表示方法简洁。

（2）模块化开发。开发者可以利用已有的大量标准 C 程序资源与丰富的库函数，减少重复开发，同时也有利于多个工程师进行协同开发。

（3）可移植性好。即使是功能完全相同的一种程序，对于不同的机器，汇编程序也不同。这是因为汇编语言依赖于机器硬件，可移植性差。C 语言是通过编译来得到可执行代码的，C 语言的编译程序便于移植，从而使在一种机器上使用的 C 语言程序，可以不加修改或稍加修改，即可方便地移植到另一种机器上去。

（4）方便操作计算机硬件。C 语言具有访问机器物理地址的能力，Keil51 的 C51 编译器和 Franklin 的 C51 编译器都可以直接对 8051 单片机的内部特殊功能寄存器和 I/O 端口进行操作，可以访问片内或片外存储器，还可以进行各种位操作。

（5）生成的目标代码质量高。众所周知，汇编语言程序目标代码的效率是最高的，这就是汇编语言一直是编写计算机系统软件主要工具的原因。但是，对于同一个问题，用 C 语言编写的程序生成代码的效率仅比用汇编语言编写的低 10%～20%，Keil51 的 C51 编译器和 Franklin 的 C51 编译器都能够产生极其简洁、效率极高的程序代码。

C 语言具有很多的优点，但和其他任何一种程序设计语言一样也有其自身的缺点，如不能自动检查数组的边界、各种运算符的优先级别太多、某些运算符具有多种用途等，但总的来说，C 语言的优点数量远远超过了它的缺点数量。C51 语言在功能性、结构性、可读性、可维护性上有明显优势，因此在单片机应用系统的程序设计中发挥着巨大作用。

C51 语言与标准 C 语言存在一些差别，但只要了解了差别，再根据 51 单片机的硬件结构特点，就能够较快地使用 C51 进行单片机应用系统的编程。C51 与标准 C 的差别如下。

（1）库函数不同。如标准 C 中 printf 和 scanf 函数用于屏幕打印和接收字符，而 C51 主要用于串行口数据的发送与接收。所以 C51 的库函数是根据 51 单片机的硬件特点来设置的。

（2）数据类型存在差别。C51 在标准 C 基础上扩展了 4 种数据类型（bit,sfr,sfr16,sbit）。

（3）变量存储模式不同。C51 变量的存储模式与标准 C 的不同，因为 51 单片机的存储器与通用计算机不同。

（4）C51 提供了针对 51 单片机中断的函数。标准 C 没有提供此类函数。

（5）头文件不同。C51 头文件中必须包含 51 单片机内部的硬件资源及相应的特殊功能寄存器。

（6）程序结构存在差异。由于 51 单片机硬件资源有限，所以它的编译系统不允许太多的程序嵌套。

除以上差别外，C51 语言与标准 C 语言在数据运算、程序控制及函数的使用方法上大致相同，所以程序设计者如果已经具备了有关标准 C 语言的编程基础，那么将很快掌握 C51 的编程。

4.1.2　C51 程序结构

C 语言程序是由若干个函数组成的，每个函数都是完成某个特殊任务的子程序段。程序保存时，扩展名需要存储为“.c”。程序的执行从 main()函数开始，一个 C 语言程序有且只有一个 main()函数。一般 C 语言程序具有如下的结构：

```
#include <reg51.h>                  //预处理命令
long fun1();                        //函数说明
int main (void)
{
......                              //主函数
}
fun1()
{
......                              //功能函数
}
```

程序结构说明如下：

（1）#include 命令是预处理命令，负责通知编译器在对程序进行编译时，将所需要的头文件读入后再一起进行编译。一般在头文件中包含有程序在编译时的一些必要的信息，通常 C 语言编译器都会提供若干个不同用途的头文件。

（2）C 语言程序是由若干个函数组成的，每个函数都由“函数定义”和“函数体”两个部分组成。函数定义包括函数类型、函数名、形式参数说明等，函数名后面必须跟一对圆括弧()，形式参数说明在()内进行，函数也可以没有形式参数。函数体由一对花括弧{}组成，函数体内书写 C 语句。C 语句一般分为说明语句与执行语句两类。说明语句用来对函数中将要用到的变量进行定义，执行语句用来完成一定的功能或算法。有的函数体仅有一对{}，其中既没有变量定义语句，也没有执行语句，这也是合法的，称为“空函数”。

（3）main()函数是程序的入口，程序总是从 main()函数开始执行。main()函数可以调用其他函数，但不能被其他函数所调用，其他函数之间可以相互调用，函数可以是 C 语言编译器提供的库函数，也可以由用户按实际需要自行编写。

（4）语句必须以分号“;”作为结束符。

（5）单行注释采用“//”，多行采用“/*...*/”。

注意：C 语言中的函数必须先声明后调用，所以可以在主函数之前先声明、后定义，或者在主函数之前直接定义该函数。

4.1.3 C51 关键字

C51 除了 ANSI 标准定义的 32 个关键字，还有 51 特有的一些扩展关键字，如特殊功能寄存器声明、存储器类型说明、中断函数说明与寄存器组定义等，见表 4-1。

表 4-1 C51 关键字

关键字	用途	说明
break	程序语句	退出最内层循环
case	程序语句	switch 语句中的选择项
continue	程序语句	转向下一次循环
default	程序语句	switch 语句中的失败选择项
do	程序语句	构成 do...while 循环结构
else	程序语句	构成 if...else 选择结构
for	程序语句	构成 for 循环结构
goto	程序语句	构成 goto 转移结构
if	程序语句	构成 if...else 选择结构
while	程序语句	构成 while 和 do...while 循环结构
switch	程序语句	构成 switch 选择结构
return	程序语句	函数返回
char	数据类型说明	单字节整型数据或字符型数据
double	数据类型说明	双精度浮点数
enum	数据类型说明	枚举类型
float	数据类型说明	单精度浮点数
int	数据类型说明	基本整型数
long	数据类型说明	长整型数

续表

关键字	用途	说明
short	数据类型说明	短整型数
signed	数据类型说明	有符号数，二进制数据的最高位为符号位
struct	数据类型说明	结构类型数据
typedef	数据类型说明	重新进行数据类型定义
union	数据类型说明	联合类型数据
unsigned	数据类型说明	无符号数据
void	数据类型说明	无类型数据
volatile	数据类型说明	该变量在程序执行中易被改变
auto	存储类型说明	用以说明局部变量，缺省值为此
const	存储类型说明	在程序执行过程中不可更改的常量值
extern	存储类型说明	在其他程序模块中说明了的全局变量
register	存储类型说明	使用 CPU 内部寄存的变量
static	存储类型说明	静态变量
code	存储器类型说明	程序存储器
data	存储器类型说明	直接寻址的内部数据存储器
bdata	存储器类型说明	可位寻址的内部数据存储器
idata	存储器类型说明	间接寻址的内部数据存储器
pdata	存储器类型说明	分页寻址的外部数据存储器
xdata	存储器类型说明	外部数据存储器
bit	位标量或位类型声明	声明一个位标量或位类型的函数
sbit	位变量声明	声明一个可位寻址变量
sfr	特殊功能寄存器声明	声明一个特殊功能寄存器
sfr16	特殊功能寄存器声明	声明一个 16 位的特殊功能寄存器
interrupt	中断函数说明	定义一个中断函数
reentrant	再入函数说明	定义一个再入函数
using	寄存器组定义	定义芯片的工作寄存器
_at_	绝对地址定义	定义变量的绝对地址
compact	存储模式定义	变量保存在 pdata 存储区
large	存储模式定义	变量保存在 xdata 存储区
small	存储模式定义	变量保存在 data 存储区

4.2 C51 程序设计基础

4.2.1 数据类型

C51 的数据类型有基本类型、构造类型、指针类型与空类型，见图 4-1。在 C51 编译器中 int 和 short 相同，float 和 double 相同。

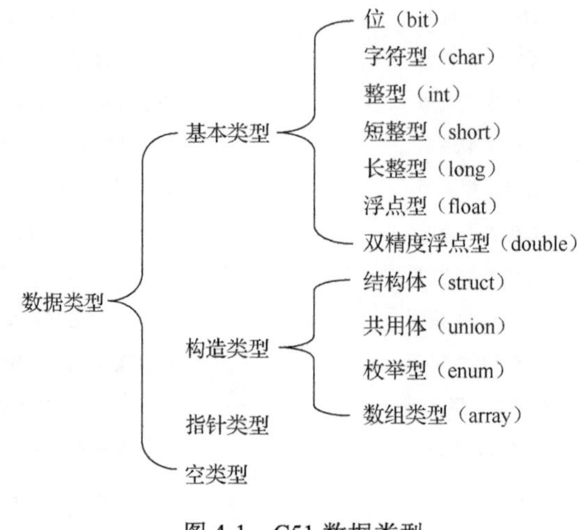

图 4-1 C51 数据类型

1. 基本类型

1）位

位（bit）是 C51 编译器的一种扩充数据类型，利用它可定义一个位变量，但不能定义位指针，也不能定义位数组。它的值是一个二进制位，只能是 0 或者 1。

2）字符型

字符型（char）的长度是 1 个字节，用于定义字符数据的变量或常量。char 分为有符号字符类型 signed char 和无符号字符类型 unsigned char，默认值为 signed char 类型。signed char 类型用字节中最高位字节表示数据的符号，“0”表示正数，“1”表示负数，负数用补码表示，表示的数值范围是-128～+127。unsigned char 类型用字节中所有的位来表示数值，表示的数值范围是 0～255。

3）整型

整型（int）的长度为 2 个字节，用于存放一个双字节数据。分为有符号整型数 signed int 和无符号整型数 unsigned int，默认值为 signed int 类型。signed int 类型用字节中最高位表示数据的符号，“0”表示正数，“1”表示负数，表示的数值范围是-32768～+32767。unsigned int 类型表示的数值范围是 0～65535。

4）长整型

长整型（long）长度为 4 个字节，用于存放一个四字节数据。分为符号长整型 signed long 和无符号长整型 unsigned long，默认值为 signed long 类型。signed long 类型表示的数值范围是-2147483648～+2147483647。unsigned long 类型表示的数值范围是 0～4294967295。

5）浮点型

浮点型（float）浮点型长度为 4 个字节，在十进制中具有 7 位有效数字，是符合 IEEE 754—2008 标准的单精度浮点型数据。

2. 构造类型

1）结构体

结构体（struct）是一种组合数据类型，是将若干个不同类型的变量结合在一起而形成的一种数据集合体。组成该集合体的各个变量称为结构元素或成员，整个集合体使用一个单独的结构变量名。

2）共用体

共用体（union）也可以把不同类型的数据组合在一起使用，但它与结构体在内存中存储变量的方式不同，结构体定义的各个变量在内存中占用不同的内存单元，而共用体可使不同的变量分时使用同一内存单元。

3）枚举型

枚举型（enum）通常是声明一组命名常数的集合，当一个变量有几种可能的取值时，可以将它定义为枚举类型。

4）数组类型

数组（array）是同类数据的一个有序集合，用数组名来标识。整型变量的有序结合称为整型数组，字符型变量的有序结合称为字符型数组。数组中的数据称为数组元素。

数组中各元素的顺序用下标表示，下标为 *n* 的元素可以表示为数组名[*n*]。改变[ ]中的下标就可以访问数组中所有的元素。

（1）数组定义。

具有一个下标的数组元素组成的数组称为一维数组，一维数组的形式如下：

类型说明符　数组名[元素个数]；

具有两个或两个以上下标的数组，称为二维数组或多维数组。定义二维数组的一般形式如下：

类型说明符 数组名[行数] [列数]；

其中，数组名是一个标识符，元素个数是一个常量表达式，行数和列数都是常量表达式，注意一定是常量表达式，表达式中不能含有变量。

如果要定义名为 arr1 的一维数组，包含 2 个整型元素，可采用如下定义形式：

```
int arr1[2];
```

若在定义时就对数组进行整体初始化，那么可采用：

```
int arr1[2]={2,6}; //给全部元素赋值，arr1[0]=2，arr1[1]=6
```

注意，若定义后再对数组赋值，那么只能对每个元素分别赋值。

如果要定义一个名为 arr2 的二维数组，3 行 4 列，一共包含 12 个浮点型元素，则可以采用如下形式定义：

```
float arr2[3][4] ;//定义名为 arr2 的数组，有 3 行 4 列共 12 个浮点型元素
```

当然二维数组也可在定义后单个地进行赋值或在定义时进行整体初始化：

```
float arr2[3][4]={1,3,5,7},{2,4,6,8},{ }; /*数组部分初始化，未初始化的元素为 0*/
```

若一个数组的元素是字符型的，则该数组就是一个字符数组。例如：

```
char a[10]={'B','E','I','','J','I','N','G','\0'}; //字符串数组
```

定义了一个字符型数组 a[ ]，有 10 个数组元素，并且将 9 个字符（其中包括一个字符串结束标志 '\0'）分别赋给了 a[0]～a[8]，剩余的 a[9]被系统自动赋予空格字符。

C51 还允许用字符串直接给字符数组置初值，例如：

```
char a[10]={"BEI JING"};
```

用双引号括起来的一串字符，称为字符串常量，C51 编译器会自动在字符串末尾加上结束符'\0'。注意，如用单引号括起来，则其值为字符的 ASCII 码值，而不是字符串。例如'a'表示 a 的 ASCII 码值 61H，而“a”表示一个字符串，由两个字符 a 和\0 组成。

一个字符串可以用一维数组来装入，但数组的元素数目一定要比字符多一个，以便 C51 编译器自动在其后面加入结束符'\0'。

（2）数组的应用。

在 C51 的编程中，数组一个非常有用的功能是查表。例如数学运算，编程者更愿意采用查表计算而不是公式计算。例如，对于传感器的非线性转换需要进行补偿，使用查表法更加有效。再如，LED 显示程序中根据要显示的数值，找到对应的显示段码送到 LED 显示器显示。表可以提前计算好，然后装在程序存储器中。

【例 4-1】使用查表法，计算数 0～9 的平方。

```
#define uchar unsigned char
uchar code square[0,1,4,9,16,25,36,49,64,81] ;
//0~9 的平方表,在程序存储器中
uchar fuction (uchar number)
{
    return  square[number] ;    //返回要求得其平方的数
}
void main()
{
    result= fuction(7); //函数 fuction()的返回值为 7,其平方 49 存入 result 单元
}
```

程序开始，“uchar code square[0,1,4,9,16,25,36,49,64,81]；”定义了一个无符号字符型的数组 square[ ]，并对其进行了初始化，将数 0～9 的平方值赋予了数组 square[ ]，类型代码 code 指定编译器将平方表定位在程序存储器中。

主函数调用函数 fuction( )，假设得到返回值 number=7；square [7]对应平方表中的第 8 个数值，即 49。执行 result= fuction(7)后，result 的结果为相应的平方数 49。

（3）数组与存储空间。

当程序中设定了一个数组，C51 编译器就会在系统的存储空间中开辟一个区域，用于存放数组的内容。数组就包含在这个由连续存储单元组成的模块的存储体内。对字符（char）数组而言，一个成员将占有 1 字节存储空间。对整型（int）数组而言，一个成员将占有 2 字节存储空间。对长整型（long）数组或浮点型（float）数组，一个成员将占有 4 字节的存储空间。

当一维数组被创建时，C51 编译器就会根据数组的类型在内存中开辟一块大小等于数组长度乘以数据类型长度（即类型占有的字节数）的区域。对二维数组 a[m][n]而言，其存储顺序是按行存储，先存第 0 行元素的第 0 列、第 1 列、第 2 列，直至第 $n-1$ 列，然后返回到存第 1 行元素的第 0 列、第 1 列、第 2 列，直至第 $n-1$ 列，如此顺序存储，直到第 $m-1$ 行的第 $n-1$ 列。

如果数组特别是多维数组中大多数元素没有被有效地利用，就会浪费大量的存储空间。对于 51 单片机，由于没有大量的存储区，其存储资源极为有限，因此在进行 C51 语言编程开发时，要仔细地根据需要来选择数组的大小。

3. 指针类型

指针类型自身就是一个变量，在这个变量中存放的是指向另一个数据的地址。指针变量要占据一定的内存单元，在 C51 中它的长度一般为 1～3 个字节。

指针变量定义的一般形式为：

数据类型说明符　【存储器类型】 * 指针变量名

例如：

```
int  *point1;                  //定义一个指向整型变量的指针变量

char  data  *point2;           /*定义一个指向字符型变量的指针变量，访问的是
                               数据存储器，在内存中占 1 个字节*/
float  xdata  *point3;         /*定义一个指向浮点型变量的指针变量，访问的是
                               片外数据存储器，在内存中占 4 个字节*/
unsigned  char  xdata  * x;    // 等价于:   mov  dptr, #3000h
x=0x3000;                      //           mov  a, #34h
*x=0x34;                       //           movx  @dptr, a
char  xdata  *data  py;        /* py 指向一个存在片外 RAM 的字符变量，py 本
                               身在 RAM 中，与编译模式无关，占用 2 个字节*/
```

C51 编译器不检查指针常数，用户须选择有实际意义的值。利用指针变量可以对内存地址直接操作。

指针是 C51 语言中一个十分重要的概念，指针变量用于存储某个变量的地址，C51 用“*”和“&”运算符来提取变量的内容和变量的地址，见表 4-2。

表 4-2　指针变量运算符及其说明

符号	说明
*	提取变量的内容
&	提取变量的地址

提取变量内容和变量地址的一般形式分别为：

```
目标变量=*指针变量;          //将指针变量所指的存储单元内容赋值给目标变量
指针变量=&目标变量;          //将目标变量的地址赋值给指针变量
```

例如：

```
a=&b;                    //取 b 变量的地址送至变量 a
c=*b;                    //把以指针变量 b 为地址的单元内容送至变量 c
```

指针变量中只能存放地址（即指针型数据），不能将非指针类型的数据赋值给指针变量。例如：

```
int i;                   //定义整型变量 i
int *b;                  //定义指向整数的指针变量 b
b=& i;                   //将变量 i 的地址赋给指针变量 b
b= i;                    /*错误，指针变量 b 只能存放变量指针（变量地址），不能存
                           放变量 i 的值*/
```

4.2.2　变量定义

变量是在程序执行过程中其值可以变化的量。若在程序中使用变量，必须先定义后使用，需要用标识符作为变量名，并指出所用的数据类型和存储模式，这样编译系统才能为其分配相应的存储空间。定义一个变量的格式如下：

【存储种类】　数据类型　【存储器类型】　变量名表

在定义格式中除了数据类型和变量名表是必要的，其他都是可选项。

存储种类有四种：自动（auto）、外部（extern）、静态（static）和寄存器（register）。缺省类型为自动（auto）。

存储器类型通常是指定该变量在单片机 C 语言硬件系统中所使用的存储区域，通常有以下几类：

（1）data，直接访问内部数据存储器（00H～7FH，128B），访问速度最快；

（2）bdata，可位寻址内部数据存储器（20H～2FH，16B），允许位与字节混合访问；

（3）idata，间接访问内部数据存储器（00H～FFH，256B），允许访问全部内部地址；

（4）pdata，分页访问外部数据存储器（00H～FFH，256B），用 MOVX @Ri 指令访问；

（5）xdata，外部数据存储器（0000H～FFFFH，64KB），用 MOVX @DPTR 指令访问；

（6）code，程序存储器（0000H～FFFFH，64KB），用 MOVC @A+DPTR 指令访问。

注意：如果省略存储器类型，系统则会按编译模式 SMALL、COMPACT 或 LARGE 所规定的默认存储器类型去指定变量的存储区域。存储模式可在单片机 C 语言编译器选项中选择。

SMALL 模式：所有缺省变量参数均装入内部 RAM（“data”或“idata”），优点是访问速度快，缺点是空间有限，只适用于小程序。

COMPACT 模式：所有缺省变量均位于外部 RAM 区的一页（256B），具体哪一页可由 P2 指定，在 STARTUP.A51 文件中说明，也可用 pdata 指定，优点是空间较 SMALL 宽裕速度较 SMALL 慢，但比 LARGE 快，是一种中间状态。

LARGE 模式：所有缺省变量可放在大小为 64KB 的外部 RAM 区（“xdata”），优点是空间大，可存变量多，缺点是速度较慢。

4.2.3　特殊功能寄存器及位变量定义

1. 特殊功能寄存器定义

MCS-51 单片机中，除了程序计数器 PC 和 4 组工作寄存器组外，其他所有的寄存器均为特殊功能寄存器（SFR），分散在片内 RAM 区的高 128B 中，地址范围为 0x80～0xFF，为了能直接访问这些 SFR，C51 语言通常将所有 SFR 定义放入一个头文件中，如 C51 编译器的“reg51.h”头文件。MCS-51 单片机的 21 个特殊功能寄存器具体可参见表 3-2。

8051 的 SFR 分布在片内 RAM 高 128B 中，只能采用直接寻址方式访问。C51 语言提供了关键字 sfr、sfr16、sbit 来进行 SFR 的访问，或者直接引用编译器提供的头文件来进行 SFR 的访问。

（1）使用关键字 sfr、sfr16 定义特殊功能寄存器。

C51 提供了能直接访问 SFR 的方法，即引入关键字 sfr，语法如下：

```
sfr    特殊功能寄存器名字=特殊功能寄存器地址;
```

例如：

```
sfr    IE=0xA8;           //中断允许寄存器地址 A8H
sfr    TCON=0x88;         //定时器/计数器控制寄存器地址 88H
sfr    SCON=0x98;         //串行口控制寄存器地址 98H
```

在 8051 中，要访问 16 位 SFR，要用关键字 sfr16。16 位 SFR 的低字节地址须作为“sfr16”的定义地址，例如：

```
sfr16  DPTR=0x82;  //DPTR 的低 8 位地址为 82H，高 8 位地址为 83H
```

（2）通过头文件访问 SFR。

各种衍生型的 8051 单片机的特殊功能寄存器的数量与类型有时是不相同的，对其

访问可通过头文件的访问来进行。

为用户处理方便，C51 把 8051 单片机或 8052 单片机常用的特殊功能寄存器和其中的可寻址位进行了定义，放在一个 reg51.h（或 reg52.h）的头文件中。用户只需用一条预处理命令#include<reg51.h>把这个头文件包含到程序中，就可使用特殊功能寄存器名和其中的可寻址位名称了。用户可对头文件进行增减。

头文件引用举例如下：

```
#include<reg51.h> //调用特殊功能寄存器头文件
void  main(void)
{
    TL0=0xf0;   //给 T0 低字节 TL0 设置时间常数，已在 reg51.h 中定义
    TH0=0x3f;   //给定时器 T0 高字节 TH0 设置时间常数，已在 reg51.h 中定义
    TR0=1; //启动定时器 0
    ......
}
```

（3）特殊功能寄存器中的位定义。

对 SFR 中的可寻址位的访问要使用关键字来定义可寻址位，共 3 种方法。

① sbit 位变量名 = 位地址；

例如：

```
sbit  CY= 0xd7;              // CY 位地址为 0xd7
sbit  OV= 0xd2;              // OV 位地址为 0xd2
```

② sbit 位变量名=特殊功能寄存器^位置；

例如：

```
sfr    PSW=0xd0;             //定义 PSW 寄存器的字节地址 0xd0
sbit   CY= PSW^7;            //定义 CY 位为 PSW.7，地址为 0xd0
```

③ sbit 位变量名 = 字节地址^位置；

例如：

```
sbit  CY= 0xd0^7;            // CY 位地址为 0xd7
sbit  OV= 0xd0^2;            // OV 位地址为 0xd2
```

【例 4-2】AT89S51 单片机片 P1.7 可以定义如下（其他位类似）：

```
sfr   P1=0x90;          //定义 P1 地址为 0x90
sbit  P1_7= P1^7;            //定义 P1.7 的名字为 P1_7
```

2. 位变量的 C51 定义

（1）定义。

由于 8051 可以进行位操作，C51 扩展的“bit”数据类型用来定义位变量，这是与标准 C 的不同之处。

C51 采用关键字“bit”来定义位变量，一般格式为：

```
bit bit_name;
```

例如：

```
bit ov_flag;             //将 ov_flag 定义为位变量
bit lock_pointer;  //将 lock_pointer 定义为位变量
```

C51 程序函数可以包含类型为“bit”的参数，也可将其作为返回值。例如：

```
bit  func(bit b0, bit b1); //位变量 b0 与 b1 作为 func 函数的参数
{
    ……
    return(b1);              //位变量 b1 作为 return 函数的返回值
}
```

（2）位变量定义的限制。

位变量不能用来定义指针和数组。例如：

```
bit  *ptr;      //错误，不能用位变量来定义指针
bit  array[ ];      //错误，不能用位变量来定义数组 array[ ]
```

定义位变量时，允许定义存储类型，位变量都被放入一个位段，此段总是位于 8051 的片内 RAM 中，因此其存储类型限制为 DATA 或 IDATA，如果将位变量定义成其他类型，将会导致编译时出错。

注意：用 sfr、sfr16、sbit 声明特殊功能寄存器变量或特殊功能寄存器位变量时，其声明语句都只能放在函数外，而不能放在函数内，否则会出现语法错误。此外，bit、sbit、sfr、sfr16 都不支持指针和数组扩展，因此，不能定义 bit、sbit、sfr、sfr16 型指针和数组。sbit、sfr、sfr16 通常用在 51 单片机系统自带的头文件中，具体参见 reg51.h 或 reg52.h。

4.2.4　绝对地址访问

1. 绝对宏

在程序中，使用“# include <absacc.h>”即可利用其中定义的宏来访问绝对地址，包括：CBYTE、DBYTE、PBYTE、XBYTE、CWORD、DWORD、PWORD、XWORD。具体用法参见 absacc.h。例如：

```
val = XWORD [0x4000];      // val 指向片外 RAM 的 4000H 字地址
val1 = CBYTE [0x0002];     // val1 指向程序存储器的 0002h 地址
```

2. _at_ 关键字

还可以使用_at_关键字来访问绝对地址。一般格式如下：

[存储器类型]　数据类型　标识符　_at_　地址常数

例如：

```
char  data  m[3]  _at_  0x30;          //m数组从片内 RAM 的 30H 开始
m[0]='a';                              //数组的第一个元素值为'a'
```

注意：①绝对变量不能被初始化；②bit 型函数及变量不能用_at_指定。当访问 XDATA 外设时，可能需要配合 volatile 关键字，以免被 C 编译器所优化。

4.2.5 基本运算与流程控制

1. 基本运算符

运算符就是完成某种特定运算的符号。表达式则是由运算符及运算对象所组成的具有特定含义的式子。C 语言具有十分丰富的运算符，利用这些运算符可以组成各种各样的表达式及语句。

运算符按其在表达式中所起的作用，可分为赋值运算符、算术运算符、增量与减量运算符、关系运算符、逻辑运算符、位运算符、复合赋值运算符、逗号运算符、条件运算符、指针和地址运算符、强制类型转换运算符和 sizeof 运算符等。运算符按其在表达式中与运算对象的关系又可分为单目运算符、双目运算符和三目运算符等。单目运算符只有一个运算对象，双目运算符要求有两个运算对象，三目运算符要求有三个运算对象。掌握各个运算符的意义和使用规则，对于编写正确的 C 语言程序是十分重要的。C 语言运算符见表 4-3。

表 4-3　C 语言运算符

运算符	范例	说明
+	A+b	变量 *A* 和变量 *b* 相加
-	A-b	变量 *A* 和变量 *b* 相减
*	A*b	变量 *A* 乘以变量 *b*
/	A/b	变量 *A* 除以变量 *b*
%	A%b	取变量 *A* 除以变量 *b* 的余数
=	A=6	将 6 赋给变量 *A*
+=	A+=b	等同于 A=A+b
-=	A-=b	等同于 A=A-b
*=	A*=b	等同于 A=A*b
/=	A/=b	等同于 A=A/b
%=	A%=b	等同于 A=A%b
++	A++	等同于 A=A+1
--	A--	等同于 A=A-1
>	A>b	测试 *A* 是否大于 *b*
<	A<b	测试 *A* 是否小于 *b*
==	A==b	测试 *A* 是否等于 *b*
>=	A>=b	测试 *A* 是否大于或等于 *b*

续表

运算符	范例	说明
<=	A<=b	测试*A*是否小于或等于*b*
!=	A!=b	测试*A*是否不等于*b*
&&	A&&b	逻辑与运算
||	A||b	逻辑或运算
!	!A	逻辑取反运算
>>	A>>b	将*A*按位右移*b*位，左侧补零
<<	A<<b	将*A*按位左移*b*位，右侧补零
|	A|b	按位或运算
&	A&b	按位与运算
^	A^b	按位异或运算
~	~A	按位取反运算
&	A=&b	将变量*b*的地址存入寄存器*A*中
*	*A	用来取寄存器所指地址内的值

注：&放在变量前面是取地址符，通过它取得变量的地址，变量的地址通常送给指针变量。指针运算符*放在指针变量前面，通过它可以访问以指针变量的内容为地址所指向的存储单元

C51语言是属于结构化设计语言，程序由若干模块组成，每个模块包含若干基本结构（顺序、分支、循环），每个基本结构中包含若干语句。

2. 分支结构

分支结构也被称为选择结构，C51中可以使用if语句和switch语句实现。

（1）if语句的一般格式为：

```
① if(表达式){语句;}
② if(表达式){语句1;} else{语句2;}
③ if(表达式1){语句1;}
   else  if(表达式2){语句2;}
   ……
   else  if(表达式n-1){语句n-1;}
   else{语句n;}
```

（2）switch语句是C51提供的多分支选择语句，一般格式为：

```
switch (表达式)
{
    case  常量表达式1:{语句1;} break;
    case  常量表达式2:{语句2;} break;
    ……
    case  常量表达式n-1:{语句n-1;} break;
    default: {语句n;}
}
```

switch 语句的最后一个分支可以不加 break 语句，结束后直接退出 switch 结构。

【例 4-3】在单片机程序设计中，常用 switch 语句作为键盘中按键值的判别，并根据按下键的值跳向各自的分支处理程序。

```
input:  keynum=keyscan( )
switch(keynum)
{
    case 1:key1( ); break; //如果按下键为 1 键,则执行函数 key1( )
    case 2:key2( ); break; //如果按下键为 2 键,则执行函数 key2( )
    case 3:key3( ); break; //如果按下键为 3 键,则执行函数 key3( )
    ……
    default: goto input
}
```

例子中的 keyscan()是另行编写的一个键盘扫描函数，如果有键按下，该函数就会得到按下按键的键值，将键值赋予变量 keynum。通过判断 keynum 的值转去执行相应的程序，比如 keynum 值为 2，则执行键值处理函数 key2()后返回；如果键值为 3，则执行函数 key3()后返回。如果没有按键，则返回 input。此例实现了不同按键转向不同键值处理程序的目的。

3. 循环结构

许多实用程序都包含循环结构，熟练掌握和运用循环结构的程序设计是 C51 语言程序设计的基本要求。

实现循环结构的语句有以下 3 种：while 语句、do…while 语句和 for 语句。注意：在 C51 中允许三种循环结构相互嵌套。

1）while 语句

C51 使用 while 语句实现当型循环，格式如下：

```
while (表达式)  //条件
{语句;}          //循环体
```

表达式是 while 循环能否继续的条件，如果表达式为真，就重复执行循环体内的语句；反之，则终止循环体内的语句。

while 循环结构特点：循环条件测试在循环体开头，要想执行重复操作，首先必须进行循环条件的测试，如条件不成立，则循环体内的重复操作一次也不能执行。

例如：

```
while((P1&0x80)==0)
{  }
```

while 中的条件语句对单片机的 P1 的 P1.7 进行测试，如果 P1.7 为低电平（0），则由于循环体无实际操作语句，故继续测试下去（等待），一旦 P1.7 的电平变高（1），则循环终止。

2）do…while 语句

C51 使用 do…while 语句实现直到型循环，格式如下：

```
do
{语句;}                    //循环体
while (表达式);            //条件
```

do…while 语句特点是先执行内嵌的循环体语句，再计算表达式。如表达式的值为非 0，则继续执行循环体语句，直到表达式的值为 0 时结束循环。

由 do…while 构成的循环与 while 循环的重要区别是：while 循环的控制出现在循环体之前，只有当 while 后面表达式的值非 0 时，才能执行循环体；在 do…while 构成的循环中，总是先执行一次循环体，然后再求表达式的值，因此无论表达式的值是 0 还是非 0，循环体至少要被执行一次。和 while 循环一样，在 do…while 循环体中，要有能使 while 后表达式的值变为 0 的操作，否则，循环会无限制地进行下去。

3）for 语句

在 C51 程序设计中，for 语句的功能强大，使用最为灵活，不仅可用于循环次数已知的情况，也可用于循环次数不确定而只给出循环条件的情况，完全可替代 while 语句。格式如下：

```
for (表达式 1; 表达式 2; 表达式 3)
{语句;}  //循环体
```

for 是关键字，括号中常含有 3 个表达式，各表达式间用“;”隔开。这 3 个表达式可以是任意形式的表达式，通常主要用于 for 循环控制。紧跟在 for()之后的循环体，在语法上要求是 1 条语句；若在循环体内需要多条语句，应用大括号括起来组成复合语句。

for 执行过程如下：

（1）计算表达式 1，表达式 1 通常称为“初值设定表达式”。

（2）计算表达式 2，表达式 2 通常称为“终值条件表达式”，若满足条件，转下一步，若不满足条件，则转（5）。

（3）执行 1 次 for 循环体。

（4）计算表达式 3，表达式 3 通常称为“更新表达式”转向（2）。

（5）结束循环，执行 for 循环之后的语句。

下面对 for 语句的几个特例进行说明。

（1）for 语句中的小括号内的 3 个表达式全部为空。

例如：

```
for(;;)
{
    循环体语句;
}
```

在小括号内只有两个分号，无表达式，这意味着没有设初值，无判断条件，循环变量为增值，它的作用相当于 while(1)，这将导致一个无限循环。一般在编程中，需要无限循环时，可采用这种形式的 for 循环语句。

（2）for 语句的 3 个表达式中，表达式 1 缺省。

例如：

```
for(;i<=100;i++)sum=sum+i;
```

即不对 i 设初值。

（3）for 语句的 3 个表达式中，表达式 2 缺省。

例如：

```
for(i=1;;i++)sum=sum+i;
```

即不判断循环条件，认为表达式始终为真，循环将无休止地进行下去。

（4）for 语句的 3 个表达式中，表达式 1、表达式 3 省略。

例如：

```
for(;i<=100;)
{
    sum=sum+i;
    i++;
}
```

当 i 满足条件时执行循环体。

（5）没有循环体的 for 语句。

例如：

```
int a=1000;
for(t=0;t<a;t++)
{;}
```

用于软件延时。通过循环执行空指令，达到延时的目的。8051 单片机指令的执行时间是靠一定数量的时钟周期来计时的，如果使用 12MHz 晶振，则 12 个时钟周期花费的时间为 1μs。

【例 4-4】 编写一个延时 1ms 程序。

```
void delayms(unsigned int j)
{
    unsigned char i;
    while(j--)
    {
        for(i=0;i<125;i++)
        {;}
    }
}
```

如把上述程序段编译成汇编代码分析，用 for 的内部循环大约延时 8μs，但不是特别精确。不同编译器会产生不同延时，因此 i 的上限值 125 应根据实际情况进行补偿

调整。

4. break 语句、continue 语句和 goto 语句

在循环体执行中，如满足循环判定条件的情况下跳出代码段，可使用 break 语句或 continue 语句；如要从任意地方跳转到代码某地方，可使用 goto 语句。

（1）break 语句。

循环结构中，可使用 break 语句跳出本层循环体，马上结束本层循环。

【例 4-5】 执行如下程序段。

```
void  main(void)                            //主函数 main( )
{
    int i, sum;
    sum=0;
    for(i=1;i<=10;i++)
    {
        sum=sum+i;
        if(sum>5) break;
        print("sum=%d\n", sum);             /*通过串口向计算机屏幕输出显示
                                              sum 值*/
    }
}
```

本例如没有 break 语句，程序将进行 10 次循环；当 i=3 时，sum 的值为 6，此时，if 语句的表达式“sum>5”的值为 1，于是执行 break 语句，跳出 for 循环，从而提前终止循环。因此在一个循环程序中，既可通过循环语句中的表达式来控制循环是否结束，又可直接通过 break 语句强行退出循环结构。

（2）continue 语句。

作用及用法与 break 语句类似，区别：当前循环遇到 break，是直接结束循环，若遇上 continue，则是停止当前这一层循环，然后直接尝试下一层循环。可见，continue 并不结束整个循环，而仅仅是中断这一层循环，然后跳到循环条件处，继续下一层的循环。当然，如果跳到循环条件处，发现条件已不成立，那么循环也会结束。

【例 4-6】 输出整数 1～100 的累加值，但要求跳过所有个位为 3 的数。

为完成题目要求，在循环中加一个判断，如果该数个位是 3，就跳过该数不加。如何来判断 1～100 的数中哪些数的个位数是 3 呢？用求余数的运算符“%”，将一个 2 位以内的正整数除以 10 后，余数是 3，就说明这个数的个位为 3。例如对于数 73，除以 10 后，余数是 3。

根据以上分析，参考程序如下：

```
void  main(void )
{
    int  i, sum=0;
    sum=0;
```

```
    for(i=1;i<=100;i++)
    {
        if(i%10==3)
        continue;
        sum=sum+i;
    }
    print(“sum=%d\n”, sum);        /*在计算机屏幕显示 sum 值,了解本语句
                                     的功能即可*/
}
```

（3）goto 语句。

goto 是一个无条件转移语句，当执行 goto 语句时，将程序指针跳转到 goto 给出的下一条代码。基本格式如下：

```
goto    标号
```

【例 4-7】 计算整数 1～100 的累加值，存放到 sum 中。

```
void  main(void)
{
    unsigned char i=0;
    int  sum=0;
sumadd:
    sum=sum+i;
    i++;
    if(i<101)
    {
        goto sumadd;
    }
}
```

goto 语句在 C51 中经常用于无条件跳转某条必须执行的语句以及在死循环程序中退出循环。为方便阅读，也为了避免跳转时引发错误，在程序设计中要慎重使用 goto 语句。

4.2.6　宏定义与文件包含

在 C51 程序设计中要经常用到宏定义与文件包含。

1. 宏定义

宏定义语句属于 C51 语言的预处理指令，使用宏可以使变量书写简化，增加程序的可读性、可维护性和可移植性。宏定义分为简单的宏定义和带参数的宏定义。

（1）简单的宏定义。

格式如下：

```
#define 宏替换名 宏替换体
```

#define 是宏定义指令的关键词，宏替换名一般用大写字母来表示，而宏替换体可以是数值常数、算术表达式、字符和字符串等。宏定义可以出现在程序的任何地方，例如宏定义：

```
#define uchar unsigned char
```

在编译时可由 C51 编译器把“unsigned char”用“uchar”来替代，例如，在某程序的开头处进行了 3 个宏定义：

```
#define uchar unsigned char        //宏定义无符号字符型变量方便书写
#define PI3.1415926                //宏定义 PI 来代替圆周率 3.1415926
#define gain 4                     //宏定义增益
……
```

由上见，宏定义不仅可以方便无符号字符型和无符号整型变量的书写，而且当增益需要变化时，只需要修改增益 gain 的宏替换体 4 即可，而不必在程序的每处修改，大大增加了程序的可读性和可维护性。

（2）带参数的宏定义。

格式如下：

```
#define 宏替换名(参数 1, 参数 2,…,参数 n)  宏替换体
```

#define 是宏定义指令的关键词，宏替换名一般用大写字母来表示，而宏替换体可以是数值常数、算术表达式、字符和字符串等。带参数的宏定义可以出现在程序的任何地方，在编译时可由编译器替换为定义的宏替换体，由于可以带参数，这就增强了带参数宏定义的应用。

例如，求两个参数中最大值的带参数宏定义为：

```
#define MAX (a, b)  ((a) > (b) ? (a) : (b));
```

当有下列语句时：

```
int c=MAX (5, 3);
```

预处理器会将带参数的宏替换成如下格式：

```
int c= ((5) > (3) ? (5) : (3));
```

因此计算结果为 c=5。

2. 文件包含

文件包含是指一个程序文件将另一个指定文件的内容包含进去。文件包含的一般格式为：

```
#include <文件名>  或  #include“文件名”
```

上述两种格式的差别：采用<文件名>格式时，在头文件目录中查找指定文件；采用

"文件名"格式时，应在当前的目录中查找指定文件。例如：

```
#include<reg51.h>      //将特殊功能寄存器包含文件包含到程序中
#include<stdio.h>      //将标准的输入、输出头文件 stdio.h 包含到程序中
#include<math.h>       //将函数库中专用数学库的函数包含到程序中
```

当程序中需调用编译器提供的各种库函数时，须在文件的开头使用#include 命令将相应函数的说明文件包含进来。

4.2.7 函数

C51 语言的编译器中包含丰富的库函数，使用库函数可以大大减少程序设计工作量，提高编程效率。每个库函数都在相应的头文件中给出了函数原型声明，在使用时，必须在源程序的开始处使用预处理命令#include 将有关的头文件包含进来。

1. 内部函数

C51 内部函数只有 9 个，如字符循环左移、右移函数等。具体参见头文件 intrins.h。

2. 输入/输出函数

输入/输出函数用于读取包括文件、控制台等各种输入/输出设备，各种函数以"流"的方式实现。具体参见头文件 stdio.h。

3. 实用工具函数

实用工具函数中汇集了常用的工具类函数，如数制转换函数，随机序列产生函数等，具体参见头文件 stdlib.h。

4. 数学函数

数学函数包含了常规的数学计算函数，具体参见头文件 math.h。

5. 字符函数

字符函数用于对单个字符进行处理，具体参见头文件 ctype.h。

6. 字符串处理函数

字符串处理函数用于对字符串进行合并、比较等操作，具体参见头文件 string.h。

7. 中断服务函数

C51 编译器支持在 C 语言源程序中直接编写 8051 单片机的中断服务函数程序。定义中断服务函数的一般形式为：

函数类型　函数名（形式参数表）　[interrupt n] [using r]

其中 interrupt 为关键字，其后 n 是中断号，n 的取值范围为 0～31。C51 编译器允许 32

个中断，具体的中断号 n 和中断向量取决于不同的 8051 系列单片机。using 为关键字，专门用来选择 8051 单片机中不同的工作寄存器组。using 后面的 r 是一个 0～3 的常整数，用于选择 4 个不同的工作寄存器组。如果不用该选项，则由编译器选择一个寄存器组作绝对寄存器组访问。

编写 8051 单片机中断函数时应遵循以下规则：

（1）中断函数不能进行参数传递，如果中断函数中包含任何参数声明，都将导致编译出错。

（2）中断函数没有返回值，如果企图定义一个返回值将得到不正确的结果。因此建议在定义中断函数时将其定义为 void 类型，以明确说明没有返回值。

（3）在任何情况下都不能直接调用中断函数，否则会产生编译错误。因为中断函数的返回是由 8051 单片机指令 RETI 完成的，RETI 指令影响 8051 单片机的硬件中断系统。如果在没有实际中断请求的情况下直接调用中断函数，RETI 指令的操作结果会产生一个致命的错误。

（4）如果中断函数中用到浮点运算，必须保存浮点寄存器的状态，当没有其他程序执行浮点运算时可以不保存。C51 编译器的数学函数库 math.h 中，提供了保存浮点寄存器状态的库函数 pfsave 和恢复浮点寄存器状态的库函数 fprestore。

（5）如果在中断函数中调用了其他函数，则被调用函数所使用的寄存器组必须与中断函数相同。用户必须保证按要求使用相同的寄存器组，否则会产生不正确的结果，这一点必须引起足够的注意。如果定义中断函数时没有使用 using 选项，则由编译器选择一个寄存器组作绝对寄存器组访问。另外，由于中断的产生不可预测，中断函数对其他函数的调用可能形成违规调用，需要时可将被中断函数所调用的其他函数定义成再入函数。

（6）C51 编译器从绝对地址 $8n+3$ 处产生一个中断向量，其中 n 为中断号。该向量包含一个到中断函数入口地址的绝对跳转。在对源程序进行编译时，可用编译控制指令 NOINTVECTOR 抑制中断向量的产生，允许用户使用其他编程工具提供中断向量。

总之，使用函数时要注意以下事项：

（1）函数定义时要同时声明其类型。

（2）调用函数前要先声明该函数。

（3）传给函数的参数值，其类型要与函数原定义一致。

（4）接受函数返回值的变量，其类型也要与函数一致。

4.2.8　C51 程序设计实例

1. 顺序结构实例

【例 4-8】 利用 P1 输出以下基本运算的二进制计算结果，通过 8 个 LED 灯来表示。

```
#include<reg51.h>                    //调用特殊功能寄存器头文件
void delay_ms(unsigned int k)        //1ms 的软延时,时钟频率 12MH
{
```

```
    unsigned int i,j;
    for(i=0;i<k;i++)
        for(j=0;j<1600;j++);
}
void main()                                    //主函数
{
    int x=100;
    int y=10;
    P1= x+y;
    delay_ms(500);
    P1= x-y;
    delay_ms(500);
    P1= x/y;
    delay_ms(500);
    P1= x%y;
    delay_ms(500);
}
```

2. 分支结构实例

【例 4-9】 编程实现成绩评级：给出一个百分制成绩，要求利用数码管输出成绩等级 A、B、C、D、E。90 分及以上为 A，80～89 分为 B，70～79 分为 C，60～69 分为 D，60 分以下为 E（分别用 if…else 语句和 switch…case 语句实现）。结果用数码管显示。

（1）if…else 语句。

```
#include <reg51.h>                          //调用特殊功能寄存器头文件
void main()
{
    int score = 85;                         //百分制成绩 score
    if(score >= 90)
        P1=0x88;                            //段选 A
    else if(score >= 80 && score < 90)
        P1=0x83;                            //段选 B
    else if(score >= 70 && score < 80)
        P1=0xc6;                            //段选 C
    else if(score >= 60 && score < 70)
        P1=0xa1;                            //段选 D
    else
        P1=0x86;                            //段选 E
}
```

（2）switch…case 语句。

```
#include<reg51.h>                        //调用特殊功能寄存器头文件
void main()
{
    int score = 85;                      //百分制成绩 score
    switch(score / 10)                   //百分制成绩除以 10 取商
    {
      case 10: P1=0x88; break;           //段选 A
      case 9: P1=0x88; break;            //段选 A
      case 8: P1=0x83; break;            //段选 B
      case 7: P1=0xc6; break;            //段选 C
      case 6: P1=0xa1; break;            //段选 D
      default: P1=0x86; break;           //段选 E
    }
}
输出结果：B
```

3. 循环结构实例

【例 4-10】 请将 LED 灯的亮灭顺序按设置好的状态依次循环进行。

```
#include<reg51.h>                            //调用特殊功能寄存器头文件
int LED[ ]={0xfe,0xfd,0xfb,0xf7,0xef,0xdf,0xbf,0x7f,0x80,0x40,0x20,
0x10,0x08,0x04,0x02,0x01};                   //定义流水灯状态数组

void delay_ms(unsigned int k)                //1ms 的软延时,时钟频率 12MHz
{
  unsigned int i,j;
  for(i=0;i<k;i++)
   for(j=0;j<125;j++);
}
void main ()
{
    char i;
    while(1)
   {
   for(i=0;i<=15;i++)
     {
       P1=LED[i];
       delay_ms(500);
     }
   }
}
```

4. 顺序结构、分支结构、循环结构综合应用实例

【例 4-11】 给定任意日期，编程计算到该天为止，这一年已经过去了多少天（例如：输入 2020 年 5 月 2 日，输出 122），使用 8 个 LED 灯二进制表示，若超出 255，则置 0。

解：一年中的 12 个月的天数见表 4-4。

表 4-4　一年中 12 个月与天数对应表

月	日	月	日	月	日	月	日	月	日	月	日
1	31	3	31	5	31	7	31	9	30	11	30
2	平年：28 闰年：29	4	30	6	30	8	31	10	31	12	31

参考程序如下：

```
#include<reg51.h> //调用特殊功能寄存器头文件
#include<stdio.h> //调用标准输入/输出头文件
void main()
{
   int year=2020, month=5, day=2, y=0; //输入年月日，初始化 y 天。
   int a[12]={31,28,31,30,31,30,31,31,30,31,30,31};
   //每月天数，平年 2 月 28 天
   int i;
   if(year%400==0) //判断该年是否为闰年（分支结构）
      a[1]=29;  //闰年 2 月共 29 天
      else if (year%4==0&&year%100!=0)
   a[1]=29;
   for(i=0;i< month-1;i++) //循环结构，计算除本月外共多少天
   {
      y=y+a[i];
   }
   y=y+day-1;  //顺序结构，加上本月过去了多少天
   if(y<=255)  //led 显示天数 y
      P1=y;
   else
      P1=0;
   }
```

5. 数组指针实例

【例 4-12】 试编写程序，对存放在片内数据存储器中 0x50 开始的 21 个单元的采样数据，用冒泡法排序进行中值滤波，并计算中值数据。

数字滤波中的“中值滤波”技术是对采集的数据按照从大到小或者从小到大进行排

序，然后取中间位置的数作为采样值。

参考程序如下：

```
#include<reg51.h>
unsigned char data med _at_ 0x72;
void main ( void){
  unsigned char data *point;
  unsigned char i, j, n=0, d=0, med=0;
  for (i=0; i<20; i++) {      //外层循环
    point = 0x50;
    n=20-i;
    for (j=0; j<n; j++) {    //内层循环
      if (*point<*(point+1)) {  //从大到小排列
        d=*point;
        *point=*(point+1);
        *(point+1)=d;
      }
      point++;//指针指向下一个数
    }
  }
  point=0x50+10;//指针指向排列后的中值
  med =*point;//将中值存储在 med 中
}
```

6. 中断应用实例

【例 4-13】 利用单片机中断资源实现用按键控制 LED 灯的亮灭。

解：外部中断 0 由单片机的 P3.2 引脚低电平/下降沿触发，因此按键两端分别连接 P3.2 及电源地，LED 灯的正极接入电源，负极与 P1.0 相连接，硬件电路连接图如图 4-2 所示。

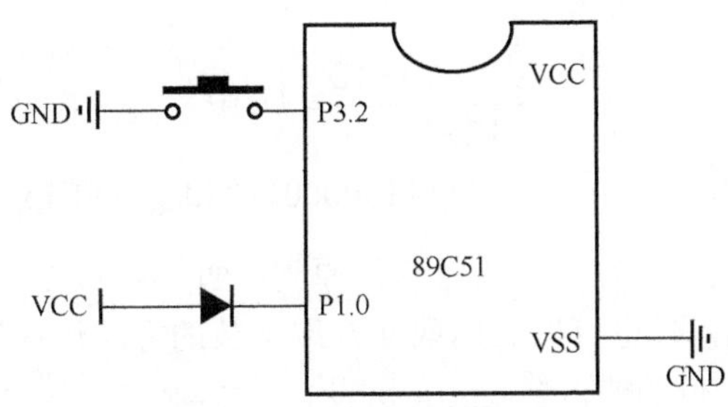

图 4-2　硬件电路连接图

参考程序设计如下：

```
#include<reg51.h>                  //调用特殊功能寄存器头文件
sbit led0=P1^0;                    //P1.0 口为 LED 控制引脚
```

```
void main()
{
  EA=1;                                   //开总中断
  EX0=1;                                  //打开外部中断 0 开关
  IT0=1;                                  //触发方式设置为下降沿触发
  while (1) ;
}
  void exinterrupt0()interrupt 0          //中断服务，外部中断 0 的中断号为 0
{
  led0= ~led0;                            //高电平 LED 灭，低电平 LED 亮
}
```

7. 定时器应用实例

【例 4-14】 已知时钟频率为 12MHz，利用 T1 定时器，由 P1.0 输出周期为 2ms、占空比为 50%的方波。输出结果以 LED 亮灭表示。

解：方波周期为 2ms，占空比为 50%，利用定时器定时 1ms，每到 1ms 则对 P1.0 的输出电平翻转，依次循环即可输出方波。

（1）定时器方式 0。

定时器初值 X 的计算方法为

$$\frac{(2^{13}-X)\times 12}{12\times 10^{6}}=1\times 10^{-3} \tag{4-1}$$

$$X=7192_{(D)}=1110000011000_{(B)} \tag{4-2}$$

根据 TH1 存放高八位，TL1 存放低五位原则，`TH1=0XE0;TL1=0X18`。

思考：编程时，如何用初值 X 快速计算得到 TH1、TL1 初值？

答案：由于 TL1 存放低五位的值，$2^5=32$，因此，TH1、TL1 可以通过做除法取商及取余数的方式分别得到，即 `TH1=X/32;TL1= X%32`。

（2）定时器方式 1。

定时器初值 X 的计算方法为

$$\frac{(2^{16}-X)\times 12}{12\times 10^{6}}=1\times 10^{-3} \tag{4-3}$$

$$X=64536_{(D)}=1111110000011000_{(B)}=\text{FC18}_{(H)} \tag{4-4}$$

根据 TH1 存放高八位，TL1 存放低八位原则，`TH1=0XFC; TL1=0X18`。

与方式 0 类似，编程时也可以利用取商及取余数的方法快速计算得到 TH1、TL1 初值，由于 TL1 存放低八位的值，$2^8=256$，因此，`TH1=X/256; TL1= X%256`。

（3）定时器方式 2。

定时器方式 2 是能够自动重装计数初值的八位计数器。在时钟频率为 12MHz 的条件下，八位计数器最多可以实现：

$$\frac{(2^8-0)\times 12}{12\times 10^6}=2.56\times 10^{-4}\text{s}<1\text{ms} \tag{4-5}$$

因此，可以将定时器设置为 100μs，设置变量循环 10 次，进而实现 1ms 定时。定时器初值 X 的计算方法为

$$\frac{(2^8-X)\times 12}{12\times 10^6}=1\times 10^{-4} \tag{4-6}$$

$$X=156_{(\text{D})}=10011100_{(\text{B})}=9C_{(\text{H})} \tag{4-7}$$

由于 TL1 用作计数器，TH1 用以保存计数初值。因此，在编程时也可以直接赋八位的初值，TH1=156；TL1=156。

参考程序设计如下。

方式 0：

```
#include<reg51.h>                   //调用特殊功能寄存器头文件
sbit led0=P1^0;                     //P1.0 口为方波输出引脚
void  main()
{
   TMOD=0x00;                       //定时器/方式 0
   TH1=0xe0;                        //定时器初值,也可以 TH1=x/32;
   TL1=0x18;                        //也可以 TL1=x%32;
   EA=1;
   ET1=1;
   TR1=1;                           //启动定时器
   while (1) ;
}
   void timer_1() interrupt 3       //中断服务,定时器 1 的中断号为 3
{
   TH1=0xe0;                        //重装初值
   TL1=0x18;
   led0= ~led0;                     //P1.0 的输出电平翻转
}
```

方式 1：

```
#include<reg51.h>                   //调用特殊功能寄存器头文件
sbit led0=P1^0;                     //P1.0 口为方波输出引脚
int main(void)
{
   TMOD=0x10;                       //定时器 1 的方式 1
   TH1=0xfc;                        //定时器初值，也可以 TH1=x/256;
   TL1=0x18;                        //也可以 TL1=x%256;
   EA=1;
   ET1=1;
   TR1=1;                           //启动定时器
```

```
    while(1);
}
void timer_1() interrupt 3        //中断服务，定时器 1 的中断号为 3
{
    TH1=0xfc;                     //重装初值
    TL1=0x18;
    led0= ～led0;                 //P1.0 的输出电平翻转
}
```

方式 2：

```
#include<reg51.h>                 //调用特殊功能寄存器头文件
sbit led0=P1^0;                   //P1.0 口为方波输出引脚
unsigned char ii=0;
int main(void)
{
    TMOD=0x20;                    //定时器 1 的方式 2
    TH1=0x9c;                     //定时器初值，也可以 TH1=156;
    TL1=0x9c;                     //也可以 TL1=156;
    EA=1;
    ET1=1;
    TR1=1;                        //启动定时器
    while(1)
    {
      if(ii==10){
        led0= ～led0;
        ii=0;
      }
    }
}
void timer_1() interrupt 3        //中断服务，定时器 1 的中断号为 3
{
    ii++;                         //10 次 1ms
}
```

8. 定时器应用实例——跑马灯

【例 4-15】 编程控制 8 个 LED 实现跑马灯效果。

解：8 个 LED 分别接入 P1.0～P1.7 引脚，利用 8051 定时器实现 1s 定时。每到定时时间，改变一次 P1 端口的高低电平，使 8 个 LED 交替闪烁，实现跑马灯的效果。由于系统时钟为 12MHz 的 8051 定时器最长定时时间约为 65ms，为了实现 1s 的定时效果，可以先用定时器实现 50ms 定时，然后设置计数变量，每当计数达到 20 次，改变 P1 端口的赋值状态，即可实现 1s 的定时效果。硬件电路连接图如图 4-3 所示。

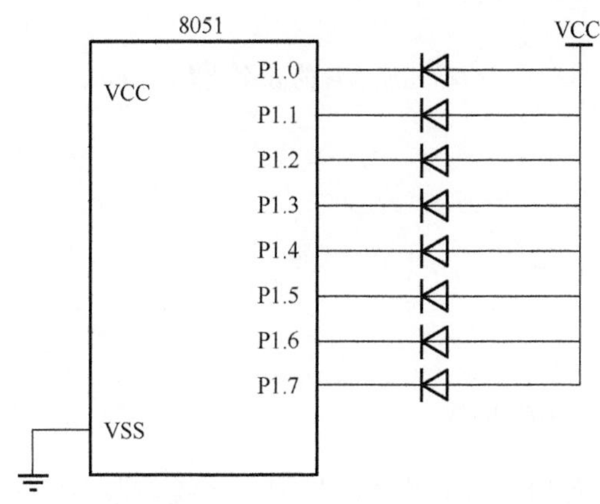

图 4-3　跑马灯硬件电路连接图

参考程序设计如下：

```
#include<reg51.h>//调用特殊功能寄存器头文件
unsigned int k=0; //定时器重复标志位
unsigned char i=0;//定义流水灯状态标志位
int LED[ ]={0xfe,0xfd,0xfb,0xf7,0xef,0xdf,0xbf,0x7f};//定义流水灯状态数组
void TimerConfiguration ( )//配置定时器
{
    TMOD=0x01;//选择工作方式 1
    TH0 = 0x3c ;//设置定时初值 TH0
    TL0 = 0xb0;//设置定时初值 TL0
    EA = 1;//打开总中断
    ET0 = 1;//打开定时器 0 中断
    TR0 = 1;//启动定时器 0
}
//定时器 0 中断函数
void Timer0 ( ) interrupt 1
{
   TH0 = 0x3c ;//设置定时初值 TH0
   TL0 = 0xb0;//设置定时初值 TL0
   k++;
}
//主函数
void main ()
{
    TimerConfiguration();
    while (1)
    {
      if ( k==20 )//定时器 50ms×20=1s
      {
         P1=LED[i];//为 P1 端口赋值
         i++;
```

```
                k=0;
                if  ( i==8 )  //循环流水灯的 8 个状态
                {
                   i=0;
                }
            }
        }
    }
```

9. 串口应用实例——I/O 扩展

【例 4-16】 利用串行口方式 0 作 I/O 扩展，系统晶振频率为 11.0592MHz，编程实现数码管上循环显示数字 0～9。

解：利用定时器控制每个数字的显示时间，每秒显示一位。利用串行口方式 0 和同步移位寄存器实现 I/O 扩展。把串行口变为并行输出口使用时，要有一个 8 位“串入并出”的同步移位寄存器 74LS164 配合。由于 74LS164 的输出无控制端，在串行输入过程中，其输出端的状态会不断变化，因此在 74LS164 与输出装置之间，加上输出可控的缓冲级。电路连接参考图 3-20。

参考程序如下：

```
    #include<reg51.h>                                    //头文件
    #include<stdio.h>                                    //头文件
    #define uchar unsigned char
    uchar data[10]={0xc0,0xf9,0xa4,0xb0,                 //段选
0x99,0x92,0x82,0xf8,0x80,0x90};
    uchar  i=0;
    uchar  TIMER =20;                                    //延时 1s 的常数
    void Delay1s();
    void main()
    {
       SCON=0x00;                                        //串口模式 0
       TI=0;
       while (i<=9)
       {
           SBUF=Data[i];                                 //数码管显示
           Delay1s();
           i++;
           if (i==10)
           {
               i=0;
           }
       }
    }
    void Delay1s()                                       //1s 延时
```

```
{                                            //启动定时器
   TR0=1;                                    //开 T0 中断
   ET0=1;
   EA=1;                                     //开总中断
   TMOD=0x01;                                //写入方式控制字，方式 1
   TH0=0x4c;                                 //设置初值
   TL0=0x00;
   while (TIMER!=0) ;                        //1s 时间到?
   TIMER=20;
}
void usa0() interrupt 1                      //定时器 0，中断号为 1
{
   TL0=0x00;                                 //重装初值
   TH0=0x4c;
   TIMER--;
}
```

10. *串口应用实例——双机通信*

【例 4-17】 A、B 两单片机异步通信，分别编写发送机与接收机程序。

解：A 机为发送机，B 机为接收机，A 首先发送一个十六进制数'10H'，当 B 机接收到'10H'时，立即向 A 发送一个'20H'，表示同意接收，A 接收到'20H'则握手成功，开始发送数据。双方约定传输波特率为 9600bit/s，双机的时钟频率均为 11.0592MHz，T1 工作在定时方式 2，则 TH1=TL1=0FDH，对串口进行奇校验，串口工作在方式 3，PCON 寄存器的 SMOD 位为 0。硬件电路参见图 3-21。

奇校验：发送数据中 1 的个数为奇数时，TB8=0；为偶数时，TB8=1；

偶校验：发送数据中 1 的个数为奇数时，TB8=1；为偶数时，TB8=0；

A 发送机程序：

```
#include "reg51.h"
char flag=0;
unsigned char flag1=0;
char a,i;
void  main ( )
{
   TMOD = 0x20;                  //设置定时器方式 2
   TH1 = 0xfd;                   //设置定时时间
   TL1 =0xfd;                    //设置定时时间
   TR1 = 1;                      //打开定时器
   PCON=0x00;                    //令 SMOD=0
   SCON=0xd0;                    //串口工作方式 3
   EA = 1;                       //打开总中断
   ES = 1;                       //使能 UART 中断
   SBUF=0x10;                    //主机发送握手信号 10H
```

```
    while(1)                                //等待发送完毕
    {
    if(flag==1)                             //握手成功则执行下列程序
       {
          for(i=1; i<6;i++)                 //1-5 循环发送数字
          {
             flag1=0;
             ACC=i;                         //将要发送的数字送进 ACC 中
             TB8=~P;                        //将 P 值取反送入 TB8，形成奇校验
             SBUF=i;                        //将待发送数据送入 SBUF
             while(!flag1==1);              //等待发送完成
          }
          flag=0;
       }
    }
}
void Uart_Isr() interrupt 4
{
    if(TI==1)
    {
       TI=0;                                //清除发送中断标志
       flag1=1;
    }
    if (RI==1)
    {
       RI = 0;                              //清除接收中断标志
       a=SBUF;                              //用 a 读取接收缓冲区内容
       a=a^0x20;                            //缓冲区内容与 0x20 做异或运算
       if (a!=0)                            //接收到从机发来的握手信号 0x20
           flag=1;                          //未接收到从机发来的握手信号 0x20
       else
           flag=0;
    }
}
```

B 接收机程序：

```
#include "reg51.h"
char flag1=0;
char data *receive_data;
unsigned char i=0;
char a=0;
char flag=0;
void main ( )
{
   TMOD = 0x20;                             //设置定时器方式 2
```

```
    TH1 = 0xfd;                              //设置定时时间
    TL1 = 0xfd;                              //设置定时时间
    TR1 = 1;                                 //打开定时器
    PCON=0x00;                               //令 SMOD=0
    SCON=0xd0;                               //串口工作方式 3
    EA = 1;                                  //打开总中断
    ES = 1;                                  //使能 UART 中断
    receive_data=0x20;
    while(1)                                 //接收到主机发送的握手信号'1'
    {
      if(flag==1)
      {
        flag=2;                              //握手成功，等待接收数据
        SBUF=0x20;                           //发送握手信号 20H
      }
    }
}
void Uart_Isr ( ) interrupt 4
{
    if(TI==1)
    {
      TI=0;
    }
    if (RI==1)
    {
      RI = 0;                                //清除接收中断标志
      a=SBUF;                                //读取 SBUF 内容
      if(flag==0 && a==0x10)                 //判断 a 值是否为 10H
      {
        flag=1;
      }
      else
      {
        if(flag==2)                          //如握手成功
        {
          ACC=a;
          if(P!=RB8)                         //检验是否正确
            flag1=1;
          else
            flag1=2;
          if(flag1==1)                       //检验正确，读数据到数组中
          {
            *(receive_data+i)=SBUF;
            i++;
          }
```

```
            else
            {
               EA=0;
               ES=0;
               flag=0;
               flag1=0;
            }
         }
      }
   }
}
```

11. 外部扩展简单I/O应用实例

【例4-18】 电路连接参见图3-32。利用74LS244作为输入口接8路开关K0～K7，读取开关状态，并将读得的状态数据通过74LS273驱动发光二极管显示出来。

参考程序如下：

```
#include<reg51.h>                        //调用特殊功能寄存器头文件
void main()                              //主函数
{
   unsigned char xdata *p;               //定义指针*p
   unsigned char a;                      //定义中间变量a
   while(1)
   {
      p=0xbfff;                          //指向74LS244输入口
      a=*p;                              //输入数据
      p=0x7fff;                          //指向74LS273输出口
      *p = a;                            //输出数据
   }
}
```

12. ADC0809转换程序实例

【例4-19】电路连接参见图3-35。设有一个8路模拟量输入的巡回检测系统，采样数据依次存放在外部RAM 2000H～2007H单元中，其数据采样的初始化程序和中断服务程序如下：

```
#include<reg51.h>                                   //调用特殊功能寄存器头文件
#include<stdio.h>                                   //调用标准输入、输出头文件
unsigned char  xdata  AD0809[0x8]  _at_ 0xfef8;   //ADC0809端口地址
unsigned char  xdata  buf[0x8] _at_ 0x2000;        //存放采集数据
unsigned char  idata  count;
bit flag;
void main(void)                                     //主函数
```

```
{
   count=0;
   IT1=1;                                    //边沿触发
   EA=1;
   EX1=1;                                    //允许外部中断 1
   AD0809[count]=0x00;                       //启动 AD0809
   while(1) {
      flag=0;
      if(flag) {
         buf[count]= AD0809[count];          //读取 AD 转换的值
         count++;
      }
   }
}
void ad( ) interrupt 2                       //中断服务软件设计
{
   flag=1;
   if(count==8)                              //8 路转换结束
   {
      EX1=0;
   }
}
```

4.3　嵌入式 C 语言编码规范

嵌入式系统应用广泛，在基于 C 语言的嵌入式软件设计中，树立良好的编程习惯有利于：

（1）摒弃一些可能存在风险的编程行为，编写安全可靠的代码，进而保证嵌入式产品的安全性、可靠性。

（2）编写易读、易理解及易维护的代码。

（3）形成良好的编程风格，提高程序可靠性，从而为大型项目多人合作开发奠定基础。

（4）遵循良好的编程规范，提高编码能力，保证软件工程质量。

由于嵌入式 C 程序文件可以分为两类：源文件和头文件。其中，源文件主要包括如下内容：只在本文件内部使用的（对外部隐藏的）类型；只在本文件内部使用的（对外部隐藏的）常量；只在本文件内部使用的（对外部隐藏的）宏定义；全局变量和文件级（static）变量的定义；函数原型声明和函数定义；文件包含部分，文件头的说明，函数头的说明。头文件主要包含如下内容：提供给外部参照的类型；提供给外部参照的常量；提供给外部参照的宏定义；提供给外部参照（全局）函数的原型声明；提供给外部参照全局变量的外部声明；文件包含部分，文件头的说明。但头文件中不应定义变量。

下面将具体讨论在嵌入式C程序编写过程中，需要遵循的规范。

1．文件头规范

不论是源文件或是头文件，最好都含有文件头（Source/ Header File Header Section）。文件头是对源文件及头文件基本信息的描述，其中包括文件名、使用处理器型号、生成日期、作者、模块目的/功能、主要函数及其功能、修改日志等。

注：这些信息以注释的方式放置于文件最前端。

【文件头说明实例】

```
/*************************************************************
* File Name : DP_DrawE.c（文件名信息）
* Model Name : MF7878/R/J（适用的产品型号名称：可以是多个型号）
* Module Name : Draw Engine/Display（所属的模块名称）
* uCom : Mitsubishi M16C/80 series（适用的处理器型号：可以多个型号）
*
* Create Date : 1999/10/01（文件创建日期）
* Author/Corporation : WhoAmI/NAS（文件创建者/公司名称）
*
* Abstract Description : Place some description here. （概要描述）
*
*------------------------Revision History---------------------
* No Version Date Revised By Item Description（修改历史、情况说明）
*
************************************************************/
```

2．命名规范

关于文件标识符命名规则：文件标识符只能使用字母、数字和下划线，长度不能超过32个字符，以便于识别，包括文件名前缀和后缀。格式如下：

×××……××.×××

文件名前缀表示该文件的内容或作用，可由项目成员统一约定，最好8个字符以内，文件名前缀的最前面要使用模块名（文件名）缩写。文件名后缀表示该文件的类型，最多为3个字符，包括：.c（源文件）；.h（头文件）；其他类型文件（如.tbl文件等），使用之前需统一规定。

3．标识符和常量

为了便于编译器识别，代码清晰易读，保证可移植性，避免代码混乱，标识符有效字符不能多于31个字符，并且内部与外部标识符不能重名（在同一文件中，重名会隐藏外部标识符）；在不同文件中，静态变量和全局变量的标识符也不能重名。

由于任何以0开始的整型常量都被看作是八进制的，为避免产生非预期的结果，不应使用八进制常量（0除外）和八进制转义序列，例如，在书写固定长度的常量时，将产生非预期的结果。

【例 4-20】 3 个数字位做数组初始化时，将产生非预期的结果

```
code[1] = 109+100;  // equivalent to decimal 209
code[2] = 100+052;  // equivalent to decimal 142
```

注：code[2]中的值为 142，这是因为系统将 052 当作八进制，即十进制的 42。

含义标识符主要包括变量含义标识符和函数含义标识符，其命名规范为：各单词的开头用大写字母，其余用小写字母，省略用语除外；进行命名的时候，在理解数据对象（变量、函数等）的内容含义的基础上，做到“见名知意”。

变量含义标识符的构成为：目标词+动词（过去分词）+[状语]+[目的地]，如 DataGotFromCD（从 CD 中取得的数据）。

函数含义标识符的构成为：动词（一般现在时）+目标词+[状语]+[目的地]，如 GetDataFromCD（从 CD 中取得的数据）。

4. 类型和类型转换

为了提高代码的可读性，防止信息丢失、编码意图不明和破坏数据完整性，对类型和类型转换做出如下规范。

（1）位域的存储空间分配与各编译器的实现有关，所以位域只能被定义为 unsigned int 或 signed int 类型，如果位域类型扩展（char、short、long 等），需要明确说明编译器的支持情况。

（2）对于 long 型的整型常量应该追加后缀 L 或 UL，对 char 和 short 类型没有规定。

（3）为防止隐式类型转换造成信息丢失，使用不同类型的变量进行赋值/运算的时候，一定要使用强制转换运算符。

（4）要避免指针与整数或浮点数之间的转换，如果指针所指向的类型带有 const 或 volatile 限定符，那么移除限定符的强制转换是不允许的。

（5）注意 int 数据类型的使用。因为在 16 位的操作系统上 int 类型的宽度是 16bit，在 32 位的操作系统上 int 类型的宽度是 32bit，移植重用时会产生问题。

5. 初始化声明和定义

对初始化声明和定义进行规范，可以防止声明函数、声明标识符引起的混淆，避免错误读取未初始化的变量，提高程序的可读性。规范如下：

（1）所有的对象和函数标识符在使用前必须声明。

（2）变量在使用前都应被赋值；除了声明中的初始化，确保所有变量在其被读之前已经写过；自动存储类型变量通常不自动初始化；具有静态存储类型的变量，缺省地被自动赋予零值。

（3）枚举列表中不能显式用于除首元素之外的元素，除非所有的元素都是显式初始化的。若没有显式地初始化，C 将会为其分配一个从 0 开始的整数序列，首元素为 0，后续元素依次加 1，确保所用初始化值一定要足够小，这样列表中的后续值就不会超出该枚举常量所用的 int 存储量。避免自动与手动分配混合时易产生的错误。而当一个数组声明为具有外部链接,它的大小应该显式声明或者通过初始化进行隐式定义。

（4）局部变量的大小不要超过 64B，以避免 stack 溢出，若确实过大，应该定义成 static 全局变量或从堆中分配。

（5）数组和结构的非零初始化应该使用大括号，使用附加的大括号来指示嵌套的结构。

（6）函数使用原型声明能让编译器检查函数定义和调用的完整性，如果没有原型就不会迫使编译器检查出函数调用当中的错误（如函数体具有不同的参数数目，调用和定义之间参数类型不匹配），所以函数应当具有原型声明，原型声明在函数的定义范围和调用范围内都是可见的。在块作用域中声明函数会引起作用域混淆，并可能导致未定义的行为，所以函数不应该声明为具有块作用域。

（7）避免使用全局标识符，如果对象的访问只是在单一的文件（函数）中，那么对象应该在文件（函数）范围内使用 static 存储类标识符进行声明，这样确保标识符只是在声明它的文件中是可见的，避免了和其他文件或库中的相同标识符发生混淆的可能性。而对外提供的变量或函数应该在唯一的一个头文件中进行声明，不要在源文件内部直接声明，更不允许在不同文件中进行多次定义。

6. 控制语句和表达式

对表达式进行规范，可以避免使用优先级引起的错误，浮点运算引起的精度丢失等，使得代码更为清晰和可读。

C51 与表达式有关的规范如下。

（1）不要过分依赖 C 表达式中缺省的运算符优先级，使用括号可以避免使用相当复杂的 C 运算符优先级造成的错误。

（2）当一个表达式使用了 sizeof 运算符，并期望计算表达式的值时，表达式是不会被计算的，sizeof 只对表达式的类型有用。如：`j = sizeof (i = 1234);/* j is set to the sizeof the type of i which is an int,i is not set to 1234 */`

（3）逻辑运算符 && 或 || 的右手操作数不能具有赋值作用。

（4）逻辑运算（&&、|| 和 ！）直接用到的操作数应该是布尔类型的，而布尔类型表达式也不能用于非逻辑运算。

（5）位运算符不能用于基本类型（underlying type）是有符号的操作数上。位运算（~、<<、>>、&、^ 和 | ）对有符号整数通常是无意义的。

（6）在一个表达式中，自增（++）和自减（--）运算符，不应同其他运算符混合在一起，因为这样会显著削弱代码的可读性，并且在不同的编译环境下，会执行不同的运算次序，产生不同结果。

（7）浮点表达式不能做相等或不等的判断，因为浮点型变量无论是 float 还是 double 类型的变量，都有精度限制。

C51 与控制语句有关的规范如下。

（1）for 语句三个表达式都为可选项：第一个为参数初始化表达式，第二个为条件表达式，第三个为更新循环变量表达式。表达式可以缺省，但“;”不能省略。

（2）组成 switch、while、do...while 或 for 结构体的语句应该括在{}里。

（3）if /else 应该成对出现，所有的 if ... else if 结构应该由 else 子句结束。

（4）switch 语句中如果 case 分支的内容不为空，那么应加 break 语句。注意在 case 后的各常量表达式的值不能相同，否则会出现错误。在 case 后，允许有多个语句，可以不用{}括起来。default 子句可以省略。

7. 函数

良好的函数编写规范能提高代码性能和效率，防止误修改，对函数原型声明的规范能提高移植性，避免在某些编译器下编译出错的情况，对函数参数的规范可以减少对堆栈的占用量，对函数大小的规范有助于函数功能的正确性和维护等。针对函数的规范如下：

（1）一定要显示声明函数的返回值类型及所带的参数，如果没有则声明为 void。

（2）在函数的原型声明中应包含所有参数，不允许只包含参数类型的声明方式，没有参数时以“void”填充。

（3）函数的声明和定义中使用的标识符（参数名）应该一致。

（4）函数原型中的指针参数，如果不是用于修改所指向的对象，就应该声明为指向 const 的指针。

（5）函数调用时使用括起来的参数列表，没有参数时，列表可以为空。

（6）不提倡使用递归函数调用，递归本身存在堆栈空间使用过度的可能性，这会导致严重的错误，除非递归经过了非常严格的控制。

（7）如果不需要修改输入参数的值，将变量值作为参数进行函数参数传递，而不是地址。

（8）注意控制参数的数量，一般来说不要超过 5 个，当参数过多时，应该考虑将参数定义为一个结构体，并且将结构体指针作为参数。

（9）函数传递的参数中结构体使用指针，可以减少参数本身处理的开销，减少堆栈的占用量。

（10）函数不要过长，一般定为 200 行以内（除去注释、空行、变量定义、调试开关等）。

8. 指针和数组

对指针与数组的编写进行规范能使代码清晰易读，避免访问无效的内存地址，防止编译器访问内存异常，具体规范如下。

（1）除了指向同一数组的指针外，不能用指针进行数学运算。

（2）指针在使用前一定要赋值，避免产生野指针。

（3）由于指针变量不能自动被初始化为 NULL，因此分配内存后要立刻判断指针是否为 NULL，如果间接访问一个 NULL 指针，其结果会因编译器而异，有的会访问内存地址 0，有的会引发一个错误并终止程序。为防止指向内存的指针在内存释放后，被错误地重新使用，指针指向的内存被释放后，该指针要立刻赋值为NULL。

注：NULL作为特殊的指针变量，表示不指向任何东西。

（4）局部变量是在栈中分配的，函数返回后占用的内存会释放，继续使用该内存是危险的，因此不要返回局部变量的地址。

（5）字符数组的定义和初始化要考虑'\0'。

9. 结构与联合

对于所有结构与联合的类型，其内部的所有成员必须完整地指定。结构体的成员必须有名字，必须通过该名字进行结构体成员的访问。在保证可读性的前提下，合理排列结构中成员的顺序（按照由小到大的顺序排列），可以提高内存利用率。

10. 预处理指令

在文件中的#include 语句之前，只能是其他预处理指令或注释，#include 指令中的头文件名字里不能出现非标准字符。为禁止头文件的重复包含，通常是为每个文件配置一个宏，当头文件第一次被包含时就定义这个宏，并在头文件被再次包含时使用它，以排除文件内容。禁止在宏定义中出现extern、static 和const 这样的关键字，这可能导致非预期的行为，或是非常难懂的代码。宏不能用于定义语句或部分语句（除了do...while结构），宏也不能重定义语言的语法。调试代码不需要提交给客户，应该用宏封起来并放在调试开关内，避免与Release代码混在一起（定义调试开关的位置需要注意）。

注意：定义调试开关的位置应该是相关的头文件（影响到多个 C 文件）里或者 C 文件（影响到一个C文件）的前部。

本 章 小 结

本章主要介绍了嵌入式C程序设计基础与嵌入式C语言编码规范。以C51语言为例，详细讲述了：

（1）结构，C51属于结构化程序设计语言，同样有顺序、选择、循环3种结构。

（2）语句，C51基本语句有赋值、函数调用语句、复合语句和空语句；流程控制语句有if语句、switch语句、while语句、do...while语句以及for语句；辅助控制语句有break语句与continue语句。

C51扩展关键字：_at_、bdata、bit、code、data、idata、interrupt、pdata、reentrant、sbit、sfr、sfr16、using、volatile、xdata。

C51数据类型、长度和数值范围见表4-5。

表 4-5　C51 数据类型、长度和数值范围

数据类型	表示方法	长度/B	数值范围
无符号字符型	unsigned char	1	0～255
有符号字符型	signed char	1	-128～127
无符号整型	unsigned int	2	0～65535
有符号整型	signed int	2	-32768～32767
无符号长整型	unsigned long	4	0～4294967295
有符号长整型	signed long	4	-2147483648～2147483647
浮点型	float	4	±1.1755E-38～±3.40E+38
特殊功能寄存器型	sfr, sfr16	1, 2	0～255，0～65535
位类型	bit, sbit	1	0～1

C51 存储区与存储空间的对应范围见表 4-6。

表 4-6　C51 存储区与存储空间的对应范围

关键字	对应的存储空间及范围
code	ROM 空间，64KB 全空间
data	片内 RAM，直接寻址，低 128 单元
bdata	片内 RAM，位寻址区，0x20～0x2F，可字节访问
idata	片内 RAM，间接寻址，256B，与@Ri 相对应
pdata	片外 RAM，间接寻址，64KB，与 MOVX @Ri 相对应
xdata	片外 RAM，64KB 全空间
bit	片内 RAM，位寻址区，0x00～0x7F，128 位

另外，通过 C51 程序设计实例讲述了应用 8051 内部定时器、中断、串行口，以及外部扩展 I/O 端口、A/D 转换功能的方法。

习　　题

4-1　C51 有哪几种编译模式？每种编译模式的特点如何？

4-2　简述 C51 的数据存储类型。

4-3　C51 中的中断函数和一般的函数有什么不同？

4-4　如何消除键盘的抖动？

4-5　编程求一元二次方程的根。

4-6　编程计算自然数 1 到 100 的累加和。

4-7　已知在内部 RAM 中有以 array 为首单元的数据区，依次存放单字节数组长度及数组内容，求这组数据的和，并将和紧接数据区存放。请编写程序。

4-8　五个双字节数，存放在外部 RAM 以 array 为首的单元中，求它们的和，并把和存放在 SUM 开始的单元中。请编程实现。

4-9　用软件产生 100μs 定时，在 P1.0 输出周期为 200μs 的连续方波。已知晶体频率 f_{osc}=6MHz。

第 5 章　ARM 体系结构与指令集简介

教学目的：

通过对本章的学习，了解 ARM 处理器的种类，理解并掌握 ARM 处理器的工作模式、寄存器结构、异常处理的概念，理解 Cortex-M3 处理器的结构和特点，了解 ARM 指令系统的寻址方式。

5.1　ARM 处理器

5.1.1　ARM 处理器简介

在高性能的 32 位嵌入式 SoC 设计中，几乎都是以 ARM 作为处理器核。ARM 核已是现在嵌入式 SoC 系统芯片的核心，也是现代嵌入式系统发展的方向。

ARM 既是一个公司的名字，也是对微处理器的通称，还是一种技术的名字。ARM 处理器是一个 32 位元精简指令集（RISC）处理器架构，被越来越多地应用在嵌入式系统设计中。

ARM 公司 1991 年成立于英国剑桥，是专门从事基于 RISC 技术芯片设计开发的公司，主要出售芯片设计技术的授权，作为知识产权供应商，本身不直接从事芯片生产，靠转让设计许可由合作公司生产各具特色的芯片，半导体生产商从 ARM 公司购买其设计的 ARM 微处理器核，根据各自不同的应用领域，加入适当的外围电路，从而形成自己的 ARM 微处理器芯片以进入市场。目前，全世界有几十家大的半导体公司都使用 ARM 公司的授权，使得 ARM 技术获得了更多的第三方工具、软件的支持，又使整个系统成本降低，让产品更容易进入市场，更具有竞争力。

ARM 内核的微处理器之所以能够在 32 位微处理器市场上占有较大的市场份额，主要是由于采用 ARM 内核的处理器具有功耗小、成本低、功能强的特点，非常适合作为嵌入式微处理器使用。当前，ARM 嵌入式芯片的出货量每年都较上一年增长 20 亿片以上。各 IT 巨头，包括 TI 公司、NEC 公司、SHARP 公司以及 STM 公司等都获得了 ARM 公司的授权，各授权合作公司根据自身对嵌入式芯片的设计能力、产品领域特点等因素对嵌入式芯片进行功能、资源性的裁剪，以满足嵌入式市场的需求。基于 ARM 嵌入式系统的低成本和高性能的解决方案，各授权合作公司设计出多种多样的处理器芯片、微控制器以及嵌入式单片系统。目前，ARM 微处理器已经深入工业控制、无线通信、网络应用、消费类电子产品、成像和安全产品各个领域。

5.1.2 典型 ARM 系列处理器

由于 ARM 公司成功的商业模式，ARM 在嵌入式市场上取得了巨大的成功。基于 ARM 技术的微处理器系统占据了 32 位 RISC 微处理器 75%以上的市场份额。ARM 微处理器体系结构的发展经历了 V1 到 V6 的变迁，在 V6 后，ARM 的体系结构采用了新的分类。ARM 公司于 2004 年开始推出基于 ARMv7 架构的 Cortex 系列内核，该内核又可细分为三大系列：A、M、R。目前嵌入式行业主流的 ARM 微处理器包括 ARM7、ARM9、Xscale、Cortex 等几个系列。

1．ARM7 系列

该系列微处理器内核采用冯•诺依曼体系结构，内部具有 3 级流水线，使用的指令集版本号是 ARMv4。ARM7TDMI 是 ARM 公司最早被业界普遍认可且得到了最为广泛应用的处理器核，特别是在手机和 PDA 中，随着 ARM 技术的发展，它已是目前最低端的 ARM 核。ARM7 系列后缀中字母含义如下。

T：“Thumb”16 位压缩指令集。

D：支持片上 Debug（调试），使处理器能够停止以响应调试请求。

M：增强型 Multiplier，与前代相比具有较高的性能且产生 64 位的结果。

I：“EmbeddedICE”支持片上断点和观察点。

ARM7 系列微处理器包括 ARM7TDMI、ARM7TDMI-S、ARM720T 及 ARM7EJ-S。其中，ARM7TDMI 内核应用较为广泛，它属于低端处理器内核。ARM7TDMI 内核支持 64 位结果的乘法，半字、有符号字节存取；32 位 ARM 的寻址空间总共 4GB；它包含了 EmbeddedICE 模块以支持嵌入式系统调试。调试硬件由 JTAG 测试访问端口访问，JTAG 控制逻辑被认为是处理器核的一部分。典型产品如三星公司的 S3C44b0 系列。该系列主要用于对成本和功耗要求比较苛刻的消费类电子产品。

2．ARM9 系列

该系列微处理器的内核采用哈佛体系结构，将数据总线与指令总线分开，从而提高了对指令和数据访问的并行性，提高了 CPU 的工作效率。ARM9TDMI 将流水线的级数从 ARM7TDMI 的 3 级增加到 5 级，并使用指令总线与数据总线的分开哈佛体系结构。ARM9TDMI 的性能在相同工艺条件下接近 ARM7TDMI 的两倍。

ARM9 系列微处理器包含 ARM920T、ARM922T 和 ARM940T 几种类型，可以在高性能和低功耗特性方面提供最佳的性能。采用 5 级整数流水线，指令执行效率更高。提供 1.1MIPS/MHz 的哈佛体系结构。支持数据 Cache 和指令 Cache，具有更高的指令和数据处理能力。支持 32 位 ARM 指令集和 16 位 Thumb 指令集。支持 32 位的高速 AMBA 总线接口。全性能的 MMU，支持 Windows Embedded Compact、Linux、Palm OS 等多种主流嵌入式操作系统。MPU 支持实时操作系统。

ARM920T 处理器核在 ARM9TDMI 处理器内核基础上增加了分离式的指令 Cache 和数据 Cache，并带有相应的存储器管理单元 I-MMU 和 D-MMU、写缓冲器及 AMBA

接口等。

ARM9 系列微处理器主要应用于无线通信设备、仪器仪表、安全系统、机顶盒、高端打印机、数字照相机和数字摄像机等。典型产品如三星公司的 S3C2410A。

3. Xscale 系列

该系列微处理器是目前 Intel 公司主要推广的一类 ARM 嵌入式处理器。Intel XScale 微体系结构提供了一种全新的、高性价比、低功耗且基于 ARMv5TE 体系结构的解决方案，支持 16 位 Thumb 指令和 DSP 扩充。基于 XScale 技术开发的微处理器，可用于手机、PDA、网络存储设备、主干网（backbone network）路由器等。

Intel XScale 处理器的数据 Cache 的容量从 8KB 增加到 32KB，指令 Cache 的容量从 16KB 增加到 32KB，微小数据 Cache 的容量从 512B 增加到 2KB；为了提高指令的执行速度，超级流水线结构由 5 级增至 7 级；新增乘/加法器 MAC 和特定的 DSP 型协处理器，以提高对多媒体技术的支持；动态电源管理，使 XScale 处理器的时钟可达 1GHz、功耗 1.6W，并能达到 1200MIPS。

XScale 微处理器架构经过专门设计，核心采用了 Intel 先进的 0.18μm 工艺技术制造，具备低功耗特性，适用范围为 0.1mW～1.6W。同时，它的时钟工作频率将接近 1GHz。超低功率与高性能的组合使 Intel XScale 适用于广泛的互联网接入设备，在因特网的各个环节中，从手持互联网设备到互联网基础设施产品，Intel XScale 都表现出了令人满意的处理性能。Intel 采用 XScale 架构的嵌入式处理器典型产品有 PXA25x、PXA26x 和 PXA27x 系列。

4. Cortex 系列

随着测控领域对嵌入式系统的要求越来越高，作为其核心的嵌入式微处理器的综合性能也受到日益严峻的考验，最典型的例子就是伴随 3G 网络的推广，对手机的本地处理能力要求很高，现在一个高端的智能手机的处理能力几乎可以和几年前的笔记本电脑相当。为了迎合市场的需求，ARM 公司也在加紧研发最新的 ARM 架构，Cortex 系列就是这样的产品。在 Cortex 之前，ARM 核都是以 ARM 为前缀命名的，从 ARM1 一直到 ARM11，之后就是 Cortex 系列了。Cortex 在英语中有大脑皮层的意思，而大脑皮层正是人脑最核心的部分，估计 ARM 公司如此命名正有此含义吧。

该系列微处理器的内核采用哈佛体系结构，使用的指令集版本号是 ARMv7，是目前使用的 ARM 嵌入式处理器中指令集版本最高的一个系列。该架构采用了 Thumb-2 技术。Thumb-2 技术比纯 32 位代码少使用 31%的内存，减少了系统开销，同时能够提供比已有的基于 Thumb 技术的解决方案高出 38%的性能。ARMv7 架构还采用了 NEON 技术，将 DSP 和媒体处理能力提高了近 4 倍，并支持改良的浮点运算，满足下一代 3D 图形、游戏应用以及传统嵌入式控制应用的需求。此外，ARMv7 还支持改良的运行环境，以迎合不断增加的即时和动态自适应编译技术的使用。另外，ARMv7 架构与早期的 ARM 处理器软件也有很好的兼容性。

ARMv7 架构定义了分工明确的三大系列：Cortex-A 系列是针对日益增长的，运行包括 Linux、Windows、CE 和 Symbian 操作系统在内的消费娱乐和无线产品设计的。ARM Cortex-R 系列针对的是需要运行实时操作系统来进行控制应用的系统，包括汽车电子、网络和影像系统；ARM Cortex-M 系列则面向微控制器领域，为那些对开发费用非常敏感同时对性能要求不断增加的嵌入式应用所设计的。由于应用领域不同，基于 v7 架构的 Cortex 处理器系列所采用的技术也不相同。可见随着在不同领域应用需求的增加，微处理器市场也在趋于多样化。

5.1.3　ARM 微处理器特点

采用 RISC 架构的 ARM 微处理器一般具有如下特点。

（1）支持 Thumb（16 位）/ARM（32 位）双指令集，能很好地兼容 8 位/16 位器件。Thumb 指令集比通常的 8 位和 16 位 CISC/RISC 处理器具有更好的代码密度。

（2）指令执行采用 3 级流水线/5 级流水线技术。

（3）带有指令 Cache 和数据 Cache，大量使用寄存器，指令执行速度更快。大多数数据操作都在寄存器中完成。寻址方式灵活简单，执行效率高。指令长度固定（在 ARM 状态下是 32 位，在 Thumb 状态下是 16 位）。

（4）支持大端格式和小端格式两种方法存储字数据。

（5）支持 Byte（字节，8 位）、Halfword（半字，16 位）和 Word（字，32 位）三种数据类型。

（6）支持用户、快中断、中断、管理、中止、系统和未定义等 7 种处理器模式，除了用户模式外，其余的均为特权模式。

（7）处理器芯片上都嵌入了在线仿真 ICE-RT（in circuit emulator-real time）逻辑，便于通过 JTAG 来仿真调试 ARM 体系结构芯片，可以避免使用昂贵的在线仿真器。另外，在处理器核中还可以嵌入跟踪宏单元 ETM（embedded trace macrocell），用于监控内部总线，实时跟踪指令和数据的执行。

（8）具有片上总线先进微控制器总线结构（advanced micro-controller bus architecture，AMBA）。通过 AMBA 可以方便地扩充各种处理器及 I/O，可以把 DSP、其他处理器和 I/O（UART、定时器和接口等）都集成在一块芯片中。

5.2　ARM 处理器体系结构

ARM 架构是构建每个 ARM 处理器的基础。ARM 架构随着时间的推移不断发展，其中包含的架构功能可满足不断增长的新功能、高性能需求及新兴市场的需要。有关最新公布的版本信息请参阅 ARM 公司官网。

5.2.1 嵌入式微处理器体系结构

1. 精简指令集计算机

早期的计算机采用复杂指令集计算机（complex instruction set computer，CISC）体系，如 Intel 公司的 S86 系列 CPU。在 CISC 指令集的各种指令中，大约有 20%的指令会被反复使用，占整个程序代码的 80%。而余下 80%的指令却不经常使用，在程序设计中只占 20%。在 CISC 中有许多复杂的指令，通过增强指令系统的功能，虽然简化了软件，但却增加了硬件的复杂程度。在 VLSI 制造工艺中，要求 CPU 控制逻辑具有规整性，而 CISI 为了实现大量复杂的指令，控制逻辑极不规整，给 VLSI 工艺造成很大困难。

精简指令集计算机（reduced instruction set computer，RISC）体系结构优先选取使用频率最高的简单指令，避免复杂指令，将指令长度固定，指令格式和寻址方式种类减少，以控制逻辑为主，不用或少用微码控制等。RISC 已经成为当前计算机发展不可逆转的趋势。

RISC 是在 CISC 的基础上产生并发展起来的，RISC 通过简化指令系统使计算机的结构更加简单合理，运算效率更高。RISC 体系结构应具有如下特点：

（1）采用固定长度的指令格式，指令归整、简单，基本寻址方式有 2～3 种。

（2）使用单周期指令，便于流水线操作执行。

（3）大量使用寄存器，数据处理指令只对寄存器进行操作，只有加载/存储指令可以访问存储器，以提高指令的执行效率。

除此以外，ARM 体系结构还采用了一些特别的技术，在保证高性能的前提下尽量减小芯片的面积，并降低功耗。

（4）所有的指令都可根据前面的执行结果决定是否被执行，从而提高指令的执行效率。

（5）可用加载/存储指令批量传输数据，以提高数据的传输效率。

（6）可在一条数据处理指令中同时完成逻辑处理和移位处理。

（7）在循环处理中使用地址的自动增减来提高运行效率。

ARM 经典处理器包括 ARM11、ARM9 和 ARM7TM。这些处理器在全球范围内仍被广泛授权，并广泛应用在众多领域。Classic ARM 处理器的推出时间已超过 15 年，ARM7TDMI 仍是市场上应用较广的 32 位处理器。随着新的 ARM 处理器架构的不断出现，相应的基于各种 ARM 内核的微控制器芯片也在不断推出，各种配套的开发平台和软件也层出不穷，此类范围广泛的处理器在目前市场上销售的所有电子产品中仍处于核心地位。

2. 哈佛体系结构

在 ARM7 以前处理器采用的是冯·诺依曼结构，从 ARM9 以后的处理器多采用哈佛结构。哈佛体系结构的主要特点是将程序和数据存储在不同的存储空间中，即程序存储器和数据存储器是两个相互独立的存储器，每个存储器独立编址、独立访问。系统中

具有程序的数据总线与地址总线，以及数据的数据总线与地址总线。这种分离的程序总线和数据总线可允许在一个机器周期内同时获取指令字（来自程序存储器）和操作数（来自数据存储器），从而提高了执行速度及数据的吞吐率。又由于程序和数据存储器在两个分开的物理空间中，因此取指和执行能完全重叠，具有较高的执行效率。

3. 流水线技术

流水线技术应用于计算机系统结构的各个方面，其基本思想是将一个重复的时序分解成若干个子过程，而每个子过程都可以有效地在其专用功能段上与其他子过程同时执行。

指令流水线就是将一条指令分解成一连串执行的子过程。例如，把指令的执行过程细分为取指令、指令译码和执行 3 个过程。在 CPU 中，把一条指令的串行执行子过程变为若干条指令的子过程在 CPU 中重叠执行。ARM7 的三级流水线和 ARM9 的五级流水线示意图见图 5-1 和图 5-2。

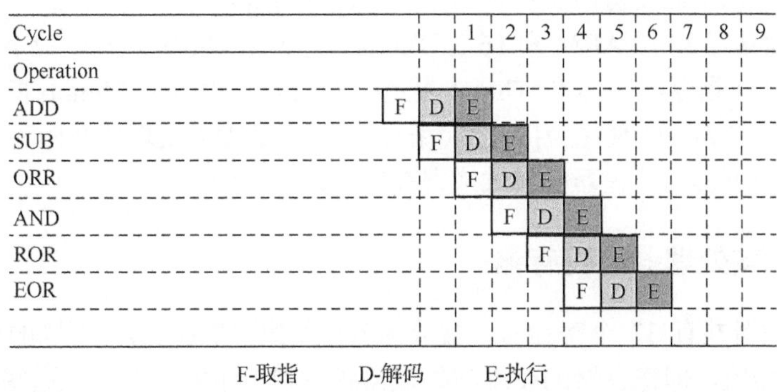

图 5-1　ARM7 三级流水线示意图

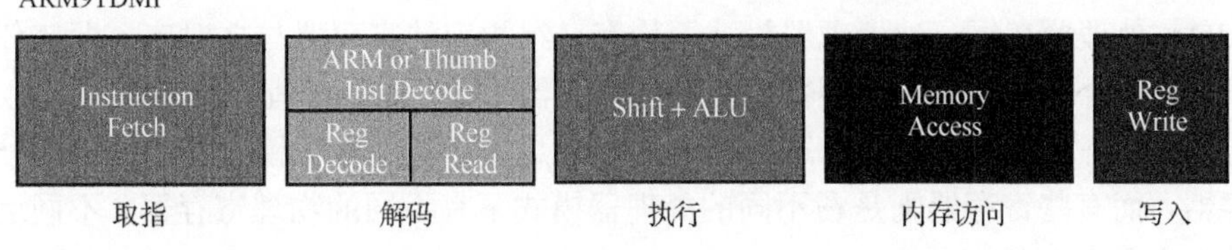

图 5-2　ARM9 五级流水线示意图

5.2.2　ARM 微处理器工作模式及状态

ARM 体系结构支持 7 种处理器模式，即用户模式、快速中断模式、中断模式、管理模式、中止模式、系统模式和未定义模式，具体见表 5-1。

表 5-1　处理器模式及用途

处理器模式	用途
用户模式（USR）	ARM 处理器正常程序执行模式

续表

处理器模式	用途
快速中断模式（FIQ）	用于高速数据传输或通道处理
中断模式（IRQ）	用于一般通用的中断处理
管理模式（SVC）	操作系统使用的保护模式
中止模式（ABT）	当数据或指令预取终止时进入该模式
系统模式（SYS）	运行具有特权的操作系统任务
未定义模式（UND）	当未定义的指令执行时进入该模式

ARM 微处理器的运行模式可以通过软件改变，也可以通过外部中断或异常处理改变。大多数的应用程序运行在用户模式下。当处理器运行在用户模式下时，某些被保护的系统资源是不能被访问的。

除用户模式以外，其余 6 种模式称为非用户模式，或特权模式（privileged modes）。其中除去用户模式和系统模式以外的 5 种又称为异常模式（exception modes），常用于处理中断或异常，以及需要访问受保护的系统资源等情况。

ARM 处理器有 32 位 ARM 和 16 位 Thumb 两种工作状态。在 32 位 ARM 状态下执行字对齐的 ARM 指令，在 16 位 Thumb 状态下执行半字对齐的 Thumb 指令。在 Thumb 状态下，程序计数器 PC 使用位[1]选择另一个半字。ARM 处理器在两种工作状态之间可以切换，切换不影响处理器的模式或寄存器的内容。

5.2.3 ARM 微处理器的寄存器

ARM 处理器共有 37 个寄存器，被分为若干个组（BANK），不同的处理器模式使用不同的寄存器组，即寄存器的使用与处理器状态和工作模式有关。这些寄存器包括：31 个通用寄存器，包括程序计数器 PC，均为 32 位的寄存器；6 个程序状态寄存器，用以标识 CPU 的工作状态及程序的运行状态，均为 32 位，目前只使用了其中的一部分。

ARM 处理器在每一种处理器模式下均有一组相应的寄存器与之对应。即在任意一种处理器模式下，可访问的寄存器包括通用寄存器（R0～R14）、程序计数器（R15）、1～2 个程序状态寄存器。在所有的寄存器中，有些是在 7 种处理器模式下共用的同一个物理寄存器，而有些寄存器则是在不同的处理器模式下有不同的物理寄存器，不同运行模式下的寄存器分配见图 5-3。

1. 通用寄存器

通用寄存器（R0～R15）可分成不分组寄存器 R0～R7、分组寄存器 R8～R14 和程序计数器 R15（PC）三类。

（1）不分组寄存器 R0～R7。不分组寄存器 R0～R7 是真正的通用寄存器，可以工作在所有的处理器模式下，没有隐含的特殊用途。

（2）分组寄存器 R8～R14。分组寄存器 R8～R14 取决于当前的处理器模式，每种模式有专用的分组寄存器用于快速异常处理。

模式						
	特权模式					
		异常模式				
用户	系统	管理	中止	未定义	中断	快中断
R0	R0	R0	R0	R0	R0	R0
R1	R1	R1	R1	R1	R1	R1
R2	R2	R2	R2	R2	R2	R2
R3	R3	R3	R3	R3	R3	R3
R4	R4	R4	R4	R4	R4	R4
R5	R5	R5	R5	R5	R5	R5
R6	R6	R6	R6	R6	R6	R6
R7	R7	R7	R7	R7	R7	R7
R8	R8	R8	R8	R8	R8	R8_fiq
R9	R9	R9	R9	R9	R9	R9_fiq
R10	R10	R10	R10	R10	R10	R10_fiq
R11	R11	R11	R11	R11	R11	R11_fiq
R12	R12	R12	R12	R12	R12	R12_fiq
R13	R13	R13_svc	R13_abt	R13_und	R13_irq	R13_fiq
R14	R14	R14_svc	R14_abt	R14_und	R14_irq	R14_fiq
PC	PC	PC	PC	PC	PC	PC
CPSR	CPSR	CPSR	CPSR	CPSR	CPSR	CPSR
		SPSR_svc	SPSR_abt	SPSR_und	SPSR_irq	SPSR_fiq

图 5-3　ARM 状态下不同运行模式寄存器分配

寄存器 R8～R12 是除快速中断模式外，其他模式公用的寄存器，也就是说快速中断模式有自己专用的 5 个寄存器。这样在进入快速中断模式时，就不用把这 5 个寄存器压入堆栈中保存，从而提高了中断响应的速度。寄存器 R8～R12 没有任何指定的特殊用途。

寄存器 R13～R14 可分为 6 个分组的物理寄存器，1 组用于用户模式和系统模式，而其他 5 组分别用于 svc、abt、und、irq 和 fiq 5 种异常模式。访问时需要指定它们的模式，如 R13_＜mode＞，R14_＜mode＞。其中＜mode＞可以从 usr、svc、abt、und、irq 和 fiq 六种模式中选取。

寄存器 R13 通常用作堆栈指针，称作 SP。每种异常模式都有自己的分组 R13。通常 R13 应当被初始化成指向异常模式分配的堆栈。在入口处，异常处理程序将用到的其他寄存器的值保存到堆栈中；返回时，重新将这些值加载到寄存器。这种异常处理方法保证了异常出现后不会导致执行程序的状态不可靠。

寄存器 R14 用作子程序链接寄存器，也称为链接寄存器（link register，LR）。当执行带链接分支（BL）指令时，得到 R15 的备份。在其他情况下，将 R14 当作通用寄存器。类似地，当中断或异常出现时，或当中断或异常程序执行 BL 指令时，相应的分组寄存器 R14_svc、R14_irq、R14_fiq、R14_abt 和 R14_und 用来保存 R15 的返回值。

（3）寄存器 R15 用作程序计数器。在 ARM 状态，位[1:0]为 0，位[31:2]保存 PC。在 Thumb 状态，位[0]为 0，位[31:1]保存 PC。R15 虽然也可用作通用寄存器，但一般不

这么使用，因为对 R15 的使用有一些特殊的限制，当违反了这些限制时，程序的执行结果是未知的。

2. 程序状态寄存器

寄存器 R16 用作当前程序状态寄存器（current program status register，CPSR）。在所有处理器模式下都可以访问 CPSR。CPSR 包含条件码标志、中断禁止位、当前处理器模式，以及其他状态和控制信息。每种异常模式都有一个程序状态保存寄存器（saved program status register，SPSR）。当异常出现时 SPSR 用于保留 CPSR 的状态。

CPSR 和 SPSR 的格式如下：

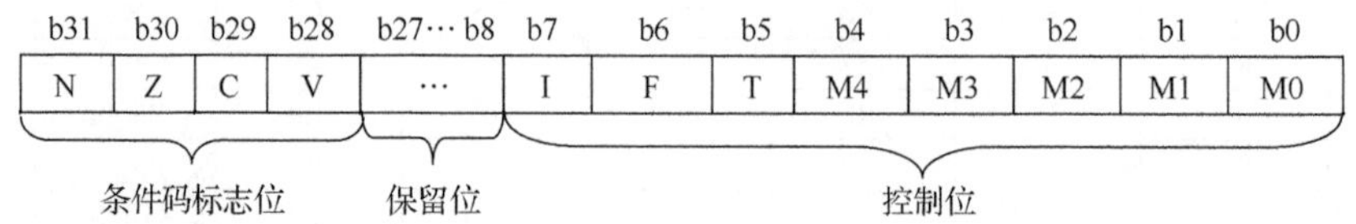

1）条件码标志位

N（negative）、Z（zero）、C（carry）、V（overflow）均为条件码标志位（condition code flags），它们的内容可被算术或逻辑运算的结果所改变，并且可以决定某条指令是否被执行。CPSR 中的条件码标志可由大多数指令检测以决定指令是否执行。在 ARM 状态下，绝大多数的指令都是有条件执行的。在 Thumb 状态下，仅有分支指令是有条件执行的。通常条件码标志通过执行比较指令（CMN、CMP、TEQ、TST）、一些算术运算、逻辑运算和传送指令进行修改。条件码标志的一般含义如下。

N：如果结果是带符号二进制补码，那么若结果为负数，则 N=1，若结果为正数或 0，则 N＝0。

Z：若指令的结果为 0，则置 1（通常表示比较的结果为“相等”），否则置 0。

C：对于加法运算（包括比较指令 CMN），若加法产生进位（即无符号溢出），则 C 置 1，否则置 0。对于减法（包括比较指令 CMP），若减法产生借位（即无符号溢出），则 C 置 0，否则置 1。对于结合移位操作的非加法/减法指令，C 置为移出值的最后 1 位。对于其他非加法/减法指令，C 通常不改变。

V：可用如下两种方法设置，即对于加法或减法指令，当发生带符号溢出时，V 置 1，认为操作数和结果是补码形式的带符号整数，对于非加法/减法指令，V 通常不改变。

2）控制位

程序状态寄存器（program status register，PSR）的最低 8 位 I、F、T 和 M[4:0]用作控制位。当异常出现时改变控制位。处理器在特权模式下时也可由软件改变。

（1）中断禁止位。

I：置 1，则禁止 IRQ 中断。

F：置 1，则禁止 FIQ 中断。

（2）T 位。

T=0　指示 ARM 执行。

T=1　指示 Thumb 执行。

（3）模式控制位。

M4、M3、M2、Ml 和 M0（M[4:0]）是模式位，决定处理器的工作模式，见表 5-2。

表 5-2　运行模式选择表

模式选择位（M4～M0）	处理器工作模式	模式选择位（M4～M0）	处理器工作模式
10000	用户模式	10111	中止模式
10001	快速中断模式	11011	未定义模式
10010	普通中断模式	11111	系统模式
10011	管理模式	—	—

并非所有的模式位组合都能定义一种有效的处理器模式。表 5-2 中只列出了已开发的模式，其他组合的结果不可预知。

3）保留位

程序状态寄存器的其他位保留，用作以后的扩展。

5.2.4　ARM 微处理器的异常处理

在一个正常的程序流程执行过程中，由内部或外部源产生的一个事件使正常的程序产生暂时的停止，称为异常。异常由内部或外部源产生并引起处理器处理一个事件，例如一个外部的中断请求。在处理异常之前，当前处理器的状态必须保留，当异常处理完成之后，恢复保留的当前处理器状态，继续执行当前程序。多个异常同时发生时，处理器将会按固定的优先级进行处理。

ARM 体系结构中的异常与单片机的中断有相似之处，但异常与中断的概念并不完全等同，例如外部中断或试图执行未定义指令都会引起异常。中断是一种特殊的异常，对处理器来说，是异步事件，例如外部中断。除中断外还有与处理器同步的事件，通常来自确定的内部错误，也会打断程序的正常执行，例如，指令执行了除 0 这样的非法操作，或者访问被禁的内存区间，或者因各种错误产生的 fault，这些情况都被称为异常。特别地，程序代码也可以主动请求进入异常状态，这种情况常用于系统调用。

ARM 体系结构支持 7 种类型的异常。异常类型、异常处理模式和优先级见表 5-3。异常出现后，强制从异常类型对应的固定存储器地址开始执行程序。这些固定的地址称为异常向量（exception vectors）。

表 5-3　ARM 异常类型和异常处理模式

异常类型	异常向量	优先级	进入模式
复位异常	0x00000000	1	管理模式
数据中止异常	0x00000010	2	中止模式
快速中断异常	0x0000001C	3	快速中断模式
外部中断异常	0x00000018	4	普通中断模式
指令预取中止异常	0x0000000C	5	中止模式
软件中断异常	0x00000008	6	管理模式
未定义指令异常	0x00000004	7	未定义模式

（1）复位（reset）异常。

当处理器的复位电平有效时，产生复位异常，ARM 处理器立刻停止执行当前指令。复位后，ARM 处理器在禁止中断的管理模式下，程序跳转到复位异常处理程序处执行（从地址 0x00000000 或 0xFFFF0000 开始执行指令）。

（2）数据中止异常（data abort）。

若处理器数据访问指令的地址不存在，或该地址不允许当前指令访问时，产生数据中止异常。存储器系统发出存储器中止信号。响应数据访问（加载或存储）激活中止，标记数据为无效。在后面的任何指令或异常改变 CPU 状态之前，数据中止异常发生。

（3）快速中断（fast interrupt request，FIQ）异常。

当处理器的快速中断请求引脚有效，且 CPSR 中的 F 位为 0 时，产生 FIQ 异常。FIQ 支持数据传送和通道处理，并有足够的私有寄存器。

（4）外部中断（interrupt request，IRQ）异常。

当处理器的外部中断请求引脚有效，且 CPSR 中的 I 位为 0 时，产生 IRQ 异常。系统的外设可通过该异常请求中断服务。IRQ 异常的优先级比 FIQ 异常的低。当进入 FIQ 处理时，会屏蔽 IRQ 异常。

（5）指令预取中止异常（prefetch abort）。

若处理器预取指令的地址不存在，或该地址不允许当前指令访问，存储器会向处理器发出存储器中止（abort）信号，但当预取的指令被执行时，才会产生指令预取中止异常。

（6）软件中断（software interrupt，SWI）异常。

软件中断异常由执行 SWI 指令产生，可使用该异常机制实现系统功能调用，用于用户模式下的程序调用特权操作指令，以请求特定的管理（操作系统）函数。

（7）未定义指令（undefined instruction）异常。

当 ARM 处理器或协处理器遇到不能处理的指令时，产生未定义指令异常。当 ARM 处理器执行协处理器指令时，它必须等待任一外部协处理器应答后，才能真正执行这条指令。若协处理器没有响应，就会出现未定义指令异常。若试图执行未定义的指令，也会出现未定义指令异常。未定义指令异常可用于在没有物理协处理器（硬件）的系统上，对协处理器进行软件仿真，或在软件仿真时进行指令扩展。

当一个异常出现以后，ARM 微处理器会执行以下几步操作以实现对异常的响应：

（1）将下一条指令的地址存入相应连接寄存器，以便程序在处理异常返回时能从正确的位置重新开始执行。若异常是从 ARM 状态进入，LR 中保存的是下一条指令的地址（当前 PC+4 或 PC+8，与异常的类型有关）；若异常是从 Thumb 状态进入，则在 LR 中保存当前 PC 的偏移量。

（2）将 CPSR 状态传送到相应的 SPSR 中。

（3）根据异常类型，强制设置 CPSR 的运行模式位。

（4）强制 PC 从相关的异常向量地址取下一条指令执行，跳转到相应的异常处理程序。还可以设置中断禁止位，以禁止中断发生。

如果异常发生时，处理器处于 Thumb 状态，则当异常向量地址加载入 PC 时，处理器自动切换到 ARM 状态。

异常处理完毕之后，ARM 微处理器会执行以下几步操作，从异常返回：

（1）将连接寄存器 LR 的值减去相应的偏移量后送到 PC 中。

（2）将 SPSR 内容送回 CPSR 中。

（3）若在进入异常处理时设置了中断禁止位，要在此清除。

可以认为应用程序总是从复位异常处理程序开始执行，因此复位异常处理程序不需要返回。

5.2.5 ARM 支持的数据类型和存储模式

1. ARM 支持的数据类型

32 位的 ARM 微处理器对数据的访问较 8 位的单片机更为灵活，因为数据在存储器中不仅可以以字节为单位进行存储，还可以以半字和字为单位进行存储。

（1）字：在 ARM 体系中，数据是以字为单位保存在存储器中的，每个字的长度是 32 位，占 4 个字节的存储单元，而在 8/16 位处理器中字长一般是 16 位。

（2）半字：在 ARM 体系中，半字的长度是 16 位，占 2 个字节的存储单元。

（3）字节：在 ARM 体系中，每个字节的长度是 8 位，占一个存储单元，这与 8/16 位处理器中字节的长度是一样的。

2. ARM 支持的存储模式

大多数计算机使用 8 位的数据块作为最小的可寻址的存储器单位，称为一个字节。存储器的每一个字节都用一个唯一的地址（address）来标识。所有可能地址的集合称为存储器空间。

对于一个多字节类型的数据，在存储器中有两种数据存放方法。一种是低字节数据存放在内存低地址处，高字节数据存放在内存高地址处，称为小端存储模式；另一种是高字节数据存放在低地址处，低字节数据存放在高地址处，称为大端存储模式。两种存储模式见表 5-4。

表 5-4 存储模式示例

地址	数据（大端存储模式）	数据（小端存储模式）
0x60000000	0x89	0x23
0x60000001	0x67	0x45
0x60000002	0x45	0x67
0x60000003	0x23	0x89

ARM 微处理器既可以采用小端存储模式，也可以采用大端存储模式，可以通过上电启动时确定的字节存储顺序来选择存储模式。

5.3 ARM Cortex-M3 处理器

5.3.1 ARM Cortex-M3 组成结构

ARM Cortex-M3 是一款采用 ARMv7 体系架构的 32 位 RISC 处理器，主要由 ARM Cortex-M3 内核和调试系统两大部分组成，其结构框图见图 5-4。

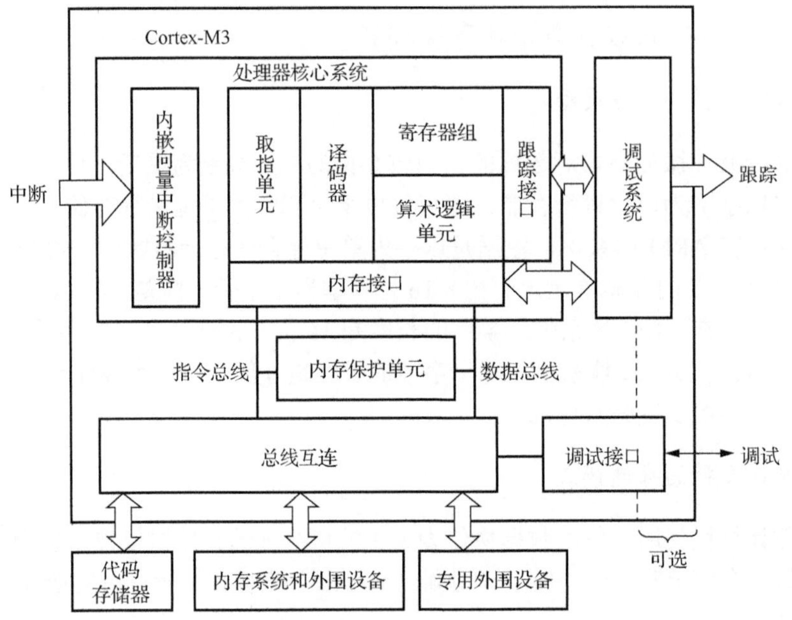

图 5-4 ARM Cortex-M3 内部结构

APM Cortex-M3 采用了哈佛体系结构，拥有独立的指令总线和数据总线，可以让取指与数据访问并行不悖。这样一来数据访问不再占用指令总线，从而提升了性能。为实现这个特性，APM Cortex-M3 内部含有好几条总线接口，每条都为自己的应用场合优化过，并且它们可以并行工作。但是另一方面，指令总线和数据总线共享同一个存储器空间（一个统一的存储器系统）。换句话说，不是因为有两条总线，可寻址空间就变成 8GB 了。比较复杂的应用可能需要更多的存储系统功能，为此 APM Cortex-M3 提供一个可选的 MPU（存储保护单元），而且在需要的情况下也可以使用外部的存储器。另外在 APM Cortex-M3 中，小端存储模式和大端存储模式都是支持的。APM Cortex-M3 内部还附带了好多调试组件，用于在硬件水平上支持调试操作，如指令断点、数据观察点等。另外，为支持更高级的调试，还有其他可选组件，包括指令跟踪和多种类型的调试接口。

嵌套向量中断控制器（nested vectored interrupt controller，NVIC）与 CPU 紧密耦合，包含了若干个系统控制寄存器。NVIC 采用向量中断机制，在中断发生时，它会自动取出对应的服务例程入口地址，并且直接调用，无须软件判定中断源，显著缩短了中断延

时。而且，NVIC 还支持中断嵌套，使得在 ARM Cortex-M3 处理器上处理嵌套中断时间非常强大。

MPU 是一个选配的单元，有些 ARM Cortex-M3 芯片可能没有配置此组件。如果有，它可以把存储器分成区域予以保护。例如，它可以让某些区域在用户级下变成只读，从而阻止一些用户程序破坏关键数据。

总线互联（总线矩阵）是 ARM Cortex-M3 处理器与总线系统的核心。它是一个 32 位的先进高性能总线（advanced high-performance bus，AHB）互联网络，用来将 ARM Cortex-M3 处理器和调试接口连接到不同类型和功能划分的外部总线，从而实现数据在不同总线上的并行传输。

5.3.2　ARM Cortex-M3 寄存器组

ARM Cortex-M3 处理器拥有 R0～R15 寄存器组。其中 R0～R12 是通用寄存器，R13 通常作为堆栈指针，寄存器 R14 用作子程序链接寄存器，也称为链接寄存器，R15 用作程序计数器。R13 作为堆栈指针有两个，但在同一时刻只能使用其中的一个，这也就是所谓的“banked”寄存器。

主堆栈指针（MSP）：复位后缺省使用的堆栈指针，用于操作系统内核以及异常处理例程（包括中断服务例程）。

进程堆栈指针（PSP）：由用户的应用程序代码使用。

除上述寄存器外，ARM Cortex-M3 还在内核水平上搭载了若干特殊功能寄存器，包括：程序状态字寄存器组（xPSRs）、中断屏蔽寄存器组（PRIMASK、FAULTMASK、BASEPRI）、控制寄存器（CONTROL）。各寄存器功能参见表 5-5。

表 5-5　特殊功能寄存器及其功能

寄存器	功能
xPSRs	记录 ALU 标志（0 标志、进位标志、负数标志、溢出标志），执行状态，以及当前正服务的中断号
PRIMASK	将其置 1 后就禁止所有可屏蔽的异常，只剩下不可屏蔽中断（non maskable interrupt，NMI）和硬 fault 可以响应
FAULTMASK	将其置 1 后，除 NMI 外禁止所有其他异常（包括硬 fault 异常）
BASEPRI	定义了被屏蔽优先级的阈值。当它被设成某个值后，所有优先级号大于等于此值的中断都被禁止
CONTROL	定义特权级别，以及决定使用哪一个堆栈指针

5.3.3　ARM Cortex-M3 操作模式和特权级别

ARM Cortex-M3 处理器支持两种处理器的操作模式，还支持两级特权操作，见图 5-5。

	特权级	用户级
异常handler的代码	处理者模式	错误的用法
主应用程序的代码	线程模式	线程模式

图 5-5　Cortex-M3 的操作模式和特权分级

1．操作模式

操作模式提供了一种用户程序和系统程序相分离的执行方式。这样，即使用户程序代码产生错误，也不会影响 RTOS 的核心，造成整个嵌入式系统的崩溃。ARM Cortex-M3 处理器支持两种操作模式：处理者模式（handler mode）和线程模式（thread mode）。引入两个模式的本意是区别普通应用程序的代码和异常服务例程的代码——包括中断服务例程的代码。

2．特权分级

特权分级提高了一种存储器关键区域访问的保护机制和一种安全模式，使得普通的用户程序代码不能意外甚至恶意地执行涉及要害的操作。

ARM Cortex-M3 处理器支持两个特权分级——特权级和用户级。这可以提供一种存储器访问的保护机制，使得普通的用户程序代码不能意外地，甚至是恶意地执行涉及要害的操作。处理器支持两种特权级，这也是一个基本的安全模型。

在特权级下，可以执行任何指令，可以访问所有范围的存储器（如果有 MPU，需要在 MPU 规定禁区之外）。特别注意，异常服务程序必须在特权级下执行。在用户级下，部分指令（例如对 xPSR 寄存器操作的 MSR 和 MRS 指令）被禁止在 ARM Cortex-M3 上执行，同时，也不能对系统控制空间中的寄存器（NVIC、SYSTICK、MPU 的寄存器）进行操作。

3．两种操作模式和两种特权级别之间的切换

ARM Cortex-M3 处理器可以在两种操作模式和两种特权级别间进行切换，见图 5-6。由图可见，异常在 ARM Cortex-M3 的操作模式和特权级别间的切换中起着非常重要的作用。

对于操作模式的切换，异常的产生将使 ARM Cortex-M3 中断用户应用程序的执行，从线程模式切换到处理者模式，执行异常服务程序。而从异常返回，将使 ARM Cortex-M3 从处理者模式切换到线程模式，继续执行被打断的用户应用程序。

从特权级别线程模式到用户级线程模式的切换，直接修改 CONTROL 寄存器的最低位 0 即可；反之，需要借助异常来实现。如果在程序执行过程中触发了一个异常，无论当前处于哪种特权级别，ARM Cortex-M3 总是切换到特权级处理者模式下执行异常服务程序，在异常服务程序执行完毕退出时返回先前的状态（也可以手工指定返回的状态）。利用 ARM Cortex-M3 的这条特性，可以实现从用户级线程模式到特权级线程模式的切换。

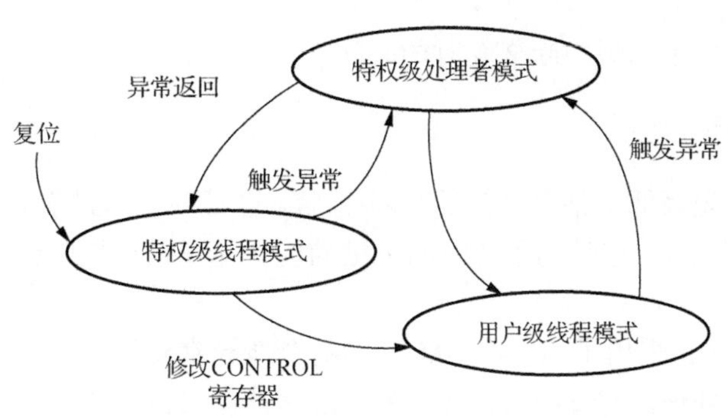

图 5-6　Cortex-M3 的操作模式和特权级别间的切换

事实上，从用户级到特权级的唯一途径就是异常：如果在程序执行过程中触发了一个异常，处理器总是先切换入特权级，并且在异常服务例程执行完毕退出时，返回先前的状态。

5.3.4　ARM Cortex-M3 的异常和中断

ARM Cortex-M3 在内核水平上搭载了一个嵌套向量中断控制器，它与内核是紧耦合的。NVIC 提供如下的功能。

1. 可嵌套中断支持

可嵌套中断支持的作用范围很广，覆盖了所有的外部中断和绝大多数系统异常。外在表现是，这些异常都可以被赋予不同的优先级。当前优先级被存储在 xPSR 的专用字段中。当一个异常发生时，硬件会自动比较该异常优先级是否比当前的异常优先级更高。如果发现来了更高优先级的异常，处理器就会中断当前的中断服务例程（或者是普通程序），而服务新来的异常，即立即抢占。

2. 向量中断支持

当开始响应一个中断后，ARM Cortex-M3 会自动定位一张向量表，并且根据中断号从表中找出中断服务例程（interrupt service routines，ISR）的入口地址，然后跳转过去执行。不需要像以前的 ARM 那样，由软件来分辨到底是哪个中断发生了，也无须半导体厂商提供私有的中断控制器来完成这种工作。这么一来，中断延迟时间大为缩短。

3. 动态优先级调整支持

软件可以在运行时期更改中断的优先级。如果在某 ISR 中修改了自己所对应中断的优先级，而且这个中断又有新的实例处于悬起中（pending），也不会自己打断自己，从而没有重入（reentry）风险。

4. 中断延迟大大缩短

Cortex-M3 为了缩短中断延迟，引入了好几个新特性。包括自动的现场保护和恢复，以及其他的措施，用于缩短中断嵌套时的时间延迟。

5. 中断可屏蔽

既可以屏蔽优先级低于某个阈值的中断/异常，也可以全体封杀（设置 PRIMASK 和 FAULTMASK 寄存器）。这是为了让时间关键的任务能在最后期限到来前完成，而不被干扰。

ARM Cortex-M3 采用了 ARMv7-M 开创的全新异常模型。新的异常模型“使能”了非常高效的异常处理。它支持 11 种系统异常，外加 240 个外部中断输入。在 ARM Cortex-M3 中取消了 FIQ 的概念（v7 前的 ARM 都有这个 FIQ），这是因为有了更新更好的机制——中断优先级管理以及嵌套中断支持，它们被纳入 ARM Cortex-M3 的中断管理逻辑中。因此，支持嵌套中断的系统就更容易实现 FIQ。ARM Cortex-M3 的所有中断机制都由 NVIC 实现。除了支持 240 条中断之外，NVIC 还支持 11 个内部异常源，可以实现 fault 管理机制。结果，ARM Cortex-M3 就有了 256 个预定义的异常类型，见表 5-6。

表 5-6　Cortex-M3 异常类型

编号	类型	优先级	表项地址偏移量	简单释义
0	N/A	N/A	0x00	运行无异常
1	复位	-3（最高）	0x04	复位
2	NMI	-2	0x08	不可屏蔽中断（来自外部 NMI 输入引脚）
3	硬（hard）fault	-1	0x0C	所有被除能的 fault，都将转成硬 fault
4	MemManage fault	可编程	0x10	存储器管理 fault，MPU 访问犯规以及访问非法位置
5	总线 fault	可编程	0x14	总线错误（预取指令、数据读写失败）
6	用法（usage）fault	可编程	0x18	程序错误导致的异常
7～10	保留	N/A	0x1C-0x28	N/A
11	SVCall	可编程	0x2C	系统服务调用
12	调试监视器	可编程	0x30	调试监视器（断点、数据观察点，或者是外部调试请求）
13	保留	N/A	0x34	N/A
14	PendSV	可编程	0x38	为系统设备而设的“可悬挂请求”
15	SysTick	可编程	0x3C	系统滴答定时器
16	IRQ#0	可编程	0x40	外中断 0
17	IRQ#1	可编程	0x44	外中断 1
…	…	…		…
255	IRQ#239	可编程	0x3FF	外中断 239

虽然 ARM Cortex-M3 是支持 240 个外中断的，但具体使用了多少个由芯片生产商决定。ARM Cortex-M3 还有一个 NMI（不可屏蔽中断）输入脚。当它被置为有效（assert）时，NMI 服务例程会无条件地执行。

5.3.5　ARM Cortex-M3 存储器系统

ARM Cortex-M3 的存储器系统与传统 ARM 架构相比具有以下特点：① 它的存储器映射是预定义的，并且还规定好了哪个位置使用哪条总线。② ARM Cortex-M3 的存储器系统支持所谓的“位带”（bit-band）操作。通过它，实现了对单一比特的原子操作。③ ARM Cortex-M3 的存储器系统支持非对齐访问和互斥访问。这两个特性是直到 v7M 时才产生的。④ ARM Cortex-M3 的存储器系统支持小端配置和大端配置。

1. 存储区映射

ARM Cortex-M3 支持 4GB 存储空间，ARM Cortex-M3 的存储器映射是预定义的，并且规定了哪个位置使用哪条总线。ARM Cortex-M3 的存储系统在一些特殊的存储区域中支持位带操作，存储空间被划分为若干区域，存储器映射见图 5-7。

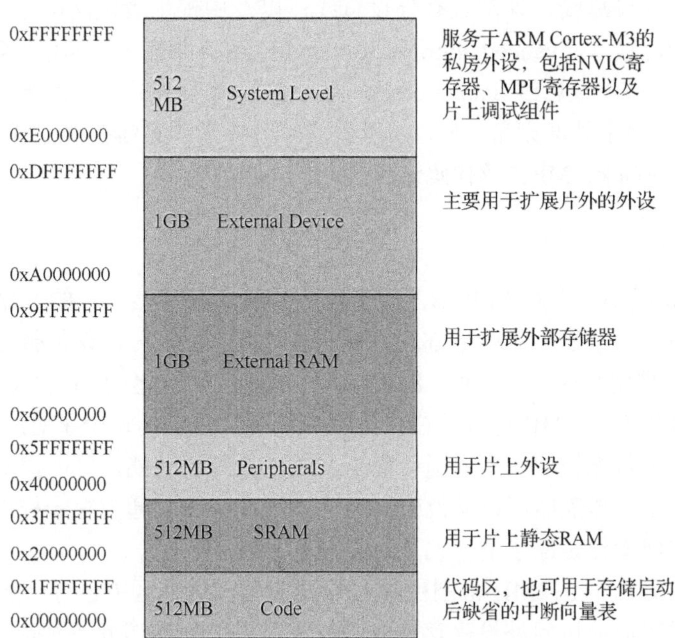

图 5-7　ARM Cortex-M3 预定义存储器映射

从图 5-7 中可见，不像其他的 ARM 架构，它们的存储器映射由半导体厂家规定，ARM Cortex-M3 预先定义好了“粗线条的”存储器映射。通过把片上外设的寄存器映射到外设区，就可以简单地以访问内存的方式来访问这些外设的寄存器，从而控制外设的工作。结果，片上外设可以使用 C 语言来操作。这种预定义的映射关系，也使得对访问速度可以做高度的优化，而且对于单片系统的设计而言更易集成。

为了更好地使用存储器，Cortex-M3 内部设计了一个优化总线底层架构。在此之上，ARM Cortex-M3 甚至还允许这些区域之间“越权使用”。比如说，数据存储器也可以被放到代码区，而且代码也能够在外部 RAM 区中执行。

处于最高地址的系统级存储区，包括中断控制器、MPU 及各种调试组件。所有这些设备均使用固定的地址。把基础设施的地址定死，就至少在内核水平上，为应用程序的移植扫清了障碍。

（1）0x20000000～0x3FFFFFFF，内部 SRAM 区 512MB。此区有一个 1MB 的位带区，该位带区还有一个对应的 32MB 的位带别名区，容纳了 8M 个“位变量”。位带操作只适用于数据访问，不适用于取指操作。

（2）0x40000000～0x5FFFFFFF，512MB 供片上外设使用。此区也有一个 32MB 的位带别名区，以便于快捷访问外设寄存器。

（3）0x60000000～0x9FFFFFFF、0xA0000000～0xDFFFFFFF 两个 1GB 的范围，分别用于连接外部 RAM 和外部设备，它们无位带。两者的区别在于外部 RAM 区允许执行指令，而外设设备区则不允许。

（4）0xE0000000～0xFFFFFFFF 是 0.5GB 的 Cortex-M3 内核所在区域，包括系统级组件、内部私有外设总线、外部私有外设总线，以及由提供者定义的系统外设。

先进高性能总线（advanced high-performance bus，AHB），只用于 Cortex-M3 内部的 AHB 设备。先进外设总线（adranced peripheral bus，APB），即用于 Cortex-M3 内部的 APB 设备，也用于外部设备。NVIC 所处的区域称为“系统控制空间”，在系统控制空间里面还有 SysTick、MPU 及代码调试控制所用的寄存器。

2. 位带操作

内部 SRAM 区的大小是 512MB，用于让芯片制造商连接片上的 SRAM，这个区通过系统总线来访问。在这个区的下部，有一个 1MB 的位带区，该位带区还有一个对应的 32MB 的“位带别名区”，容纳了 8M 个“位变量”（对比 8051 的只有 128 个位）。位带区对应的是最低的 1MB 地址范围，而位带别名区里面的每个字对应位带区的 1bit。位带操作只适用于数据访问，不适用于取指。通过位带的功能，可以把多个布尔型数据打包在单一的字中，却依然可以从位带别名区中，像访问普通内存一样地使用它们。位带别名区中的访问操作是原子的，消灭了传统的“读-改-写”。

地址空间的另一个 512MB 范围由片上外设使用。这个区中也有一条 32MB 的位带别名区，以便于快捷地访问外设寄存器。例如，可以方便地访问各种控制位和状态位。要注意的是，外设内不允许执行指令。

支持了位带操作后，可以使用普通的加载/存储指令来对单一的比特进行读写。在 CM3 中，有两个区中实现了位带。其中一个是 SRAM 区的最低 1MB 范围，第二个则是片内外设区的最低 1MB 范围。这两个区中的地址除了可以像普通的 RAM 一样使用外，它们还都有自己的位带别名区，位带别名区把每个比特膨胀成一个 32 位的字。当你通过位带别名区访问这些字时，就可以达到访问原始比特的目的。位带区与位带别名的对

应关系示意图见图 5-8。

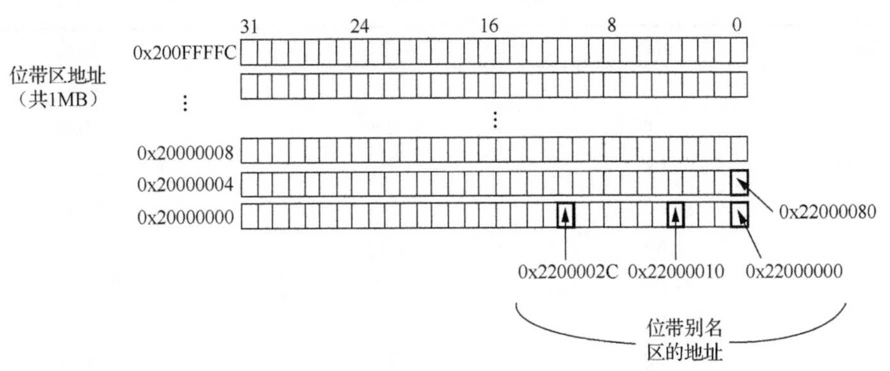

图 5-8 位带区与位带别名区的膨胀关系图

5.4 ARM 指令系统简介

在 ARM 汇编语言程序中，以相对独立的指令或数据序列的程序段为单位组织程序代码。段可以分为代码段和数据段，代码段的内容为执行代码，数据段存放代码运行时需要用到的数据。一个汇编程序至少应该有一个代码段，也可以分割为多个代码段和数据段，多个段在程序编译链接时最终形成一个可执行的映像文件。

5.4.1 ARM 指令格式

ARM 指令集是以 32 位二进制编码的方式给出的，大部分的指令编码中定义了第一操作数、第二操作数、目的操作数、条件标志影响位以及每条指令所对应的不同功能实现的二进制位。几乎所有的 ARM 数据处理指令均可以根据执行结果来选择是否更新条件码标志。

ARM 指令的基本格式为

```
<opcode>{<cond>}{S}  <Rd>,<Rn>{<operand2>}
```

opcode：标准操作码，也就是汇编指令助记符，如 LDR、STR 等。

cond：可选的条件码，表示 ARM 指令根据条件是否满足决定指令是否执行，指令条件码见表 5-7。

S：可选后缀。若指定“S”，则根据指令执行结果更新 CPSR 中的条件码。

Rd：目标寄存器。

Rn：存放第一操作数的寄存器。

operand2：第二个操作数。

表 5-7　指令条件码

条件码	后缀	标志	含义
0000	EQ	Z 置位	相等
0001	NE	Z 清 0	不相等
0010	CS	C 置位	无符号数大于或等于
0011	CC	C 清 0	无符号数小于
0100	MI	N 置位	负数
0101	PL	N 清 0	正数或零
0110	VS	V 置位	溢出
0111	VC	V 清 0	未溢出
1000	HI	C 置位，Z 清 0	无符号数大于
1001	LS	C 清 0，Z 置位	无符号数小于或等于
1010	GE	N 等于 V	带符号数大于或等于
1011	LT	N 不等于 V	带符号数小于
1100	GT	Z 清 0，N 等于 V	带符号数大于
1101	LE	Z 置位，N 不等于 V	带符号数小于或等于
1110	AL	任何	无条件执行

每条 32 位 ARM 指令都具有不同的二进制编码方式，和不同的指令功能相对应。数据处理指令的二进制编码方式见图 5-9，从图中可看到 32 位字长的指令代码每位所代表的意义。

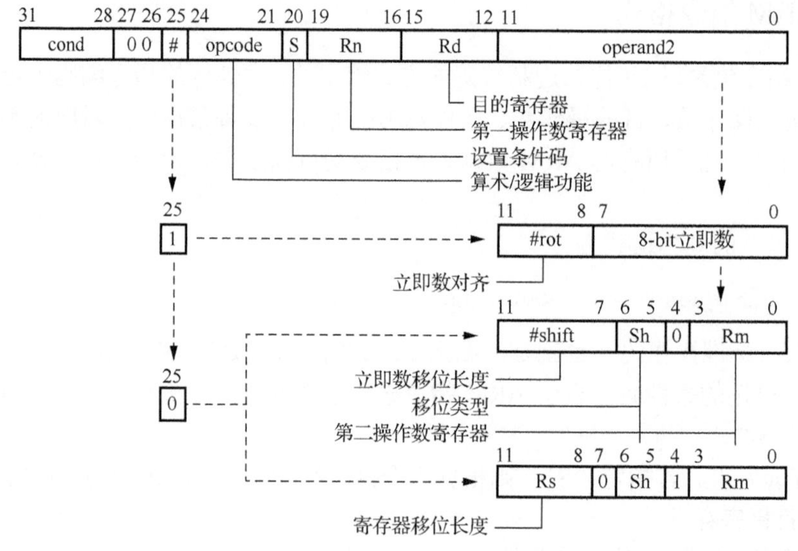

图 5-9　数据处理指令的二进制编码方式

5.4.2　ARM 寻址方式

所谓寻址方式是指 CPU 用何种方式寻找参与运算的操作数或操作数地址。寻址方式越多，计算机指令功能越强，灵活性越大。

1. 立即寻址

立即寻址也叫立即数寻址，这是一种特殊的寻址方式，操作数本身就在指令中给出，只要取出指令也就取到了操作数，这个操作数被称为立即数，所以对应的寻址方式称为立即寻址。例如以下指令：

```
ADD     R0,R0,#1;R0←R0+1
ADD     R0,R0,#0x3f ;R0←R0+0x3f
```

在以上两条指令中，第二个源操作数即为立即数，要求以“#”为前缀，对于以十六进制表示的立即数，还要求在“#”后加上“0x”。

2. 寄存器寻址

寄存器寻址就是以寄存器中的数值作为操作数，这种寻址方式是各类微处理器经常采用的一种方式，也是一种执行效率较高的寻址方式。例如以下指令：

```
ADD  R0, R1, R2; R0←R1+R2
```

该指令的执行效果是将寄存器 R1 和 R2 的内容相加，其结果存放在寄存器 R0 中。

在 ARM 指令的数据处理指令中参与操作的第二操作数为寄存器型时，在执行寄存器寻址操作时，可以选择是否对第二操作数进行移位，即“Rm，{<shift>}”，其中 Rm 称为第二操作数寄存器，<shift>用来指定移位类型（LSL、LSR、ASL、ASR、ROR 或 RRX）和移位位数。移位位数可以是 5 位立即数（#<#shift>）或寄存器（R*n*）。在指令执行时将移位后的内容作为第二操作数参与运算。例如指令：

```
ADD  R3,R2,R1,LSR  #2;R3←R2 + R1÷4
```

该指令将 R1 内容逻辑右移两位后与 R2 中的内容相加，和送入寄存器 R3 中。在指令中的移位类型可包括如下几种。

LSL：逻辑左移，空出的最低有效位用 0 填充。

LSR：逻辑右移，空出的最高有效位用 0 填充。

ASL：算术左移，由于左移空出的有效位用 0 填充，因此它与 LSL 同义。

ASR：算术右移，算术移位的对象是带符号数，移位过程中必须保持操作数的符号不变。如果源操作数是正数，空出的最高有效位用 0 填充，如果是负数用 1 填充。

ROR：循环右移，移出的字的最低有效位依次填入空出的最高有效位。

RRX：带扩展的循环右移。将寄存器的内容循环右移 1 位，空位用原来 C 标志位填充。

3. 寄存器间接寻址

寄存器间接寻址就是以寄存器中的值作为操作数的地址，而操作数本身存放在存储器中。例如以下指令：

```
LDR    R0,[R1];R0←[R1]
STR    R0,[R1];[R1]←R0
```

第一条指令将以 R1 的值为地址的存储器中的数据传送到 R0 中。第二条指令将 R0 的值传送到以 R1 的值为地址的存储器中。

4. 变址寻址

变址寻址就是将寄存器（该寄存器一般称作基址寄存器）的内容与指令中给出的地址偏移量相加，从而得到一个操作数的有效地址。常用变址寻址方式的指令又可以分为以下几种形式。

前变址模式（前索引）：

```
LDR  R0,[R1,#4];R0←[R1+4]
```

自动变址模式：

```
LDR  R0,[R1,#4]!;R0←[R1+4]、R1←R1+4
```

后变址模式（后索引）：

```
LDR  R0,[R1] ,#4   ;R0←[R1]、R1←R1+4
```

基址寄存器的地址偏移可以是一个立即数，也可以是另一个寄存器，并且在加到基址寄存器前还可以经过移位操作，如下所示：

```
LDR    r0,[r1,r2];r0<—mem32[r1+r2]
LDR    r0,[r1,r2,LSL #2];r0<—[r1+r2*4]
```

但常用的是立即数偏移的形式，地址偏移为寄存器形式的指令很少使用。

5. 堆栈寻址

堆栈是一种数据结构，按先进后出（first in last out，FILO）的方式工作，使用一个称作堆栈指针的专用寄存器指示当前的操作位置，堆栈指针总是指向栈顶。当堆栈指针指向最后压入堆栈的数据时，称为满堆栈（full stack），而当堆栈指针指向下一个将要放入数据的空位置时，称为空堆栈（empty stack）。即访问存储器时，存储器的地址向高地址方向生长，称为递增堆栈（ascending stack）。存储器的地址向低地址方向生长，称为递减堆栈（descending stack）。根据堆栈的特点，堆栈寻址有四种类型的工作方式。

满递增堆栈 FA：堆栈指针指向最后压入的数据，且由低地址向高地址生成（full aggrandizement）。

满递减堆栈 FD：堆栈指针指向最后压入的数据，且由高地址向低地址生成（full

decrement）。

空递增堆栈 EA：堆栈指针指向下一个将要放入数据的空位置，且由低地址向高地址生成（empty aggrandizement）

空递减堆栈 ED：堆栈指针指向下一个将要放入数据的空位置，且由高地址向低地址生成（empty decrement）。

```
STMFD  SP!,{R1-R7,LR} //将 R1-R7、LR 入栈。满递减堆栈
LDMFD  SP!,{R1-R7,LR} //数据出栈，放入 R1-R7，LR 寄存器。满递减堆栈
```

6. 块拷贝寻址

块拷贝寻址是多寄存器传送指令 LDM/STM 的寻址方式。LDM/STM 指令可以把存储器中的一个数据块加载到多个寄存器中，也可以把多个寄存器中的内容保存到存储器中。该寻址操作中的寄存器可以是 R0～R15 这 16 个寄存器的子集或是所有寄存器。

```
    LDMIA  R1!,{R2-R7,R12}   /*将 R1 指向单元中的数据读出到 R2～R7 和 R12 中(R1 自动
加 1) */
    STMIA  R0!,{R2-R7,R12}   /*将寄存器 R2～R7 和 R12 中的值保存到 R0 指向的存储单元
中*/
```

7. 相对寻址

与基址变址寻址方式类似，相对寻址以程序计数器 PC 的当前值为基地址，指令中的地址标号作为偏移量，将两者相加之后得到操作数的有效地址。以下程序段完成子程序的调用和返回，跳转指令 BL 采用了相对寻址方式：

```
BL NEXT  //跳转到子程序 NEXT 处执行
......
NEXT:
......
MOV     PC, LR  //从子程序返回
```

5.4.3　ARM 指令分类

ARM 指令集按功能可分为以下几类指令：数据处理指令、加载/存储指令、分支指令、协处理器指令、杂项指令。数据处理指令根据指令实现处理功能还可分为：数据传送指令、算数运算指令、逻辑运算指令、比较指令、测试指令和乘法指令。数据处理指令的二进制编码格式见图 5-9。大多数据处理指令可以根据它们的结果使 CPSR 寄存器中的条件代码标志更新。几乎所有的 ARM 指令都包含一个 4 位的条件域。如果条件代码标志在指令开始执行时指示条件为真，那么指令正常执行，否则指令什么也不做。每类指令包括若干条指令，详细的指令功能介绍可参见 STM 公司官网上的编程手册类参考资料。

本章小结

本章简单介绍了 ARM 处理器的特点和典型系列，以 ARM7 为例详细介绍了 ARM 处理器的体系结构，包括工作模式、寄存器结构及异常处理等。同时还详细介绍了 ARM Cortex-M3 处理器的工作模式、寄存器组、异常处理器等。最后简单介绍了 ARM 处理器的汇编指令寻址方式和指令类型。

习　题

5-1　简述 ARM 处理器家族的发展史。

5-2　RISC 架构与 CISC 架构相比有哪些优点？

5-3　简述流水线技术的基本概念。

5-4　试说明指令流水线的执行过程。

5-5　大端存储法和小端存储法有什么不同？对存储数据有什么要求与影响？

5-6　根据 ARM 的寄存器组织，ARM 微处理器共有多少个寄存器？R13、R14、R15 通常用作什么？

5-7　ARM 都能处理哪些异常？说出各异常类型的名称以及入口地址。哪个异常优先级最高？

5-8　ARM Cortex 处理器分为哪几个系列？每个系列又分别面向哪些应用场合？

5-9　简述 ARM Cortex-M3 处理器的两种操作模式及其切换机制。

5-10　假设 ARM Cortex-M3 处理器要将 0xA1234 数据以小端格式写入存储器 0x80000028 开始的 4 个字节地址，画出数据在 ARM 存储器中的存储空间分布图。

第 6 章　STM32 基本原理

教学目的：

通过对本章的学习，理解并掌握 STM32 系列微控制器的基本结构；了解 STM32F103 系列微控制器内部 I/O 端口、定时器、模数转换器（analog to digital converter，ADC）等片上资源的工作原理和相关控制寄存器。

6.1　STM32 性能和结构

6.1.1　STM32 性能

STM32 系列微控制器是 STM 公司以 ARM 公司的 Cortex-M0、Cortex-M3、Coretex-M4、Coretex-M7 四种 RISC 内核开发的系列产品，芯片型号与内核对应关系见表 6-1。

表 6-1　STM32 微控制器型号列举

内核	型号	特点
Cortex-M0	STM32F0	低成本、入门级微控制器
Cortex-M0+	STM32L0	低功耗
Cortex-M3	STM32F1	通用型微控制器
	STM32F2	自适应实时存储加速器、硬件加密
	STM32F4	具有 DSP 功能的高性能产品
	STM32L1	低功耗
	STM32T	触摸键应用模块
	STM32W	遵循 IEEE 802.15.4 协议的无线通信模块
Coretex-M4	STM32F3	模拟通道、更灵活的数据通信矩阵
	STM32F4	168 MHz 时钟下，0 等待访问 Flash 存储器、动态功率调整技术
Coretex-M7	STM32F7	L1 缓存、200MHz 时钟频率

STM32 系列的微控制器在指令集方面是向后兼容的，而相同封装的芯片，大部分引脚的功能也相同（少数电源与新增功能引脚有区别），用户可以在不修改印制电路板的条件下，根据需要更换不同资源（Flash、RAM），甚至根据不同内核的芯片来完善自己的设计工作。STM32 系列微控制器有众多产品型号，不同型号的内部资源不同，STM32 系列产品按字段顺序的命名规则见图 6-1。

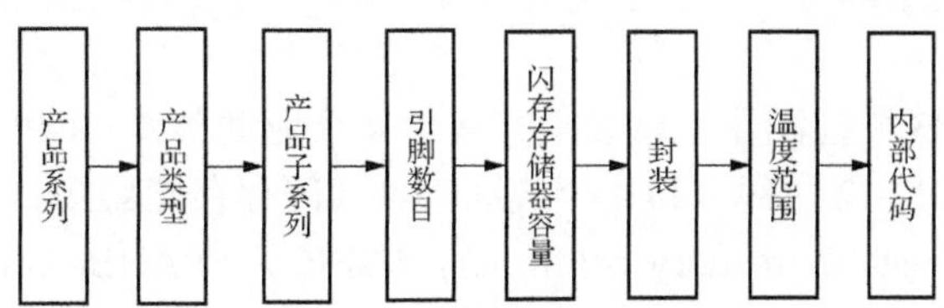

图 6-1　STM32 系列产品命名规则

（1）产品系列：STM32 代表基于 ARM 的 32 位微控制器。

（2）产品类型：F 代表通用型芯片，W 代表无线系统芯片，L 代表低功耗低电压芯片。

（3）产品子系列：101 代表基本型，102 代表 USB 基本型，103 代表增强型，105 或 107 代表互联型。

（4）引脚数：T 代表 36 脚，C 代表 48 脚，R 代表 64 脚，V 代表 100 脚，Z 代表 144 脚。

（5）闪存存储器容量：4 代表 16KB 的闪存存储器，6 代表 32 KB 的闪存存储器，8 代表 64 KB 的闪存存储器，B 代表 128 KB 的闪存存储器，C 代表 256 KB 的闪存存储器，D 代表 384 KB 的闪存存储器，E 代表 512 KB 的闪存存储器。

（6）封装：H 代表球阵列封装（ball grid array，BGA），T 代表薄型四面扁平封装（low-profile quad flat package，LQFP），U 代表超薄细间距四面扁平无铅封装（very thin fine pitch quad flat no-lead package，VFQFPN），Y 代表圆片级芯片规模封装（wafer level chip scale packaging，WLCSP）。

（7）温度范围：6 代表-40～85℃工业级温度范围，取值 7 代表-40～105℃工业级温度范围。

（8）内部代码：A 或者空。

STM32F103 是采用 Cortex-M3 内核的通用型微控制器，工作频率可达 72MHz，有丰富的增强 I/O 端口和外设，应用范围广泛、性价比很高。本节以 STM32F103 为例介绍 STM32 系列微控制器的硬件结构。

6.1.2 STM32 内部结构

STM32 F103 微控制器的系统构成如图 6-2 所示，其中各部分功能如下。

ICode 总线：将 Cortex-M3 内核的指令总线与闪存指令接口相连接，指令预取在此总线上完成。

DCode 总线：将 Cortex-M3 内核的 DCode 总线与闪存存储器的数据接口相连接（常量加载和调试访问）。

System 总线：连接 Cortex-M3 内核的系统总线（外设总线）到总线矩阵，总线矩阵协调着内核和直接存储器访问（direct memory access，DMA）间的访问。

DMA 总线：将 DMA 的 AHB 主控接口与总线矩阵相连，总线矩阵协调着 CPU 的 DCode 和 DMA 到 SRAM、闪存和外设的访问。

AHB/APB 桥：2 个 AHB/APB 桥在 AHB 和 2 个 APB 总线间提供同步连接，APB1 操作限速 36MHz，APB2 操作最高速度为 72MHz。

总线矩阵：总线矩阵协调内核系统总线和 DMA 主控总线之间的访问仲裁，仲裁利用轮换算法。

对于 STM32F103 微控制器，总线矩阵包含 4 个驱动部件（CPU 的 DCode、系统总线、DMA1 总线和 DMA2 总线）和 4 个被动部件（闪存存储器接口、SRAM、可变静态存储控制器（flexible static memory controller，FSMC）和 AHB-APB 桥）。AHB 外设通过总线矩阵与系统总线相连，允许 DMA 访问。

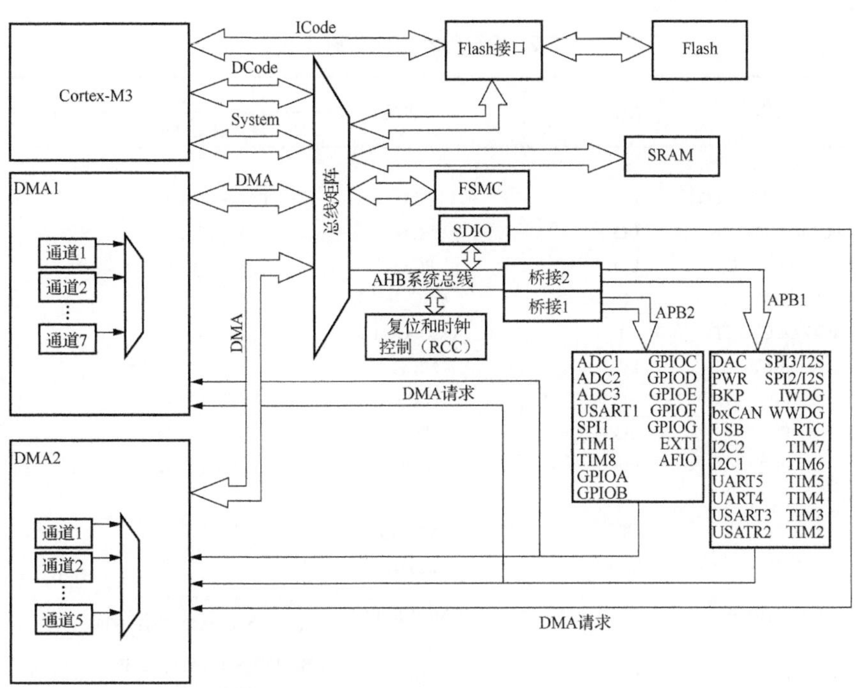

图 6-2　STM32 F103 微控制器的系统结构

6.1.3　STM32 芯片封装和引脚功能

STM32F103 系列有多种封装产品，提供从 36 脚至 144 脚的 6 种不同封装形式。根据不同的封装形式，器件中的外设配置不尽相同。其中 64 引脚的 STM32F103RCT 引脚分布见图 6-3，RCT 引脚的定义见表 6-2。

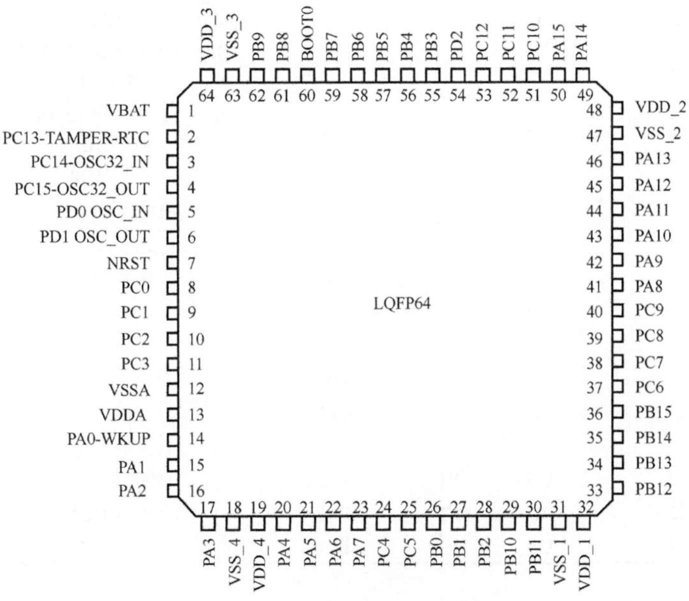

图 6-3　STM32F103RCT 引脚分布

表 6-2　STM32F103 引脚定义

引脚	名称	类型	I/O 电平	主功能	可选的复用功能	
					默认复用功能	重定义复用功能
1	VBAT	S				
2	PC13-TAMPER-RTC	I/O		PC13	TAMPER-RTC	
3	PC14-OSC32_IN	I/O		PC14	OSC32_IN	
4	PC15-OSC32_OUT	I/O		PC15	OSC32_OUT	
5	PD0 OSC_IN	I		OSC_IN		
6	PD1 OSC_OUT	O		OSC_OUT		
7	NRST	I/O		NRST		
8	PC0	I/O		PC0	ADC12_IN10	
9	PC1	I/O		PC1	ADC12_IN11	
10	PC2	I/O		PC2	ADC12_IN12	
11	PC3	I/O		PC3	ADC12_IN13	
12	VSSA	S		VSSA		
13	VDDA	S		VDDA		
14	PA0-WKUP	S		PA0-WKUP	WKUP/USART2_CTS ADC12_IN0/TIM2_CH1_ETR	
15	PA1	I/O		PA1	USART2_RTS/ADC12_IN1/ TIM2_CH2	
16	PA2	I/O		PA2	USART2_TX/ADC12_IN2/ TIM2_CH3	
17	PA3	I/O		PA3	USART2_RX/ADC12_IN3/ TIM2_CH4	
18	VSS_4	S		VSS_4		
19	VDD_4	S		VDD_4		
20	PA4	I/O		PA4	SPI1_NSS/USART2_CK/ ADC12_IN4	
21	PA5	I/O		PA5	SPI1_SCK/ADC12_IN5	
22	PA6	I/O		PA6	SPI1_MISO/ADC12_IN4/ TIM3_CH1	TIM1_BKIN
23	PA7	I/O		PA7	SPI1_MOSI/ADC12_IN7/ TIM3_CH2	TIM1_CHIN
24	PC4	I/O		PC4	ADC12_IN14	
25	PC5	I/O		PC5	ADC12_IN15	
26	PB0	I/O		PB0	ADC12_IN8/TIM3_CH3	TIM1_CH2N
27	PB1	I/O		PB1	ADC12_IN9/TIM3_CH4	TIM1_CH3N
28	PB2	I/O	FT	PB2/BOOT1		
29	PB10	I/O	FT	PB10		TIM2_CH3
30	PB11	I/O	FT	PB11		TIM2_CH4
31	VSS_1	S		VSS_1		
32	VDD_1	S		VDD_1		
33	PB12	I/O	FT	PB12	TIM1_BKIN	
34	PB13	I/O	FT	PB13	TIM1_CHIN	
35	PB14	I/O	FT	PB14	TIM1_CH2N	

续表

引脚	名称	类型	I/O 电平	主功能	可选的复用功能	
					默认复用功能	重定义复用功能
36	PB15	I/O	FT	PB15	TIM1_CH3N	
37	PC6	I/O	FT	PC6		TIM3_CH1
38	PC7	I/O	FT	PC7		TIM3_CH2
39	PC8	I/O	FT	PC8		TIM3_CH3
40	PC9	I/O	FT	PC9		TIM3_CH4
41	PA8	I/O	FT	PA8	USART1_CK1/TIM1_CH1/ MCO	
42	PA9	I/O	FT	PA9	USART1_TX/TIM1_CH2	
43	PA10	I/O	FT	PA10	USART1_RX/TIM1_CH3	
44	PA11	I/O	FT	PA11	USART1_CTS/CAN_RX/ TIM1_CH4/USBDM	
45	PA12	I/O	FT	PA12	USART1_RTS/CAN_TX/ TIM1_ETR/USBDP	
46	PA13	I/O	FT	JTMS/SWDIO		PA13
47	VSS_2	S		VSS_2		
48	VDD_2	S		VDD_2		
49	PA14	I/O	FT	JTCK/SWCLK		PA14
50	PA15	I/O	FT	JTDI		TIM2_CH1_ETR/ PA15/SPI1_NSS
51	PC10	I/O	FT	PC10		
52	PC11	I/O	FT	PC11		
53	PC12	I/O	FT	PC12		
54	PD2	I/O	FT	PD2	TIM3_ETR	
55	PB3	I/O	FT	JTD0		TIM2_CH2/PB3/TRACESWO/SPI1_SCK
56	PB4	I/O	FT	NJTRST		TIM3_CH1/PB4 /SPI1_MISOI
57	PB5	I/O		PB5	IIC1_SMBAI	TIM3_CH2/ SPI1_MOSI
58	PB6	I/O	FT	PB6	IIC1_SCL	USART1_TX
59	PB7	I/O	FT	PB7	IIC1_SDA	USART1_RX
60	BOOT0	I		BOOT0		
61	PB8	I/O	FT	PB8		IIC1_SCL/ CAN_RX
62	PB9	I/O	FT	PB9		IIC1_SDA/ CAN_TX
63	VSS_3	S		VSS_3		
64	VDD_3	S		VDD_3		

注：I 表示输入，O 表示输出，S 表示电源，FT 表示最大可承受电压 5V

6.2 STM32 存储地址映射

STM32 的程序存储器、数据存储器、寄存器和 I/O 端口被组织在同一个 4GB 空间的不同区域。STM32 的存储地址映射遵循 Cortex-M3 的预定义存储器映射规定，存储空间具体划分见第 5 章图 5-7 所示。在 4GB 的地址空间中，从 0x40000000 到 0x5FFFFFFF 的 512MB 地址空间被映射为片上外设，每个外设对应的起始地址和使用的总线见表 6-3。

表 6-3　外设地址分配

起始地址	外设	总线
0x4002 4400 - 0x5FFF FFFF	保留	AHB
0x4002 3000 - 0x4002 33FF	CRC	AHB
0x4002 2400 － 0x4002 2FFF	保留	AHB
0x4002 2000 - 0x4002 23FF	闪存存储器接口	AHB
0x4002 1400 - 0x4002 1FFF	保留	AHB
0x4002 1000 - 0x4002 13FF	复位和时钟控制(RCC)	AHB
0x4002 0800 - 0x4002 0FFF	保留	AHB
0x4002 0400 - 0x4002 07FF	DMA2	AHB
0x4002 0000 - 0x4002 03FF	DMA1	AHB
0x4001 8400 - 0x4001 FFFF	保留	AHB
0x4001 8000 - 0x4001 83FF	SDIO	AHB
0x4001 4000 - 0x4001 7FFF	保留	AHB
0x4001 3C00 - 0x4001 3FFF	ADC3	APB2
0x4001 3800 - 0x4001 3BFF	USART1	APB2
0x4001 3400 - 0x4001 37FF	TIM8 定时器	APB2
0x4001 3000 - 0x4001 33FF	SPI1	APB2
0x4001 2C00 - 0x4001 2FFF	TIM1 定时器	APB2
0x4001 2800 - 0x4001 2BFF	ADC2	APB2
0x4001 2400 - 0x4001 27FF	ADC1	APB2
0x4001 2000 - 0x4001 23FF	GPIO 端口 G	APB2
0x4001 1C00 - 0x4001 1FFF	GPIO 端口 F	APB2
0x4001 1800 - 0x4001 1BFF	GPIO 端口 E	APB2
0x4001 1400 - 0x4001 17FF	GPIO 端口 D	APB2
0x4001 1000 - 0x4001 13FF	GPIO 端口 C	APB2
0x4001 0C00 - 0x4001 0FFF	GPIO 端口 B	APB2
0x4001 0800 - 0x4001 0BFF	GPIO 端口 A	APB2
0x4001 0400 - 0x4001 07FF	外部中断（EXTI）	APB2
0x4001 0000 - 0x4001 03FF	复用 I/O（AFIO）	APB2

续表

起始地址	外设	总线
0x4000 7800 - 0x4000 FFFF	保留	APB2
0x4000 7400 - 0x4000 77FF	DAC	APB2
0x4000 7000 - 0x4000 73FF	电源控制（PWR）	APB2
0x4000 6C00 - 0x4000 6FFF	后备寄存器（BKP）	APB2
0x4000 6800 - 0x4000 6BFF	保留	APB2
0x4000 6400 - 0x4000 67FF	bxCAN1	APB1
0x4000 6000 - 0x4000 63FF	USB/CAN 共享的 512 字节 SRAM	APB1
0x4000 5C00 - 0x4000 5FFF	USB 全速设备寄存器	APB1
0x4000 5800 - 0x4000 5BFF	IIC2	APB1
0x4000 5400 - 0x4000 57FF	IIC1	APB1
0x4000 5000 - 0x4000 53FF	UART5	APB1
0x4000 4C00 - 0x4000 4FFF	UART4	APB1
0x4000 4800 - 0x4000 4BFF	USART3	APB1
0x4000 4400 - 0x4000 47FF	USART2	APB1
0x4000 4000 - 0x4000 43FF	保留	APB1
0x4000 3C00 - 0x4000 3FFF	SPI3/I2S3	APB1
0x4000 3800 - 0x4000 3BFF	SPI2/I2S3	APB1
0x4000 3400 - 0x4000 37FF	保留	APB1
0x4000 3000 - 0x4000 33FF	独立看门狗（IWDG）	APB1
0x4000 2C00 - 0x4000 2FFF	窗口看门狗(WWDG)	APB1
0x4000 2800 - 0x4000 2BFF	RTC	APB1
0x4000 1800 - 0x4000 27FF	保留	APB1
0x4000 1400 - 0x4000 17FF	TIM7 定时器	APB1
0x4000 1000 - 0x4000 13FF	TIM6 定时器	APB1
0x4000 0C00 - 0x4000 0FFF	TIM5 定时器	APB1
0x4000 0800 - 0x4000 0BFF	TIM4 定时器	APB1
0x4000 0400 - 0x4000 07FF	TIM3 定时器	APB1
0x4000 0000 - 0x4000 03FF	TIM2 定时器	APB1

注：CRC 为循环冗余校验（cyclic redundancy check）；SDIO 为安全数字输入输出（secure digital input and output）

6.3　STM32 系统控制模块

6.3.1　系统启动模式

在 STM32F10xxx 里，可以通过 BOOT[1:0]引脚选择三种不同的启动模式。系统复位后，在系统时钟的第 4 个上升沿，BOOT 引脚的值将被锁存。用户可以通过设置 BOOT1

和 BOOT0 引脚的状态，来选择在复位后的启动模式，BOOT1 和 BOOT0 引脚状态组合及对应的启动模式见表 6-4。

表 6-4 启动模式列表

启动模式选择引脚		启动模式	说明
BOOT1	BOOT0		
X	0	主闪存存储器	主闪存存储器被选为启动区域
0	1	系统存储器	系统存储器被选为启动区域
1	1	内置 SRAM	内置 SRAM 被选为启动区域

内嵌的自举程序存放在系统存储器，由 ST 在生产线上写入，用于通过可用的串行接口对闪存存储器进行重新编程。

6.3.2 系统复位

STM32F103 支持三种复位形式，分别为系统复位、电源复位和备份区域复位。复位事件来源见表 6-5。

表 6-5 STM32F103 复位事件来源

复位类型	复位事件	备注
系统复位	（1）NRST 引脚上的低电平（外部复位） （2）窗口看门狗计数终止（WWDG 复位） （3）独立看门狗计数终止（IWDG 复位） （4）软件复位（SW 复位） （5）低功耗管理复位	将复位除时钟控制寄存器 CSR 中的复位标志和备份区域中的寄存器以外的所有寄存器
电源复位	（1）上电/掉电复位（POR/PDR 复位） （2）从待机模式中返回	将复位除了备份区域外的所有寄存器
备份区域复位	（1）软件复位 （2）VDD 和 VBAT 两者掉电的前提下，VDD 或 VBAT 上电将引发备份区域复位	只影响备份区域

6.3.3 系统时钟

STM32 的系统时钟树由系统时钟源、系统时钟 SYSCLK 和设备时钟等部分组成，系统时钟树如图 6-4 所示。

STM32F103 的时钟源共有 4 种。

（1）HSI：高速内部时钟，由内部 8MHz 的 RC 振荡器产生。系统复位后，HSI 振荡器被选为系统时钟，直到系统时钟被切换，HSI 振荡器才可以停止工作。

（2）HSE：高速外部时钟，由外部晶体（3～25MHz）或输入时钟信号（最高 50MHz）产生。

（3）LSE：低速外部时钟，LSE 晶体是一个 32.768kHz 的低速外部晶体或陶瓷谐振

器。它为实时时钟或者其他定时功能提供一个低功耗且精确的时钟源。

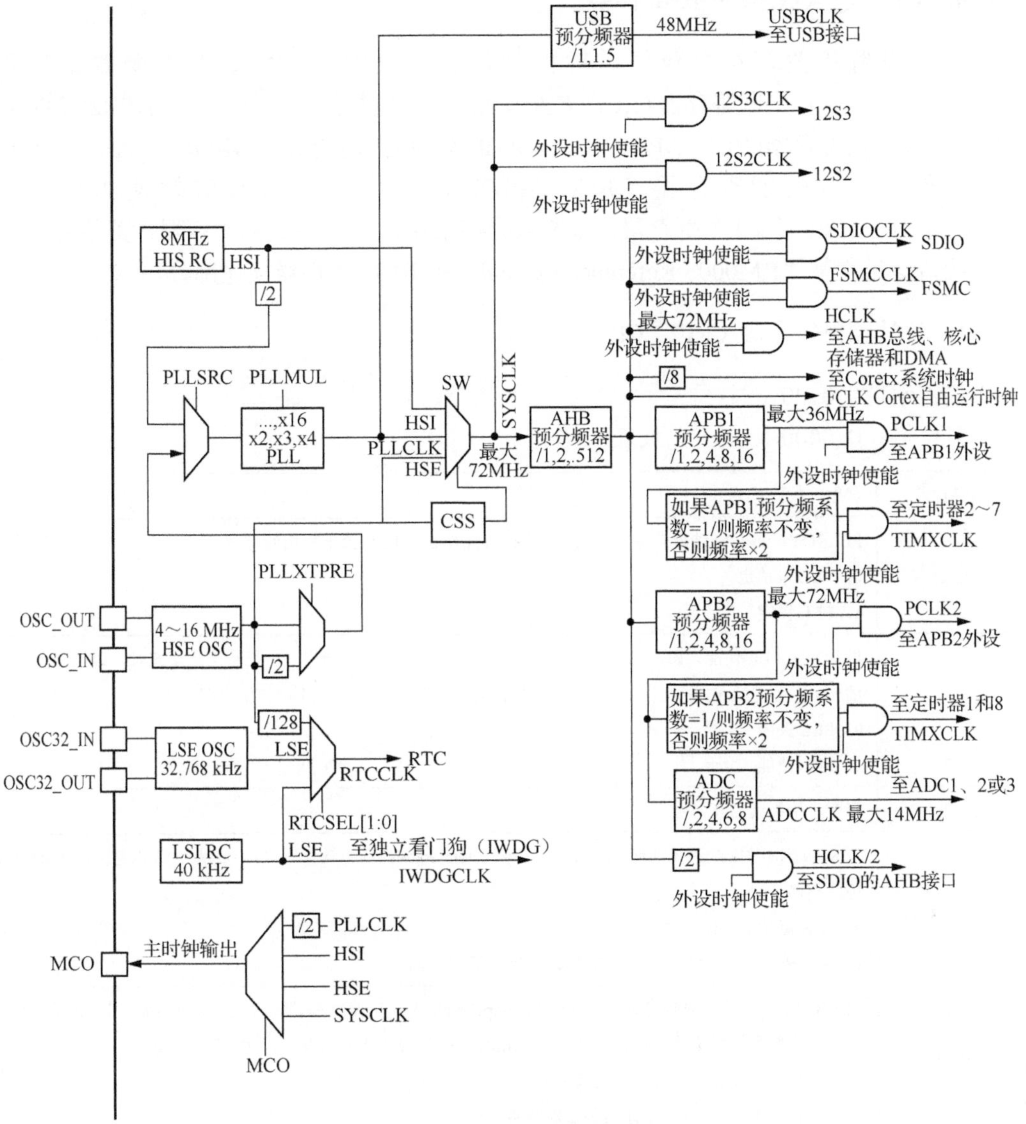

图 6-4　STM32 系统时钟树

（4）LSI：低速内部时钟，内部 RC 振荡器，担当一个低功耗时钟源的角色，它可以在停机和待机模式下保持运行，为独立看门狗和自动唤醒单元提供时钟。LSI 时钟频率约 40kHz（30～60kHz）。

STM32F103 内核所使用的系统时钟 SYSCLK 可以使用 HSI、HSE 或者以这两者之一作为输入的锁相环（phase locked loop，PLL）产生的时钟（最高 72MHz）。

STM32F103 外设的时钟由系统时钟 SYSCLK 分频得到，其中 AHB、APB2 总线时钟频率最高 72MHz，APB1 总线时钟频率最高 36MHz。STM32F103 闪存编程的接口时钟只能使用 HSI。

6.3.4 时钟设置相关主要寄存器

时钟设置相关寄存器包括时钟控制寄存器（RCC_CR）、时钟配置寄存器（RCC_CFGR）、时钟中断寄存器（RCC_CIR）、APB2 外设复位寄存器（RCC_APB2RSTR）、APB1 外设复位寄存器（RCC_APB1RSTR）、AHB 外设时钟使能寄存器（RCC_AHBENR）、APB2 外设时钟使能寄存器（RCC_APB2ENR）、APB1 外设时钟使能寄存器（RCC_APB1ENR）等 10 个寄存器。本节只介绍书中例题里用到的寄存器，其他寄存器的介绍请参见文献“RM0008 Reference manual”中 RCC 寄存器描述部分。

1. 时钟控制寄存器（RCC_CR）

偏移地址：0x00

复位值：0x0000_xx83，x 代表未定义

位 31:26	保留，始终读为 0
位 25	PLLRDY：PLL 时钟就绪标志（PLL clock ready flag）。PLL 锁定后由硬件置‘1’ 0：PLL 未锁定 1：PLL 锁定
位 24	PLLON：PLL 使能（PLL enable），由软件置‘1’或清‘0’。当进入待机和停止模式时，该位由硬件清‘0’。当 PLL 时钟被用作或被选择将要作为系统时钟时，该位不能被清‘0’ 0：PLL 关闭 1：PLL 使能
位 23:20	保留，始终读为 0
位 19	CSSON：时钟安全系统使能（clock security system enable）。由软件置‘1’或清‘0’以打开或关闭时钟监测器 0：时钟监测器关闭 1：如果外部 4～16MHz 振荡器就绪，时钟监测器开启
位 18	HSEBYP：外部高速时钟旁路（external high-speed clock bypass）。在调试模式下由软件置‘1’或清‘0’来旁路外部晶体振荡器。只有在外部 4～16MHz 振荡器关闭的情况下，才能写入该位 0：外部 4～16MHz 振荡器没有旁路 1：外部 4～16MHz 外部晶体振荡器被旁路
位 17	HSERDY：外部高速时钟就绪标志（external high-speed clock ready flag）。由硬件置‘1’来指示外部 4～16MHz 振荡器已经稳定。在 HSEON 位清‘0’后，该位需要 6 个外部 4～25MHz 振荡器周期清‘0’ 0：外部 4～16MHz 振荡器未就绪 1：外部 4～16MHz 振荡器就绪
位 16	HSEON：外部高速时钟使能（external high-speed clock enable）。由软件置‘1’或清‘0’。当进入待机和停止模式时，该位由硬件清‘0’，关闭 4～16MHz 外部振荡器。当外部 4～16MHz 振荡器被用作或被选择为系统时钟时，该位不能被清‘0’ 0：HSE 振荡器关闭 1：HSE 振荡器开启

位 15:8	HSICAL[7:0]：内部高速时钟校准（internal high-speed clock calibration）。在系统启动时，这些位被自动初始化
位 7:3	HSITRIM[4:0]：内部高速时钟调整（internal high-speed clock trimming）。由软件写入来调整内部高速时钟，它们被叠加在 HSICAL[5:0]数值上。这些位在 HSICAL[7:0]的基础上，用户可以输入一个调整数值，根据电压和温度的变化调整内部 HSI RC 振荡器的频率。HSITRIM[4:0]默认数值为 16，可以把 HSI 调整到（8±1%）MHz；每步 HSICAL 的变化调整约 40kHz
位 2	保留，始终读为 0
位 1	HSIRDY：内部高速时钟就绪标志（internal high-speed clock ready flag）。由硬件置‘1’来指示内部 8MHz 振荡器已经稳定。在 HSION 位清‘0’后，该位需要 6 个内部 8MHz 振荡器周期清‘0’ 0：内部 8MHz 振荡器未就绪 1：内部 8MHz 振荡器就绪
位 0	HSION：内部高速时钟使能（internal high-speed clock enable）。由软件置‘1’或清‘0’。当从待机和停止模式返回或用作系统时钟的外部 4～16MHz 振荡器发生故障时，该位由硬件置‘1’来启动内部 8MHz 的 RC 振荡器。当内部 8MHz 振荡器被直接或间接地用作或被选择为系统时钟时，该位不能被清‘0’ 0：内部 8MHz 振荡器关闭 1：内部 8MHz 振荡器开启

2. 时钟配置寄存器（RCC_CFGR）

偏移地址：0x04

复位值：0x0000_0000

位 31:28	保留，始终读为 0
位 27:24	MCO：微控制器时钟输出（microcontroller clock output）。由软件置‘1’或清‘0’ 00xx：没有时钟输出 0100：系统时钟（SYSCLK）输出 0101：HIS 时钟输出 0110：HSE 时钟输出 0111：PLL 时钟 2 分频后输出 注意： 该时钟输出在启动和切换 MCO 时钟源时可能会被截断 在系统时钟被选中输出到 MCO 引脚时，请保证输出时钟频率不超过 50MHz （I/O 端口最高频率）
位 22	USBPRE：USB 预分频（USB prescaler）。由软件置‘1’或清‘0’来产生 48MHz 的 USB 时钟。在 RCC_APB1ENR 寄存器中使能 USB 时钟之前，必须保证该位已经有效。如果 USB 时钟被使能，该位不能被清‘0’ 0：PLL 时钟 1.5 倍分频作为 USB 时钟 1：PLL 时钟直接作为 USB 时钟
位 21:18	PLLMUL：PLL 倍频系数（PLL multiplication factor）。由软件设置来确定 PLL 倍频系数。只有在 PLL 关闭的情况下才可被写入。注意：PLL 的输出频率不能超过 72MHz 0000：PLL 2 倍频输出 0001：PLL 3 倍频输出

位 21:18	0010：PLL 4 倍频输出 0011：PLL 5 倍频输出 0100：PLL 6 倍频输出 0101：PLL 7 倍频输出 0110：PLL 8 倍频输出 0111：PLL 9 倍频输出 1000：PLL 10 倍频输出 1001：PLL 11 倍频输出 1010：PLL 12 倍频输出 1011：PLL 13 倍频输出 1100：PLL 14 倍频输出 1101：PLL 15 倍频输出 1110：PLL 16 倍频输出 1111：PLL 16 倍频输出
位 17	PLLXTPRE：HSE 分频器作为 PLL 输入（HSE divider for PLL entry）。由软件置‘1’或清‘0’来分频 HSE 后作为 PLL 输入时钟。只能在关闭 PLL 时才能写入此位 0：HSE 不分频 1：HSE 2 分频
位 16	PLLSRC：PLL 输入时钟源（PLL entry clock source）。由软件置‘1’或清‘0’来选择 PLL 输入时钟源。只能在关闭 PLL 时才能写入此位 0：HSI 振荡器时钟经 2 分频后作为 PLL 输入时钟 1：HSE 时钟作为 PLL 输入时钟
位 15:14	ADCPRE[1:0]：ADC 预分频器（ADC prescaler）。由软件置‘1’或清‘0’来确定 ADC 时钟频率 00：PCLK2 2 分频后作为 ADC 时钟 01：PCLK2 4 分频后作为 ADC 时钟 10：PCLK2 6 分频后作为 ADC 时钟 11：PCLK2 8 分频后作为 ADC 时钟
位 13:11	PPRE2[2:0]：高速 APB 预分频器（APB2）（APB high-speed prescaler （APB2））。由软件置‘1’或清‘0’来控制高速 APB2 时钟（PCLK2）的预分频系数 0xx：HCLK 不分频 100：HCLK 2 分频 101：HCLK 4 分频 110：HCLK 8 分频 111：HCLK 16 分频
位 10:8	PPRE1[2:0]：低速 APB 预分频器（APB1）（APB low-speed prescaler （APB1））。由软件置‘1’或清‘0’来控制低速 APB1 时钟（PCLK1）的预分频系数。注意：软件必须保证 APB1 时钟频率不超过 36MHz 0xx：HCLK 不分频 100：HCLK 2 分频 101：HCLK 4 分频 110：HCLK 8 分频 111：HCLK 16 分频

位 7:4	HPRE[3:0]：AHB 预分频（AHB prescaler）。由软件置‘1’或清‘0’来控制 AHB 时钟的预分频系数 0xxx：SYSCLK 不分频 1000：SYSCLK 2 分频 1001：SYSCLK 4 分频 1010：SYSCLK 8 分频 1011：SYSCLK 16 分频 1100：SYSCLK 64 分频 1101：SYSCLK 128 分频 1110：SYSCLK 256 分频 1111：SYSCLK 512 分频 注意：当 AHB 时钟的预分频系数大于 1 时，必须开启预取缓冲器
位 3:2	SWS[1:0]：系统时钟切换状态（system clock switch status）。由硬件置‘1’或清‘0’来指示哪一个时钟源被作为系统时钟 00：HSI 作为系统时钟 01：HSE 作为系统时钟 10：PLL 输出作为系统时钟 11：不可用
位 1:0	SW[1:0]：系统时钟切换（system clock switch）。由软件置‘1’或清‘0’来选择系统时钟源。当系统从停止或待机模式中返回，直接或间接作为系统时钟的 HSE 出现故障时，由硬件强制选择 HSI 作为系统时钟（如果时钟安全系统已经启动） 00：HSI 作为系统时钟 01：HSE 作为系统时钟 10：PLL 输出作为系统时钟 11：不可用

3. APB2 外设时钟使能寄存器（RCC_APB2ENR）

偏移地址：0x18
复位值：0x0000_0000

位 31:16	保留，始终读为 0
位 15	ADC3EN：ADC3 接口时钟使能（ADC3 interface clock enable）。由软件置‘1’或清‘0’ 0：ADC3 接口时钟关闭 1：ADC3 接口时钟开启
位 14	USART1EN：USART1 时钟使能（USART1 clock enable）。由软件置‘1’或清‘0’ 0：USART1 时钟关闭 1：USART1 时钟开启
位 13	TIM8EN：TIM8 定时器时钟使能（TIM8 timer clock enable）。由软件置‘1’或清‘0’ 0：TIM8 定时器时钟关闭 1：TIM8 定时器时钟开启
位 12	SPI1EN：SPI1 时钟使能（SPI1 clock enable）。由软件置‘1’或清‘0’ 0：SPI1 时钟关闭 1：SPI1 时钟开启

位 11	TIM1EN：TIM1 定时器时钟使能（TIM1 timer clock enable）。由软件置‘1’或清‘0’ 0：TIM1 定时器时钟关闭 1：TIM1 定时器时钟开启
位 10	ADC2EN：ADC2 接口时钟使能（ADC2 interface clock enable）。由软件置‘1’或清‘0’ 0：ADC2 接口时钟关闭 1：ADC2 接口时钟开启
位 9	ADC1EN：ADC1 接口时钟使能（ADC1 interface clock enable）。由软件置‘1’或清‘0’ 0：ADC1 接口时钟关闭 1：ADC1 接口时钟开启
位 8	IOPGEN：I/O 端口 G 时钟使能（I/O port G clock enable）。由软件置‘1’或清‘0’ 0：I/O 端口 G 时钟关闭 1：I/O 端口 G 时钟开启
位 7	IOPFEN：I/O 端口 F 时钟使能（I/O port F clock enable）。由软件置‘1’或清‘0’ 0：I/O 端口 F 时钟关闭 1：I/O 端口 F 时钟开启
位 6	IOPEEN：I/O 端口 E 时钟使能 （I/O port E clock enable）。由软件置‘1’或清‘0’ 0：I/O 端口 E 时钟关闭 1：I/O 端口 E 时钟开启
位 5	IOPDEN：I/O 端口 D 时钟使能（I/O port D clock enable）。由软件置‘1’或清‘0’ 0：I/O 端口 D 时钟关闭 1：I/O 端口 D 时钟开启
位 4	IOPCEN：I/O 端口 C 时钟使能（I/O port C clock enable）。由软件置‘1’或清‘0’ 0：I/O 端口 C 时钟关闭 1：I/O 端口 C 时钟开启
位 3	IOPBEN：I/O 端口 B 时钟使能（I/O port B clock enable）。由软件置‘1’或清‘0’ 0：I/O 端口 B 时钟关闭 1：I/O 端口 B 时钟开启
位 2	IOPAEN：I/O 端口 A 时钟使能（I/O port A clock enable）。由软件置‘1’或清‘0’ 0：I/O 端口 A 时钟关闭 1：I/O 端口 A 时钟开启
位 1	保留，始终读为 0
位 0	AFIOEN：辅助功能 I/O 时钟使能（alternate function I/O clock enable）。由软件置‘1’或清‘0’ 0：辅助功能 I/O 时钟关闭 1：辅助功能 I/O 时钟开启

4. APB1 外设时钟使能寄存器（RCC_APB1ENR）

偏移地址：0x1C

复位值：0x0000_0000

位 31:30	保留，始终读为 0
位 29	DACEN：DAC 接口时钟使能（DAC interface clock enable）。由软件置‘1’或清‘0’ 0：DAC 接口时钟关闭 1：DAC 接口时钟开启
位 28	PWREN：电源接口时钟使能（power interface clock enable）。由软件置‘1’或清‘0’ 0：电源接口时钟关闭 1：电源接口时钟开启
位 27	BKPEN：备份接口时钟使能（backup interface clock enable）。由软件置‘1’或清‘0’ 0：备份接口时钟关闭 1：备份接口时钟开启
位 26	保留，始终读为 0
位 25	CANEN：CAN 时钟使能（CAN clock enable）。由软件置‘1’或清‘0’ 0：CAN 时钟关闭 1：CAN 时钟开启
位 24	保留，始终读为 0
位 23	USBEN：USB 时钟使能（USB clock enable）。由软件置‘1’或清‘0’ 0：USB 时钟关闭 1：USB 时钟开启
位 22	IIC2EN：IIC2 时钟使能（IIC2 clock enable）。由软件置‘1’或清‘0’ 0：IIC2 时钟关闭 1：IIC2 时钟开启
位 21	IIC1EN：IIC1 时钟使能（IIC1 clock enable）。由软件置‘1’或清‘0’ 0：IIC1 时钟关闭 1：IIC1 时钟开启
位 20	UART5EN：UART5 时钟使能（UART5 clock enable）。由软件置‘1’或清‘0’ 0：UART5 时钟关闭 1：UART5 时钟开启
位 19	UART4EN：UART4 时钟使能（UART4 clock enable）。由软件置‘1’或清‘0’ 0：UART4 时钟关闭 1：UART4 时钟开启
位 18	USART3EN：USART3 时钟使能（USART3 clock enable）。由软件置‘1’或清‘0’ 0：USART3 时钟关闭 1：USART3 时钟开启
位 17	USART2EN：USART2 时钟使能（USART2 clock enable）。由软件置‘1’或清‘0’ 0：USART2 时钟关闭 1：USART2 时钟开启
位 16	保留，始终读为 0
位 15	SPI3EN：SPI3 时钟使能（SPI3 clock enable）。由软件置‘1’或清‘0’ 0：SPI3 时钟关闭 1：SPI3 时钟开启

位 14	SPI2EN：SPI2 时钟使能（SPI 2 clock enable）。由软件置‘1’或清‘0’ 0：SPI2 时钟关闭 1：SPI2 时钟开启
位 13:12	保留，始终读为 0
位 11	WWDGEN：窗口看门狗时钟使能（window watchdog clock enable）。由软件置‘1’或清‘0’ 0：窗口看门狗时钟关闭 1：窗口看门狗时钟开启
位 10:6	保留，始终读为 0
位 5	TIM7EN：定时器 7 时钟使能（timer 7 clock enable）。由软件置‘1’或清‘0’ 0：定时器 7 时钟关闭 1：定时器 7 时钟开启
位 4	TIM6EN：定时器 6 时钟使能（timer 6 clock enable）。由软件置‘1’或清‘0’ 0：定时器 6 时钟关闭 1：定时器 6 时钟开启
位 3	TIM5EN：定时器 5 时钟使能（timer 5 clock enable）。由软件置‘1’或清‘0’ 0：定时器 5 时钟关闭 1：定时器 5 时钟开启
位 2	TIM4EN：定时器 4 时钟使能（timer 4 clock enable）。由软件置‘1’或清‘0’ 0：定时器 4 时钟关闭 1：定时器 4 时钟开启
位 1	TIM3EN：定时器 3 时钟使能（timer 3 clock enable）。由软件置‘1’或清‘0’ 0：定时器 3 时钟关闭 1：定时器 3 时钟开启
位 0	TIM2EN：定时器 2 时钟使能（timer 2 clock enable）。由软件置‘1’或清‘0’ 0：定时器 2 时钟关闭 1：定时器 2 时钟开启

6.4 STM32F103 中断系统

STM32 中有一个强大而方便的嵌套向量中断控制器（nested vectored interrupt controller，NVIC），不可屏蔽中断和外部中断都由它来处理。另外如果需要在 STM32 上移植 RTOS，那么一定要深入理解它的中断系统。

6.4.1 嵌套向量中断控制器

NVIC 集成在 ARM Cortex-M3 内核中，与中央处理器核心紧密耦合，从而实现低延迟的中断处理和高效地处理晚到的较高优先级的中断。NVIC 最多可以支持 256 个异常（包括 16 个内部异常和 240 个外部中断）和 256 级可编程异常优先级的设置。其中，外

部中断数量可由各芯片厂商配置，数量为 0～240 个。

STM32F103 微控制器基于 ARM Cortex-M3 内核设计，它的 NVIC 具有如下特性：

（1）68 个可屏蔽中断通道（不包含 16 个 Cortex-M3 的中断线）。

（2）16 个可编程的优先等级（使用了 4 位中断优先级）。

（3）低延迟的异常和中断处理。

（4）电源管理控制。

STM32F103 的外部中断/事件控制器有 19 个能产生事件/中断请求的边沿检测器，每个外部中断有独立的触发和屏蔽信道，检测脉冲宽度低于 APB2 的时钟宽度，最多可连接 112 个通用输入/输出（general-purpose input/output，GPIO）引脚实现外部中断。

6.4.2　STM32F103 中断优先级分组与向量表

STM32F103 的中断优先级分为：抢占式优先级和响应优先级。

抢占式优先级占主导地位。具有高抢占式优先级的中断可以在具有低抢占式优先级的中断处理过程中被响应，即中断嵌套。当两个中断源的抢占式优先级相同时，则后到的中断就要等前一个中断处理完之后才能被处理。如果这两个中断同时到达，则中断控制器根据它们的响应优先级高低来决定先处理哪一个；如果它们的抢占式优先级和响应优先级都相等，则根据它们在中断表中的排位顺序决定。

注意：响应优先级高的中断不会打断响应优先级低的中断，也就是当一个高响应优先级的中断到达时，如果正在执行一个响应优先级低的中断，则需要等待低的执行完再去响应。也就是说，只有高抢占式优先级可以阻断和嵌套。

每个中断源都需要被指定这两种优先级，因此需要相应的寄存器位记录每个中断的优先级；在 Cortex-M3 中定义了 8 位用于设置中断源的优先级，这 8 位可以有 8 种分配方式，即 8 组优先级，但是 Cortex-M3 允许具有较少中断源时使用较少的寄存器位指定中断源的优先级。因此 STM32 把指定中断优先级的寄存器位减少到 4 位，共分为 5 组，组 0～4，通过应用程序中断及复位寄存器（AIRCR）中的 10～8 位来设置，如表 6-6 所示。

表 6-6　中断优先级分组设置表

组	AIRC[10:8]	二进制表示	分配结果	备注
0	111	0:4	0 位抢占优先级， 4 位响应优先级	2^0=1 个抢占优先级， 2^4=16 个响应优先级
1	110	1:3	1 位抢占优先级， 3 位响应优先级	2^1=2 个抢占优先级， 2^3=8 个响应优先级
2	101	2:2	2 位抢占优先级， 2 位响应优先级	2^2=4 个抢占优先级， 2^2=4 个响应优先级
3	100	3:1	3 位抢占优先级， 1 位响应优先级	2^3=8 个抢占优先级， 2^1=2 个响应优先级
4	011	4:0	4 位抢占优先级， 0 位响应优先级	2^4=16 个抢占优先级， 2^0=1 个响应优先级

可以使用 NVIC_PriorityGroupConfig（u32 NVIC_PriorityGroup）函数的 5 种参数值进行相应的分组，如表 6-7 所示。

表 6-7　NVIC_PriorityGroupConfig 函数参数值分组情况表

参数	分组
NVIC_PriorityGroup_0	第 0 组
NVIC_PriorityGroup_1	第 1 组
NVIC_PriorityGroup_2	第 2 组
NVIC_PriorityGroup_3	第 3 组
NVIC_PriorityGroup_4	第 4 组

STM32F103 各个中断对应的中断服务程序的入口地址统一存放在中断向量表中，STM32F103 的中断向量表一般位于存储器的最低地址。STM32F103 中断向量表如表 6-8 所示。

表 6-8　STM32F103 中断向量表

位置	优先级	优先级类型	名称	说明	地址
				保留	0x0000_0000
	-3	固定	Reset	复位	0x0000_0004
	-2	固定	NMI	不可屏蔽中断 RCC 时钟安全系统（CSS）连接到 NMI 向量	0x0000_0008
	-1	固定	硬件失效（HardFault）	所有类型的失效	0x0000_000C
	0	可设置	存储管理（MemManage）	存储器管理	0x0000_0010
	1	可设置	总线错误（BusFault）	预取指失败，存储器访问失败	0x0000_0014
	2	可设置	错误应用（UsageFault）	未定义的指令或非法状态	0x0000_0018
				保留	0x0000_001C 0x0000_002B
	3	可设置	SVCall	通过 SWI 指令的系统服务调用	0x0000_002C
	4	可设置	调试监控（DebugMonitor）	调试监控器	0x0000_0030
				保留	0x0000_0034
	5	可设置	PendSV	可挂起的系统服务	0x0000_0038
	6	可设置	SysTick	系统嘀嗒定时器	0x0000_003C
0	7	可设置	WWDG	窗口定时器中断	0x0000_0040
1	8	可设置	PVD	连到 EXTI 的电源电压检测（PVD）中断	0x0000_0044
2	9	可设置	TAMPER	侵入检测中断	0x0000_0048
3	10	可设置	RTC	实时时钟（RTC）全局中断	0x0000_004C
4	11	可设置	Flash	闪存全局中断	0x0000_0050

续表

位置	优先级	优先级类型	名称	说明	地址
5	12	可设置	RCC	复位和时钟控制（RCC）中断	0x0000_0054
6	13	可设置	EXTI0	EXTI 线 0 中断	0x0000_0058
7	14	可设置	EXTI1	EXTI 线 1 中断	0x0000_005C
8	15	可设置	EXTI2	EXTI 线 2 中断	0x0000_0060
9	16	可设置	EXTI3	EXTI 线 3 中断	0x0000_0064
10	17	可设置	EXTI4	EXTI 线 4 中断	0x0000_0068
11	18	可设置	DMA1 通道 1	DMA1 通道 1 全局中断	0x0000_006C
12	19	可设置	DMA1 通道 2	DMA1 通道 2 全局中断	0x0000_0070
13	20	可设置	DMA1 通道 3	DMA1 通道 3 全局中断	0x0000_0074
14	21	可设置	DMA1 通道 4	DMA1 通道 4 全局中断	0x0000_0078
15	22	可设置	DMA1 通道 5	DMA1 通道 5 全局中断	0x0000_007C
16	23	可设置	DMA1 通道 6	DMA1 通道 6 全局中断	0x0000_0080
17	24	可设置	DMA1 通道 7	DMA1 通道 7 全局中断	0x0000_0084
18	25	可设置	ADC1_2	ADC1 和 ADC2 的全局中断	0x0000_0088
19	26	可设置	USB_HP_CAN_TX	USB 高优先级或 CAN 发送中断	0x0000_008C
20	27	可设置	USB_LP_CAN_RX0	USB 低优先级或 CAN 接收 0 中断	0x0000_0090
21	28	可设置	CAN_RX1	CAN 接收 1 中断	0x0000_0094
22	29	可设置	CAN_SCE	CAN 状态改变错误中断	0x0000_0098
23	30	可设置	EXTI9_5	EXTI 线[9:5]中断	0x0000_009C
24	31	可设置	TIM1_BRK	TIM1 刹车中断	0x0000_00A0
25	32	可设置	TIM1_UP	TIM1 更新中断	0x0000_00A4
26	33	可设置	TIM1_TRG_COM	TIM1 触发和通信中断	0x0000_00A8
27	34	可设置	TIM1_CC	TIM1 捕获/比较中断	0x0000_00AC
28	35	可设置	TIM2	TIM2 全局中断	0x0000_00B0
29	36	可设置	TIM3	TIM3 全局中断	0x0000_00B4
30	37	可设置	TIM4	TIM4 全局中断	0x0000_00B8
31	38	可设置	IIC1_EV	IIC1 事件中断	0x0000_00BC
32	39	可设置	IIC1_ER	IIC1 错误中断	0x0000_00C0
33	40	可设置	IIC2_EV	IIC2 事件中断	0x0000_00C4
34	41	可设置	IIC2_ER	IIC2 错误中断	0x0000_00C8
35	42	可设置	SPI1	SPI1 全局中断	0x0000_00CC
36	43	可设置	SPI2	SPI2 全局中断	0x0000_00D0
37	44	可设置	USART1	USART1 全局中断	0x0000_00D4
38	45	可设置	USART2	USART2 全局中断	0x0000_00D8
39	46	可设置	USART3	USART3 全局中断	0x0000_00DC
40	47	可设置	EXTI15_10	EXTI 线[15:10]中断	0x0000_00E0

续表

位置	优先级	优先级类型	名称	说明	地址
41	48	可设置	RTCAlarm	连到 EXTI 的 RTC 闹钟中断	0x0000_00E4
42	49	可设置	USB 唤醒	连到 EXTI 的从 USB 待机唤醒中断	0x0000_00E8
43	50	可设置	TIM8_BRK	TIM8 刹车中断	0x0000_00EC
44	51	可设置	TIM8_UP	TIM8 更新中断	0x0000_00F0
45	52	可设置	TIM8_TRG_COM	TIM8 触发和通信中断	0x0000_00F4
46	53	可设置	TIM8_CC	TIM8 捕获/比较中断	0x0000_00F8
47	54	可设置	ADC3	ADC3 全局中断	0x0000_00FC
48	55	可设置	FSMC	FSMC 全局中断	0x0000_0100
49	56	可设置	SDIO	SDIO 全局中断	0x0000_0104
50	57	可设置	TIM5	TIM5 全局中断	0x0000_0108
51	58	可设置	SPI3	SPI3 全局中断	0x0000_010C
52	59	可设置	UART4	UART4 全局中断	0x0000_0110
53	60	可设置	UART5	UART5 全局中断	0x0000_0114
54	61	可设置	TIM6	TIM6 全局中断	0x0000_0118
55	62	可设置	TIM7	TIM7 全局中断	0x0000_011C
56	63	可设置	DMA2 通道 1	DMA2 通道 1 全局中断	0x0000_0120
57	64	可设置	DMA2 通道 2	DMA2 通道 2 全局中断	0x0000_0124
58	65	可设置	DMA2 通道 3	DMA2 通道 3 全局中断	0x0000_0128
59	66	可设置	DMA2 通道 4_5	DMA2 通道 4 和 DMA2 通道 5 全局中断	0x0000_012C

6.4.3 STM32F103 外部中断/事件控制器

在 STM32F10x 的外部中断中，除了片上外设如 WWDG、USART 使用的中断号外，还有些中断号供外部输入的中断线使用，如某些 GPIO 口可设置为中断，这些中断号称为外部中断 EXTI。

在 STM32F103 微控制器中有 19 个能产生事件/中断请求的边沿检测器，每个输入线可以独立地配置输入类型（脉冲或挂起）和对应的触发事件（上升沿或下降沿或者双边沿都触发），每个输入线都可以独立地被屏蔽，挂起寄存器保持着状态线的中断请求。EXTI 控制器的主要特性如下：

（1）每个中断/事件都有独立的触发和屏蔽。

（2）每个中断线都有专用的状态位。

（3）支持多达 19 个软件的中断/事件请求。

（4）检测脉冲宽度低于 APB2 时钟宽度的外部信号。

STM32F103 某一外部中断/事件控制器的内部结构如图 6-5 所示。中断或事件请求可以来源于芯片引脚输入的外部中断/事件，也可以通过软件在软件中断事件寄存器写 1

来产生一个中断/事件请求。

外部中断/事件输入信号经过边沿检测电路，根据上升沿触发选择寄存器和下降沿触发选择寄存器对应位的设置，在上升沿或下降沿或双沿产生中断/事件。该中断/事件信号与软件中断事件寄存器的输出连接到或门，当两者之间存在高电平时，即得到有效信号“1”并向后输出。其中，一路有效信号与事件屏蔽寄存器的输出连接到与门，当事件屏蔽寄存器的对应位设置为“1”时，则进一步将有效信号输出至脉冲发生器，脉冲发生器则会产生一个单脉冲输出到微控制器的其他功能模块。另一路有效信号与中断屏蔽寄存器的输出连接到与门，当中断屏蔽寄存器的对应位设置为“1”时，有效信号将输出到请求挂起寄存器，使其对应位被置“1”。请求挂起寄存器的输出信号连接到 NVIC 中断控制器，发出对应的中断请求。

在图 6-5 的 19 个外部中断/事件中包括 16 个 GPIO 引脚中断、一个 PVD 输出中断、一个 RTC 闹钟事件以及一个 USB 唤醒事件。在 16 个 GPIO 的外部中断中，所有端口的引脚 0 都被映射到 EXTI0、引脚 1 都被映射到 EXTI1，以此类推，所有外部中断/事件线路的映像参见表 6-8。

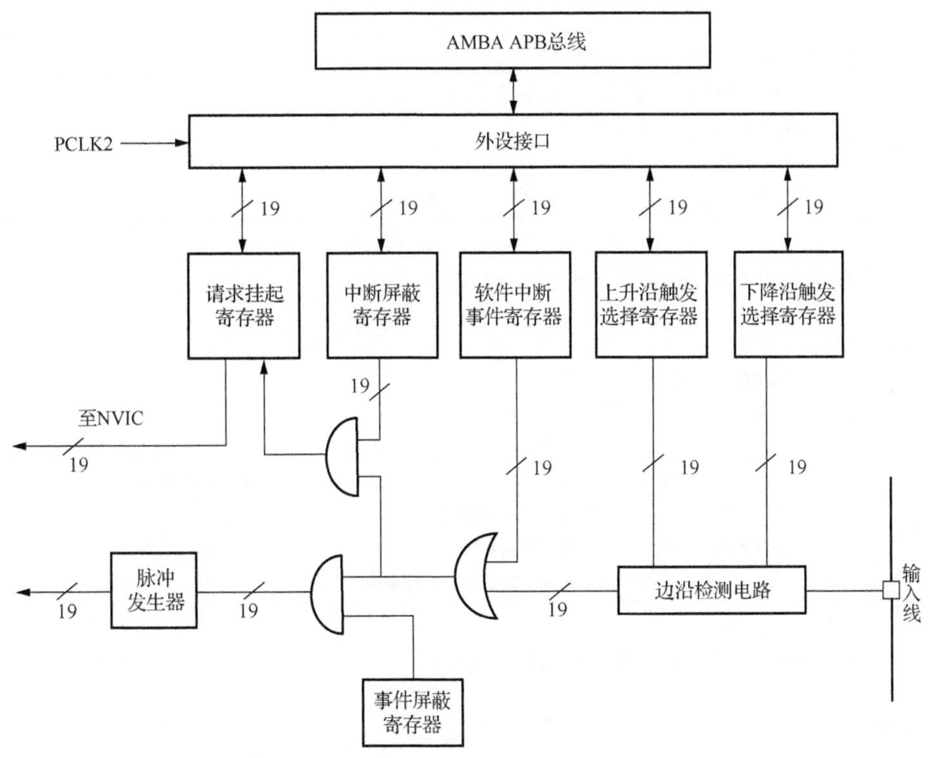

图 6-5　STM32F103 外部中断/事件控制器的内部结构

6.4.4 EXTI 相关寄存器

1. 中断屏蔽寄存器（EXTI_IMR）

偏移地址：0x00
复位值：0x0000_0000

位 31:20	保留，必须始终保持为复位状态（0）
位 19:0	MRx：线 x 上的中断屏蔽（interrupt mask on line x） 0：屏蔽来自线 x 上的中断请求 1：开放来自线 x 上的中断请求 注：位 19 只适用于互联型产品，对于其他产品为保留位

2. 事件屏蔽寄存器（EXTI_EMR）

偏移地址：0x04
复位值：0x0000_0000

位 31:20	保留，必须始终保持为复位状态（0）
位 19:0	MRx：线 x 上的事件屏蔽（event mask on line x） 0：屏蔽来自线 x 上的事件请求 1：开放来自线 x 上的事件请求 注：位 19 只适用于互联型产品，对于其他产品为保留位

3. 上升沿触发选择寄存器（EXTI_RTSR）

偏移地址：0x08
复位值：0x0000_0000

位 31:19	保留，必须始终保持为复位状态（0）
位 18:0	TRx：线 x 上的上升沿触发事件配置位（rising trigger event configuration bit of line x） 0：禁止输入线 x 上的上升沿触发（中断和事件） 1：允许输入线 x 上的上升沿触发（中断和事件） 注：位 19 只适用于互联型产品，对于其他产品为保留位

4. 下降沿触发选择寄存器（EXTI_FTSR）

偏移地址：0x0C
复位值：0x0000_0000

位 31:19	保留，必须始终保持为复位状态（0）
位 18:0	TRx：线 x 上的下降沿触发事件配置位（falling trigger event configuration bit of line x） 0：禁止输入线 x 上的下降沿触发（中断和事件） 1：允许输入线 x 上的下降沿触发（中断和事件） 注：位 19 只适用于互联型产品，对于其他产品为保留位

5. 软件中断/事件寄存器（EXTI_SWIER）

偏移地址：0x10
复位值：0x0000_0000

位 31:19	保留，必须始终保持为复位状态（0）
位 18:0	SWIERx：线 x 上的软件中断（software interrupt on line x） 当该位为‘0’时才允许写入，写‘1’将设置 EXTI_PR 中相应的挂起位。如果在 EXTI_IMR 和 EXTI_EMR 中允许产生该中断，则此时将产生一个中断 注：通过清除 EXTI_PR 的对应位（写入‘1’），可以清除该位为‘0’ 注：位 19 只适用于互联型产品，对于其他产品为保留位

6. 挂起寄存器（EXTI_PR）

偏移地址：0x14
复位值：0x0000_0000

位 31:19	保留，必须始终保持为复位状态（0）
位 18:0	PRx: 挂起位（pending bit） 0：没有发生触发请求 1：发生了选择的触发请求 当在外部中断线上发生了选择的边沿事件，该位被置‘1’。在该位中写入‘1’可以清除它，也可以通过改变边沿检测的极性清除挂起位 注：位 19 只适用于互联型产品，对于其他产品为保留位

6.5　通用输入/输出端口

6.5.1　GPIO 基本结构

不同型号的芯片提供的通用输入/输出端口，即 GPIO 会有所不同。STM32F103 微控制器最多可提供 112 个多功能双向 I/O 引脚。这些引脚分布在 GPIOA、GPIOB、GPIOC、GPIOD 等端口中。GPIO 的基本结构见图 6-6。每位可分别配置成多种模式。

（1）输入浮空：端口在默认状态下什么都不接，呈现高阻态。
（2）输入上拉：端口在默认状态下输入为高电平。
（3）输入下拉：端口在默认状态下输入为低电平。
（4）模拟输入：用于模数转换器的模拟信号输入。
（5）开漏输出：本身不输出电压，要想输出高电平必须接上拉电阻。
（6）推挽式输出：直接输出高低电平电压，低电平接地，高电平时输出电源电压。
（7）推挽式复用功能：片内外设的功能，如 IIC 的 SCL、SDA。

（8）开漏复用功能：片内外设的功能，如 SPI 的 SCK、MOSI、MISO。

STM32F103 的其余外设（定时器、A/D、D/A、串行通信等）与 GPIO 复用端口。每个 I/O 端口可以按位自由编程，然而 I/O 端口寄存器必须按 32 位字被访问（不允许半字或字节访问）。

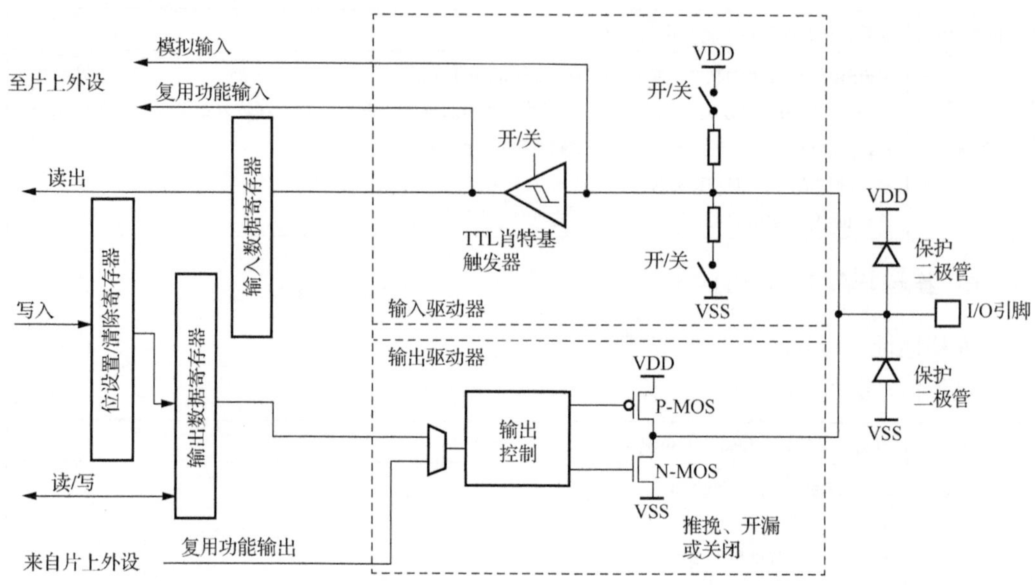

图 6-6　GPIO 基本结构

使用默认复用功能前必须对端口位配置寄存器编程，配置成输入模式（浮空、上拉或下拉）或者复用功能输出模式（推挽或开漏）。为了使器件封装的片内功能达到最优，可以把一些复用功能重新映射到其他一些引脚上。这可以通过软件配置相应的寄存器来完成。

6.5.2　GPIO 寄存器

STM32F103 的每组 GPIO 端口都对应有 2 个配置寄存器、2 个数据寄存器、1 个置位/复位寄存器、1 个位清除寄存器和 1 个配置锁定寄存器，见表 6-9。本节只介绍其中 5 个，全部寄存器介绍请参见“RM0008 Reference manual”GPIO 章中寄存器描述部分。

表 6-9　GPIO 寄存器

名称	偏移地址	复位值	功能
GPIOx_CRL	0x00	0x4444 4444	配置 GPIO 低 8 位的工作模式
GPIOx_CRH	0x04	0x4444 4444	配置 GPIO 高 8 位的工作模式
GPIOx_IDR	0x08	—	读入 GPIO 输入状态
GPIOx_ODR	0x0c	0x0000	输出 GPIO 输出状态
GPIOx_BSRR	0x10	0x0000_0000	位设置/清除
GPIOx_BRR	0x14	0x0000	位操作 GPIO 的输出状态，设置端口为 0
GPIOx_LCKR	0x18	0x0000_0000	端口锁定后系统复位前不能更改端口位的配置

1. 端口配置低寄存器（GPIOx_CRL）

该寄存器用来设置端口低 8 位的工作模式（x 代表对应端口），寄存器所有位可读可写。其格式如下：

位 31:30	位 29:28	位 27:26	位 25:24	…	位 3:2	位 1:0
CNF7[1:0]	MODE7[1:0]	CNF6[1:0]	MODE6[1:0]	…	CNF0[1:0]	MODE0[1:0]

CNFy[1:0]：端口 x 配置位（y = 0,1,…,7）。软件通过这些位配置相应的 I/O 端口，MODEy 和 CNFy 取值对应的端口功能见表 6-10 和表 6-11。

表 6-10　MODE 取值与功能关系

MODE[1:0]	功能
00	输入模式
01	输出模式，最大输出速度 10MHz
10	输出模式，最大输出速度 2MHz
11	输出模式，最大输出速度 50MHz

表 6-11　MODE 与 CNF 取值功能

MODEy	CNFy	功能
00	00	端口为模拟输入
	01	端口为浮空输入
	10	端口为上拉/下拉输入
	11	保留
01/10/11	00	端口为通用推挽输出
	01	端口为通用开漏输出
	10	端口为复用功能推挽输出
	11	端口为复用功能开漏输出

2. 端口配置高寄存器（GPIOx_CRH）

该寄存器用来配置端口高 8 位的工作模式。寄存器的格式同 GPIOx_CRL，不同之处是 GPIOx_CRH 中定义的是对应端口高 8 位的 MODE8～MODE15 和 CNF8～CNF15。其中 CNF 和 MODE 的取值所对应的功能同端口配置低寄存器。

3. 端口输入数据寄存器（GPIOx_IDR）

该寄存器（x=A,…,E）高 16 位被保留，只有低 16 位可用（从第 0 位到第 15 位分别定义为 IDR0～IDR15，端口被设置为输入模式后，可从该寄存器的低 16 位读取对应端口的输入状态。

4. 端口输出数据寄存器（GPIO_ODR）

该寄存器高 16 位被保留，只有低 16 位可用。端口被设置为输出模式后，ODR 寄存器的低 16 位对应 I/O 端口的输出状态。

5. 端口位设置/清除寄存器（GPIOx_BSRR）

通过设置该寄存器可以分别对 ODR 寄存器的各位进行独立的设置/清除。该寄存器格式如下：

位 31:16	BRy：清除端口 x 的位 y（y = 0,1,…,15） 这些位只能写入并只能以字（16 位）的形式操作 0：对应的 ODRy 位不产生影响 1：对应的 ODRy 位清 0 注：如果同时设置了 BSy 和 BRy 的对应位，BSy 位起作用
位 15:0	BSy：设置端口 x 的位 y（y = 0,1,…,15） 这些位只能写入并只能以字（16 位）的形式操作 0：对对应的 ODRy 位不产生影响 1：设置对应的 ODRy 位为 1

在使用 GPIO 之前应先进行基本配置，如配置输入时钟和相应的 GPIO 端口为相应的工作模式。假设端口 PB.5 和 PE.5 外接两个 LED，基于寄存器的编程方法循环点亮 LED，主函数源代码如下。

```
#include "led.h"
void delay (u32 count)
{
    u32 i=0;
    for (;i<count;i++) ;
}
int main (void)
{
    LED_Init();             //初始化硬件端口
    while (1)
    {
        GPIOE->ODR= (1<<5) ;
        GPIOB->BRR|= (1<<5) ;
        delay  (1000000) ;
        GPIOB->ODR= (1<<5) ;
        GPIOE->BRR|= (1<<5) ;
        delay  (1000000) ;
    }
}
```

在 led.c 文件中定义端口初始化函数 LED_Init（void），其函数源代码如下：

```
#include "led.h"
```

```
void LED_Init (void)
{
    RCC->APB2ENR|=1<<3;              //使能 PORTB 时钟
    RCC->APB2ENR|=1<<6;              //使能 PORTE 时钟
    GPIOB->CRL&=0XFF0FFFFF;
    GPIOB->CRL|=0X00300000;          //PB.5 推挽输出
    GPIOB->ODR|=1<<5;                //PB.5 输出高
    GPIOE->CRL&=0XFF0FFFFF;
    GPIOE->CRL|=0X00300000;          //PE.5
    GPIOE->ODR|=1<<5;                //PE.5
}
```

led.h 头文件的源代码如下：

```
#ifndef __LED_H
#define __LED_H
#include "stm32f10x.h"
void LED_Init (void) ;
#endif
```

6.5.3　GPIO 复用

STM32F103 的复用功能包括默认复用功能和软件重映射复用功能。

1. 默认复用功能

硬件的默认复用功能是固定的，有复用输入、复用输出和双向复用，使用默认复用功能必须对引脚相对应的端口寄存器进行配置。

复用输入功能：端口必须配置成输入模式（浮空、上拉或下拉）且输入引脚必须由外部驱动。

复用输出功能：端口必须配置成复用功能输出模式（推挽或开漏）。

双向复用功能：端口必须配置复用功能输出模式（推挽或开漏）。这时，输入驱动器被配置成浮空输出模式。

2. 软件重新映射复用功能

为了使不同器件封装的外设 IO 功能的数量达到最优，可以把一些复用功能重新映射到其他一些引脚上，这可以通过软件配置相应的寄存器来完成。

6.6　定　时　器

STM32F103 内部集成了多个可编程定时器，它们具有延时、信号的频率测量、脉宽调制（pulse width modulation，PWM）信号输出、三相六步电机控制及编码接口等功能。STM32F103 内部的三种 16 位定时器，其特性见表 6-12。

6.6.1 基本定时器

基本定时器 TIM6 和 TIM7 各包含一个 16 位自动装载计数器，由各自的可编程预分频器驱动。它们可以作为通用定时器提供时间基准，特别地可以为数模转换器 DAC 提供时钟。实际上，它们在芯片内部直接连接到 DAC 并通过触发输出直接驱动 DAC。TIM6 和 TIM7 这两个定时器是互相独立的，不共享任何资源。TIM6 和 TIM7 定时器的主要功能包括：

（1）16 位自动重装载累加计数器。

（2）16 位可编程（可实时修改）预分频器，通过设置系数介于 1～65536 的任意数值对计数器进行时钟分频。

（3）触发 DAC 的同步电路。

（4）在更新事件（计数器溢出）时产生中断/DMA 请求。

表 6-12 STM32F103 的定时器特性表

类别	名称	特性
高级控制定时器	TIM1，TIM8	（1）16 位向上、向下、向上/向下自动装载计数器 （2）多达 4 个独立通道：输入捕获、输出比较、PWM 生成（边缘或中间对齐模式）、单脉冲模式输出 （3）死区时间可编程的互补输出 （4）使用外部信号控制定时器和定时器互联的同步电路 （5）允许在指定数目的计数器周期之后更新定时器寄存器的重复计数器 （6）刹车输入信号可以将定时器输出信号置于复位状态或者一个已知状态 （7）如下事件发生时产生中断/DMA：更新（计数器向上溢出/向下溢出、计数器初始化），触发事件（计数器启动、停止、初始化或者由内部/外部触发计数），输入捕获，输出比较，刹车信号输入 （8）支持针对定位的增量（正交）编码器和霍尔传感器电路 （9）触发输入作为外部时钟或者按周期的电流管理
通用定时器	TIM2，TIM3，TIM4，TIM5	（1）16 位向上、向下、向上/向下自动装载计数器 （2）4 个独立通道：输入捕获、输出比较、PWM 生成（边缘或中间对齐模式）、单脉冲模式输出 （3）使用外部信号控制定时器和定时器互连的同步电路 （4）如下事件发生时产生中断/DMA：更新（计数器向上溢出/向下溢出、计数器初始化），触发事件（计数器启动、停止、初始化或者由内部/外部触发计数），输入捕获，输出比较 （5）支持针对定位的增量（正交）编码器和霍尔传感器电路 （6）触发输入作为外部时钟或者按周期的电流管理
基本定时器	TIM6，TIM7	（1）16 位自动重装载累加计数器 （2）触发 DAC 的同步电路 （3）在更新事件（计数器溢出）时产生中断/DMA 请求

STM32F103 基本定时器的内部结构比较简单，结构框图见图 6-7，由一个触发控制器、一个 16 位预分频器、一个带自动重装载寄存器的 16 位计数器等构成。从其结构可看出，基本定时器的时钟源只有一个内部时钟 CK_INT。对应 STM32F103 所有定时区，

内部时钟 CK_INT 都来自 RCC 的 TIMxCLK。根据 STM32F103 的时钟树，基本定时器的 TIMxCLK 来源于 APB1 预分频器的输出，具体参见本章 6.3.3 节系统时钟内容。

STM32F103 基本定时器工作在向上计数模式，自动重装载寄存器中保存的是定时器的溢出值。基本定时器工作时脉冲计数器 TIMx_CNT 从 0 开始，在时钟 CK_INT 触发下不断累加计数。当脉冲计数器 CNT 的计数值等于自动重装载寄存器 TIMx_ARR 中保存的预设值时，产生溢出事件，可以触发中断或 DMA 请求。然后，脉冲计数器 CNT 的计数值被清 0，重新开始向上计数。如果使用基本定时器进行延时，延时时间 T 可由以下公式计算：

$$T = (\text{TIMx\_ARR} + 1) \times (\text{TIMx\_PSC} + 1) / \text{TIMx\_CLK} \tag{6-1}$$

通常情况下，STM32F103 上电复位后，TIMx_CLK 等于 72MHz。

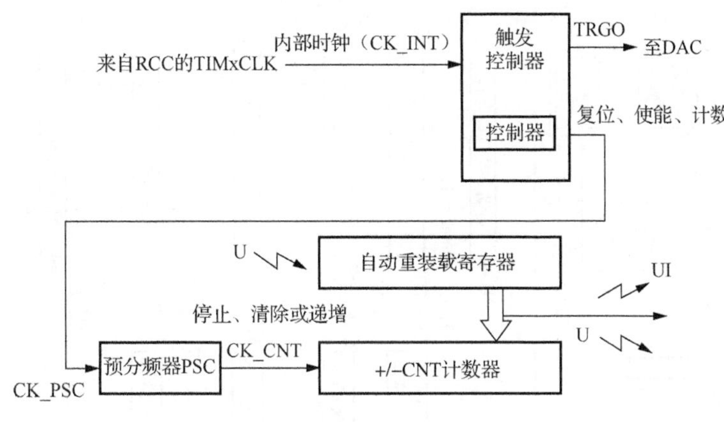

图 6-7　基本定时器内部结构

6.6.2　基本定时器相关寄存器

基本定时器相关寄存器包括 TIM6 和 TIM7 控制寄存器（TIMx_CR1）、TIM6 和 TIM7 控制寄存器 2（TIMx_CR2）、TIM6 和 TIM7 状态寄存器（TIMx_SR）、TIM6 和 TIM7 事件产生寄存器（TIMx_EGR）、TIM6 和 TIM7 计数器（TIMx_CNT）、TIM6 和 TIM7 预分频器（TIMx_PSC）、TIM6 和 TIM7 自动重装载寄存器（TIMx_ARR）以及 TIM6 和 TIM7 DMA/中断使能寄存器（TIMx_DIER）8 个寄存器，这些寄存器的详细介绍参见“STM32 中文参考手册”基本定时器章中寄存器介绍部分。

6.6.3　通用定时器的内部结构

通用定时器是一个通过可编程预分频器驱动的 16 位自动装载计数器。它适用于多种场合，包括测量输入信号的脉冲宽度（输入捕获）或者产生输出波形（输出比较和 PWM）。每个定时器都是完全独立的，没有互相共享任何资源，但它们可以同步操作。STM32F103 通用定时器 TIM2-TIM5 的内部结构见图 6-8。

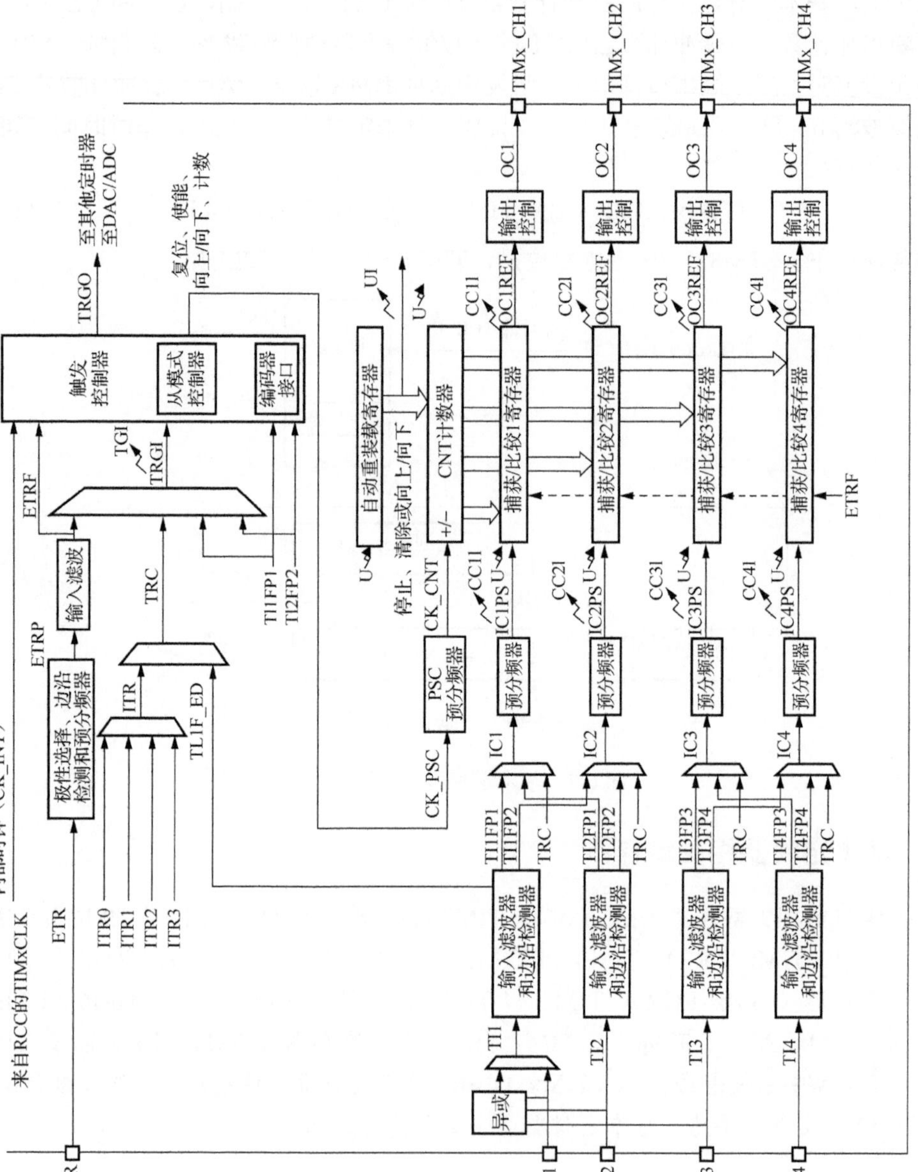

图 6-8　通用定时器的内部结构框图

STM32 的通用定时/计数器主要包括 1 个外部触发引脚（TIMx_ETR），4 个输入/输出通道（TIMx_CH1、TIMx_CH2、TIMx_CH3、TIMx_CH4），1 个内部时钟，1 个触发控制器，1 个时钟单元（由 PSC 预分频器、自动重装载计数器组成）。

相比于基本定时器，通用定时器的时钟可有多种选择，它可来源于内部时钟 CK_INT、内部触发输入 ITRx、外部输入捕获引脚 TIx 和外部触发输入引脚 ETR。

与基本定时器相比，通用定时器的结构复杂、功能较多，比如捕获输入部分和比较输出部分。当 4 个输入通道引脚电平发生翻转时，TIMx_CNT 的计数值被加载到捕获/比较寄存器 TIMx_CCR 中，从而实现脉冲的频率测量。当利用比较输出功能时，捕获/比较寄存器 TIMx_CCR 中存储的数值将与脉冲计数器 TIMx_CNT 的当前值比较，根据比较结果输出不同的电平。

6.6.4　通用定时器相关寄存器

通用定时器相关寄存器包括控制寄存器 1（TIMx_CR1）、DMA/中断使能寄存器（TIMx_DIER）、状态寄存器（TIMx_SR）、捕获/比较模式寄存器（TIMx_CCMR1）等 18 个寄存器，本节只介绍本节例题中涉及的寄存器，其他寄存器的详细介绍请参见“RM0008 Reference manual”通用定时器章中 TIMx 寄存器描述部分。

1. 控制寄存器 1（TIMx_CR1）

偏移地址：0x00

复位值：0x0000

位 15:10	保留，始终读为 0
位 9:8	CKD[1:0]：时钟分频因子（clock division）。定义在定时器时钟（CK_INT）频率与数字滤波器（ETR，TIx）使用的采样频率之间的分频比例 00：tDTS = tCK_INT 01：tDTS = 2 x tCK_INT 10：tDTS = 4 x tCK_INT 11：保留
位 7	ARPE：自动重装载预装载允许位（auto-reload preload enable） 0：TIMx_ARR 寄存器没有缓冲 1：TIMx_ARR 寄存器被装入缓冲器
位 6:5	CMS[1:0]：选择中央对齐模式（center-aligned mode selection） 00：边沿对齐模式。计数器依据方向位（DIR）向上或向下计数 01：中央对齐模式 1。计数器交替地向上和向下计数。配置为输出的通道（TIMx_CCMRx 寄存器中 CCxS=00）的输出比较中断标志位，只在计数器向下计数时被设置 10：中央对齐模式 2。计数器交替地向上和向下计数。配置为输出的通道（TIMx_CCMRx 寄存器中 CCxS=00）的输出比较中断标志位，只在计数器向上计数时被设置 11：中央对齐模式 3。计数器交替地向上和向下计数。配置为输出的通道（TIMx_CCMRx 寄存器中 CCxS=00）的输出比较中断标志位，在计数器向上和向下计数时均被设置 注：在计数器开启时（CEN=1），不允许从边沿对齐模式转换到中央对齐模式

位 4	DIR：方向（direction） 0：计数器向上计数 1：计数器向下计数 注：当计数器配置为中央对齐模式或编码器模式时，该位为只读
位 3	OPM：单脉冲模式（one pulse mode） 0：在发生更新事件时，计数器不停止 1：在发生下一次更新事件（清除 CEN 位）时，计数器停止
位 2	URS：更新请求源（update request source）。软件通过该位选择更新事件（update event，UEV）的源。 0：如果使能了更新中断或 DMA 请求，则下述任一事件产生更新中断或 DMA 请求： ——计数器溢出/下溢 ——设置产生更新事件（update generation，UG）位 ——从模式控制器产生的更新 1：如果使能了更新中断或 DMA 请求，则只有计数器溢出/下溢才产生更新中断或 DMA 请求
位 1	UDIS：禁止更新（update disable）。软件通过该位允许/禁止 UEV 的产生 0：允许 UEV，UEV 事件由下述任一事件产生； ——计数器溢出/下溢 ——设置 UG 位 ——从模式控制器产生的更新 随后它们的预装载值会被装入缓冲寄存器 1：禁止 UEV。不产生更新事件，影子寄存器（ARR、PSC、CCRx）保持它们的值。如果设置了 UG 位或从模式控制器发出了一个硬件复位，则计数器和预分频器被重新初始化
位 0	CEN：使能计数器 0：禁止计数器 1：使能计数器 注：在软件设置 CEN 位后，外部时钟、门控模式和编码器模式才能工作。触发模式可以自动地通过硬件设置 CEN 位。在单脉冲模式下，当发生更新事件时，CEN 被自动清除

2. DMA/中断使能寄存器（TIMx_DIER）

地址偏移：0x0C
复位值：0x0000

位 15	保留，始终读为 0
位 14	TDE：允许触发 DMA 请求（trigger DMA request enable） 0：禁止触发 DMA 请求 1：允许触发 DMA 请求
位 13	保留，始终读为 0
位 12	CC4DE：允许捕获/比较 4 的 DMA 请求（capture/compare 4 DMA request enable） 0：禁止捕获/比较 4 的 DMA 请求

位 11	CC3DE：允许捕获/比较 3 的 DMA 请求（capture/compare 3 DMA request enable） 0：禁止捕获/比较 3 的 DMA 请求
位 10	CC2DE：允许捕获/比较 2 的 DMA 请求（capture/compare 2 DMA request enable） 0：禁止捕获/比较 2 的 DMA 请求
位 9	CC1DE：允许捕获/比较 1 的 DMA 请求（capture/compare 1 DMA request enable） 0：禁止捕获/比较 1 的 DMA 请求
位 8	UDE：允许更新的 DMA 请求（update DMA request enable） 0：禁止更新的 DMA 请求 1：允许更新的 DMA 请求
位 7	保留，始终读为 0
位 6	TIE：触发中断使能（trigger interrupt enable） 0：禁止触发中断 1：使能触发中断
位 5	保留，始终读为 0
位 4	CC4IE：允许捕获/比较 4 中断（capture/compare 4 interrupt enable） 0：禁止捕获/比较 4 中断 1：允许捕获/比较 4 中断
位 3	CC3IE：允许捕获/比较 3 中断（capture/compare 3 interrupt enable） 0：禁止捕获/比较 3 中断 1：允许捕获/比较 3 中断
位 2	CC2IE：允许捕获/比较 2 中断（capture/compare 2 interrupt enable） 0：禁止捕获/比较 2 中断 1：允许捕获/比较 2 中断
位 1	CC1IE：允许捕获/比较 1 中断（capture/compare 1 interrupt enable） 0：禁止捕获/比较 1 中断 1：允许捕获/比较 1 中断
位 0	UIE：允许更新中断（update interrupt enable） 0：禁止更新中断 1：允许更新中断

3. 状态寄存器（TIMx_SR）

地址偏移：0x10

复位值：0x0000

位 15:13	保留，始终读为 0
位 12	CC4OF：捕获/比较 4 重复捕获标记（capture/compare 4 overcapture flag） 参见 CC1OF 描述
位 11	CC3OF：捕获/比较 3 重复捕获标记（capture/compare 3 overcapture flag） 参见 CC1OF 描述

位 10	CC2OF：捕获/比较 2 重复捕获标记（capture/compare 2 overcapture flag） 参见 CC1OF 描述
位 9	CC1OF：捕获/比较 1 重复捕获标记（capture/compare 1 overcapture flag）。仅当相应的通道被配置为输入捕获时，该标记可由硬件置‘1’。写‘0’可清除该位 0：无重复捕获产生 1：当计数器的值被捕获到 TIMx_CCR1 寄存器时，CC1IF 的状态已经为‘1’
位 8:7	保留，始终读为 0
位 6	TIF：触发器中断标记（trigger interrupt flag）。当发生触发事件（当从模式控制器处于除门控模式外的其他模式时，在 TRGI 输入端检测到有效边沿，或门控模式下的任一边沿）时由硬件对该位置‘1’。它由软件清‘0’ 0：无触发器事件产生 1：触发器中断等待响应
位 5	保留，始终读为 0
位 4	CC4IF：捕获/比较 4 中断标记（capture/compare 4 interrupt flag） 参考 CC1IF 描述
位 3	CC3IF：捕获/比较 3 中断标记 （capture/compare 3 interrupt flag） 参考 CC1IF 描述
位 2	CC2IF：捕获/比较 2 中断标记（capture/compare 2 interrupt flag） 参考 CC1IF 描述
位 1	CC1IF：捕获/比较 1 中断标记 （capture/compare 1 interrupt flag） 如果通道 CC1 配置为输出模式：当计数器值与比较值匹配时该位由硬件置‘1’，在中心对称模式下除外（参考 TIMx_CR1 寄存器的 CMS 位）。它由软件清‘0’ 0：无匹配发生 1：TIMx_CNT 的值与 TIMx_CCR1 的值匹配 如果通道 CC1 配置为输入模式：当捕获事件发生时该位由硬件置‘1’。它由软件清‘0’或通过读 TIMx_CCR1 清‘0’ 0：无输入捕获产生 1：计数器值已被捕获（拷贝）至 TIMx_CCR1（在 IC1 上检测到与所选极性相同的边沿）
位 0	UIF：更新中断标记 （update interrupt flag）。当产生更新事件时该位由硬件置‘1’。它由软件清‘0’ 0：无更新事件产生 1：更新中断等待响应 当寄存器被更新时该位由硬件置‘1’ ——若 TIMx_CR1 寄存器的 UDIS=0、URS=0，当 TIMx_EGR 寄存器的 UG=1 时产生更新事件（软件对计数器 CNT 重新初始化） ——若 TIMx_CR1 寄存器的 UDIS=0、URS=0，当计数器 CNT 被触发事件从初始化时产生更新事件（参考同步控制寄存器的说明）

4. 预分频器（TIMx_PSC）

地址偏移：0x28
复位值：0x0000

位 15:0	PSC[15:0]：预分频器的值（prescaler value）。PSC 包含更新事件产生时装入当前预分频器寄存器的值。计数器的时钟频率 CK_CNT 等于 fCK_PSC/（PSC[15:0]+1）

5. 自动重装载寄存器（TIMx_ARR）

地址偏移：0x2C
复位值：0x0000

位 15:0	ARR[15:0]：动重装载的值 （auto reload value）。ARR 包含将要传送至实际自动重装载寄存器的数值。当自动重装载的值为空时，计数器不工作

【例 6-1】 利用定时器 3 产生 500ms 的时间，控制 PE 口外接一个 LED 的状态翻转（LED 相关的代码见 6.5.2 节），main.c 的源代码如下：

```
#include "led.h"
#include "timer.h"
int main(void)
{
    LED_Init();
    TIM3_Int_Init(4999,7199);
    while(1)
    {
    }
}
```

在 timer.c 中进行定时器的相关设置，其中 MY_NVIC_PriorityGroupConfig()和 MY_NVIC_Init()函数用来进行中断优先级的设置，源代码如下：

```
#include "timer.h"
#include "led.h"
void MY_NVIC_PriorityGroupConfig(u8 NVIC_Group)
{
    u32 temp,temp1;
    temp1=(~NVIC_Group)&0x07;
    temp1<<=8;
    temp=SCB->AIRCR;
    temp&=0X0000F8FF;
    temp|=0X05FA0000;
    temp|=temp1;
    SCB->AIRCR=temp;
}
```

```
void MY_NVIC_Init(u8 NVIC_PreemptionPriority, u8 NVIC_SubPriority, u8 NVIC_Channel,u8 NVIC_Group)
{
    u32 temp;
    MY_NVIC_PriorityGroupConfig(NVIC_Group);
    temp=NVIC_PreemptionPriority<<(4-NVIC_Group);
    temp|=NVIC_SubPriority&(0x0f>>NVIC_Group);
    temp&=0xf;
    if(NVIC_Channel<32)NVIC->ISER[0]|=1<<NVIC_Channel;
    else NVIC->ISER[1]|=1<<(NVIC_Channel-32);
    NVIC->IP[NVIC_Channel]|=temp<<4;
}
void TIM3_IRQHandler(void)
{
    if(TIM3->SR&0X0001)
    {
        GPIOE->ODR ^= (1<<5);
    }
    TIM3->SR&=~(1<<0);
}
void TIM3_Int_Init(u16 arr,u16 psc)
{
    RCC->APB1ENR|=1<<1;
    TIM3->ARR=arr;
    TIM3->PSC=psc;
    TIM3->DIER|=1<<0;
    TIM3->CR1|=0x01;
    MY_NVIC_Init(1,3,TIM3_IRQn,2);
}
```

头文件 timer.h 的源代码如下：

```
#ifndef __TIMER_H
#define __TIMER_H
#include "stm32f10x.h"
void MY_NVIC_PriorityGroupConfig(u8 NVIC_Group);
void MY_NVIC_Init(u8 NVIC_PreemptionPriority,u8 NVIC_SubPriority,u8 NVIC_Channel,u8 NVIC_Group);
void TIM3_Int_Init(u16 arr,u16 psc);
#endif
```

6.6.5 高级定时器

STM32F103 高级定时器除具有通用定时器的所有功能外，还可以被看成一个分配到 6 个通道的三相 PWM 发生器，具有死区插入的互补 PWM 输出。STM32F103 的高级

定时器用途较多，如测量输入信号的脉冲宽度或产生输出波形。高级定时器具有通用定时器的所有功能，还具有三相六步电极接口、刹车功能以及拥有 PWM 驱动电路的死区时间控制功能等。而且高级定时器与通用定时器是完全独立的，它们不共享任何资源，可以同步操作。

关于高级定时器的内部结构及相关寄存器可参考 STM32F103 数据手册。

6.7　模 数 转 换

6.7.1　ADC 特性

STM32F103 有 3 个 12 位分辨率的逐次逼近型模数转换器（ADC），每个 ADC 最多有 16 个外部通道和 2 个内部通道，最短转换时间 1μs。各通道的 A/D 转换可以单次、连续、扫描或间断模式执行。ADC 的结果以左对齐或右对齐的方式存储在 16 位数据寄存器中。模拟看门狗特性允许应用程序检测输入电压是否超出用户定义的高/低阈值。ADC 主要特征如下：

（1）12 位分辨率；

（2）转换结束、注入转换结束和发生模拟看门狗事件时产生中断；

（3）单次和连续转换模式；

（4）从通道 0 到通道 *n* 的自动扫描模式；

（5）自校准；

（6）替换结果以左对齐或右对齐的方式存储；

（7）采样间隔可以按通道分别编程；

（8）规则转换和注入转换均有外部触发选项；

（9）间断模式；

（10）双重模式（带 2 个或以上 ADC 的器件）；

（11）规则通道转换期间有 DMA 请求产生。

启动 ADC 的触发信号可以是软件启动，也可以是定时器或外部触发启动。转换结束、注入转换结束和发生模拟看门狗事件时可以产生中断。可以通过 DMA 请求，将转换的数据传输到用户指定 RAM 中。

6.7.2　ADC 内部结构

STM32 的 ADC 主要由模拟多路开关、模拟至数字转换器、数据寄存器和触发选择等部分组成，其内部组成结构见图 6-9。

STM32 的每个 ADC 模块通过内部的模拟多路开关，可以切换到不同的输入通道并进行转换。STM32 特别地加入了多种成组转换的模式，可以由程序设置好之后，对多个模拟通道自动地进行逐个采样转换。ADC 有两种划分转换组的方式：规则通道组和注入通道组。通常规则通道组中可以安排最多 16 个通道，而注入通道组可以安排最多 4 个通道。如果规则通道相当于正常运行的程序，而注入通道就相当于中断。也就是说注入通道的转换可以打断规则通道的转换，在注入通道被转换完成之后，规则通道才得以继续转换。

大多数情况下，如果仅是一般模拟输入信号的转换，将模拟输入信号的通道设置为规则通道。当每个规则通道转换完成后，将转换结果保存到同一个规则通道数据寄存器中，产生 ADC 转换结束信号，并可以产生对应的中断和 DMA 请求。

注入通道组最多可以有 4 个通道，对应地也有 4 个注入通道寄存器用来存放注入通道的转换结果。当每个注入通道转换完成后，产生 ADC 注入转换结束事件，并可产生对应的中断，但不具备 DMA 传输能力。

ADC 部件需要收到触发信号后才开始进行 A/D 转换，触发信号可以使用软件触发，也可以是 EXTI 外部触发或定时器触发。从图 6-9 可以看到，规则通道组的硬件触发源有 EXTI-11、TIM8_TRGO、TIM1_CH1～TIM1_CH3、TIM2_CH2、TIM3_TRGO 和 TIM4_CH4 等，注入通道组的硬件触发源有 EXTI-15、TIM8_CH4、TIM1_TRGO、TIM1_CH4、TIM2_TRGO、TIM2_CH1、TIM3_CH4 和 TIM4_TRGO 等。ADC 部件接收到触发信号后，在 ADC 时钟 ADCCLK 的驱动下，对输入通道的信号进行采样、量化和编码。ADC 部件完成转换后，将转换后的 12 位数值以左对齐或右对齐的方式保存到一个 16 位规则通道数据寄存器或注入通道数据寄存器中，产生 ADC 转换结束/注入转换结束事件，可触发中断或 DMA 请求。需注意的是，仅 ADC1 和 ADC3 具有 DMA 功能，且只有在规则通道转换结束时才发生 DMA 请求。

6.7.3 ADC 相关寄存器简介

控制 ADC 的相关寄存器共有 14 个，分别是 ADC 状态寄存器（ADC_SR）、ADC 控制寄存器（ADC_CR1 和 ADC_CR2）、ADC 采样时间寄存器（ADC_SMPR1 和 ADC_SMPR2）、ADC 注入通道偏移寄存器 x（ADC_JOFRx）、ADC 规则序列寄存器 1（ADC_SQR1）、ADC 注入序列寄存器（ADC_JSQR）、ADC 注入数据寄存器 x（ADC_JDRx）、ADC 规则数据寄存器（ADC_DR）等。这些寄存器定义了 ADC 的工作模式、工作状态及转换后的结果，具体每个寄存器的详细介绍可参见 STM 公司发布的“RM0008 Reference manual”。

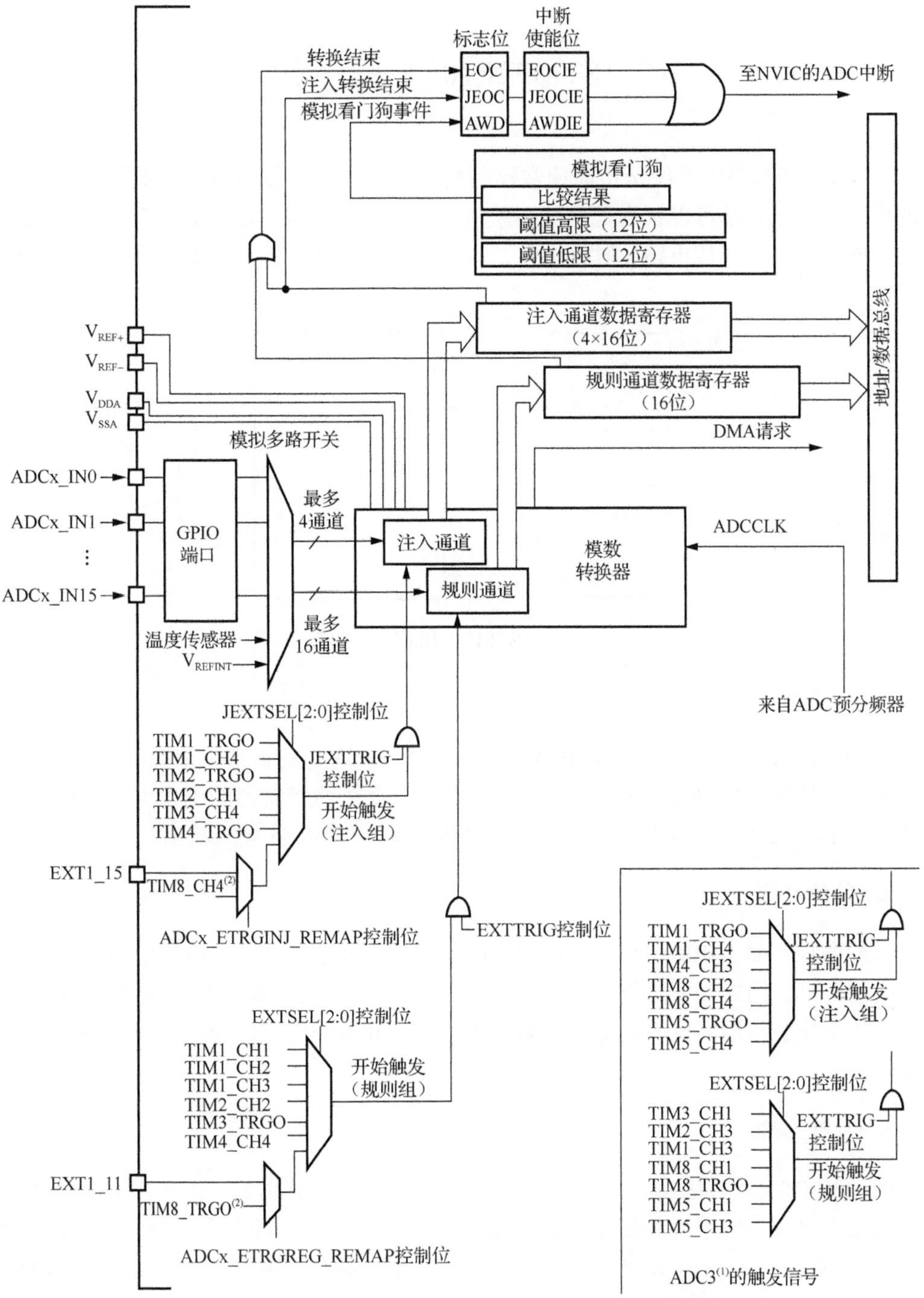

注：（1）ADC3 的规则转换和注入转换触发与 ADC1 和 ADC2 的不同；

（2）TIM8_CH4 和 TIM8_TRGO 及它们的重映射位只存在于大容量产品中

图 6-9　ADC 内部结构方框图

6.8 STM32F103 的最小系统

STM32F103 最小系统是指能使微控制器正常工作所必需的最少元器件，无论多复杂的嵌入式系统，都可以认为是由最小系统和扩展电路组成。通常最小系统由微控制器芯片、电源电路、复位电路、时钟电路、启动配置电路和下载电路等组成。典型最小系统见图 6-10。

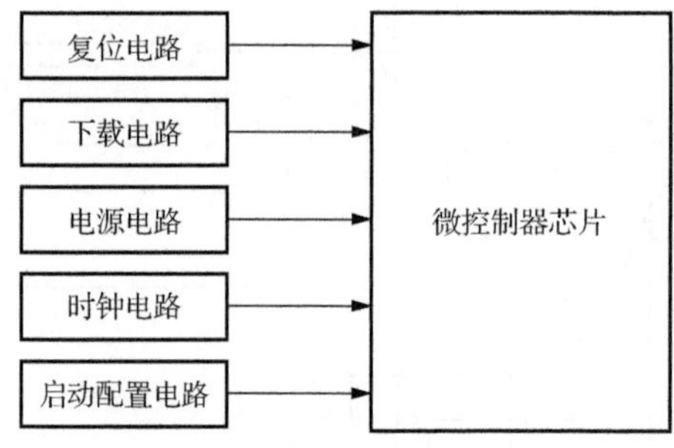

图 6-10　STM32F103 最小系统

1. 电源电路

STM32F103 系列微控制器的供电电压在 1.8～3.6V。由于常用电源电压为 5V，因此需采用电压转换电路将 5V 转换为 STM32F103 系列微控制器的工作电压。电源转换芯片 LM1117 就是一款常用的稳压芯片，可实现 1.2～3.6V 的电压输出。

2. 复位电路

一般微控制器上电时，需要一定的时间电源电压才能稳定，且内部资源初始化也需要一定的时间，因此需要复位电路产生延时，确保 CPU 及各部件处于确定的初始状态，直至电压稳定。常用复位电路见图 6-11，包括按键和保护电阻电容，当按下按键时系统复位。

3. 时钟电路

STM32F103 内部有 RC 振荡器，可以为内部锁相环提供时钟。但内部 RC 振荡器相比外部晶振来说不够准确和稳定。除内部时钟，STM32F103 还提供了两种外部时钟源，利用片外晶振作为内核和外设的驱动时钟。片外晶振时钟电路是 STM32F103 的 OSC32_IN 引脚和 OSC32_OUT 引脚外接晶体振荡器和两个微调电容，见图 6-12。

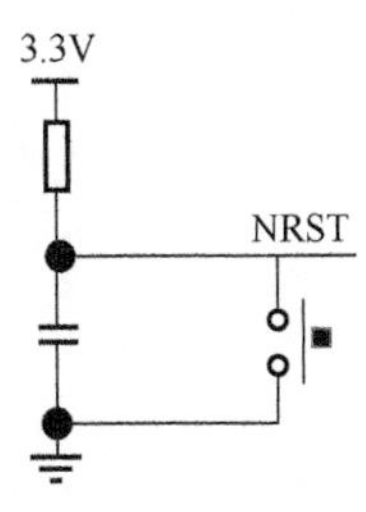

图 6-11　复位电路

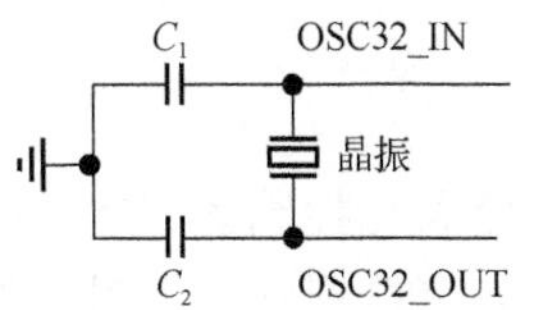

图 6-12　时钟电路

4. 启动配置电路

STM32F103 微控制器有两个启动引脚 BOOT0 和 BOOT1。通过设置这两个引脚的电平，可以将 STM32F103 微控制器存储空间的起始地址 0x00000000 映射到不同存储区域，这样就可以选择在主闪存存储器、系统存储器和片内 SRAM 上运行代码，BOOT1 和 BOOT0 引脚状态组合及对应的启动模式见表 6-4。

5. 下载电路

STM32F103 微控制器内部集成了标准调试单元，支持 JTAG 和串行调试（serial wire debug，SWD）两种调试方式。

JTAG 是一种国际标准测试协议（IEEE 1149.1 兼容），主要用于芯片内部测试。目前大部分 ARM、DSP、FPGA 器件等均支持 JTAG 协议。标准的 JTAG 接口为 4 线，引脚分配如表 6-13 所示。

表 6-13　JTAG 引脚分配

引脚	描述	引脚分配
JTMS/SWDIO	串行输入/输出	PA13
JTCK/SWCLK	串行时钟	PA14
VDD	3.3V	VDD
GND	地	GND

在高速模式下大数据量下载程序时，SWD 模式比 JTAG 模式更为可靠。

本 章 小 结

本章介绍了 STM32 的内部结构、引脚功能、系统控制模块，对 STM32 的通用输入/输出端口、定时器、模数转换器等片上资源的工作原理进行了陈述，对时钟模块、通用输入/输出端口和定时器相关的寄存器进行了详细的介绍，并通过实例介绍了基于寄存器的编程方法。

习　　题

6-1　32 位微控制器 STM32F103 由哪些部分组成？

6-2　STM32 有哪几个时钟源？

6-3　简述 STM32 的启动方式，各个方式如何配置？

6-4　STM32F103 的 I/O 端口有哪几种模式？

6-5　GPIO 寄存器有哪些？

6-6　简述 GPIO 配置方法，画出 GPIO 使用流程。

6-7　STM32F103 内部的定时器有哪几种类型？不同类型的定时器有什么区别？

6-8　STM32F103 微控制器通用定时器的常用工作模式有哪些？

6-9　什么是中断向量表？它通常放在存储器的哪个位置？

6-10　STM32F103 微控制器的中断系统共支持多少个异常？其中包括多少个内核异常和多少个可屏蔽中断？

6-11　STM32F103 的 ADC 转换模式有哪几种？触发转换方式有哪些？

6-12　STM32F103 的 ADC 有多少路模拟信号通道？分为几组？

第 7 章　STM32 库函数及应用举例

教学目的：

通过对本章的学习，了解 STM32 库函数功能，掌握通过库函数进行 STM32 程序设计的方法。

7.1　STM32 库函数简介

函数库是由系统建立的具有一定功能的函数的集合。库中存放函数的名称和对应的目标代码，以及连接过程中所需的重定位信息。用户也可以根据自己的需要建立自己的用户函数库。

C 语言与 C 语言库函数的关系就类似于汉字与经典著作的关系。C 语言是一种计算机编程语言，C 语言库函数是由 C 语言编写出来的函数，方便使用者更加简单快捷的使用 C 语言。

C 语言是一种程序设计的入门语言。由于 C 语言的语句中没有提供直接计算 sin 或 cos 函数的语句，会造成编写程序困难，但是库函数提供了 sin 和 cos 函数，可以直接调用。显示一段文字，由于 C 语言没有显示语句，只能使用库函数 printf。C 语言的库函数并不是 C 语言本身的一部分，它是由程序员根据一般用户的需要，编制并供用户使用的一组程序。C 语言的库函数极大地方便了用户，同时也弥补了 C 语言本身的不足。事实上，在编写 C 语言程序时，应当尽可能多地使用库函数，这样既可以提高程序的运行效率，又可以提高编程的质量。

7.1.1　STM32 库函数概述

ST 官方提供的固件库完整包可以在其官方网站下载。固件库是不断完善升级的，所以有不同的版本，本书使用的是 V3.5 版本的固件库，官方库包根目录见图 7-1，目录列表见图 7-2。

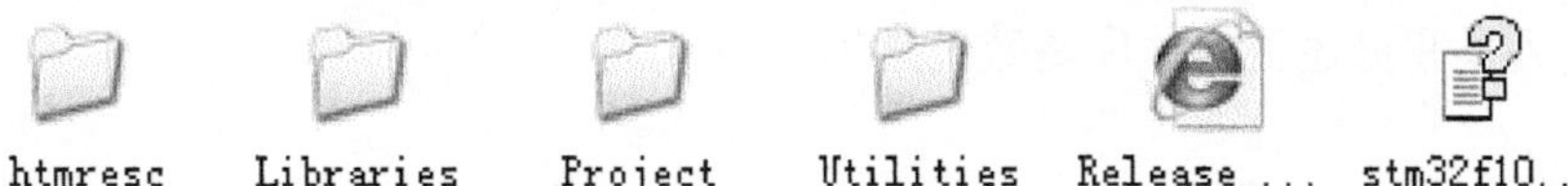

图 7-1　官方库包根目录

```
⊟ STM32F10x_StdPeriph_Lib_V3.5.0
    _htmresc
  ⊟ Libraries
    ⊟ CMSIS
      ⊟ CM3
          CoreSupport
        ⊞ DeviceSupport
        Documentation
    ⊟ STM32F10x_StdPeriph_Driver
        inc
        src
  ⊟ Project
    ⊞ STM32F10x_StdPeriph_Examples
    ⊞ STM32F10x_StdPeriph_Template
  ⊟ Utilities
    ⊞ STM32_EVAL
```

图 7-2　官方库包目录列表

Libraries 文件夹下面有 CMSIS 和 STM32F10x_StdPeriph_Driver 两个目录，这两个目录包含固件库核心的所有子文件夹和文件。其中 CMSIS 目录下面是启动文件，STM32F10x_StdPeriph_Driver 下面是 STM32 固件库源码文件。源文件目录下面的 inc 文件夹存放的是 stm32f10x_xxx.h 头文件，无须改动。src 文件夹下面存放的是 stm32f10x_xxx.c 格式的固件库源码文件。每一个.c 文件和一个.h 文件对应。这里的文件也是固件库的核心文件，每个外设对应一组文件。

Libraries 文件夹里面的文件在建立工程时会用到。

Project 文件夹下面有两个文件夹。顾名思义，STM32F10x_StdPeriph_Examples 文件夹下面存放的 ST 官方提供的固件实例源码，在以后的开发过程中，可以参考修改这个官方提供的实例来快速驱动自己的外设，很多开发板的实例都参考了官方提供的例程源码，这些源码对以后的学习非常重要。STM32F10x_StdPeriph_Template 文件夹下面存放的是工程模板。

Utilities 文件夹下就是官方评估板的一些对应源码。

根目录中还有一个 stm32f10x_stdperiph_lib_um.chm 文件，这是一个固件库的帮助文档。

7.1.2　固件库函数文件描述

表 7-1 列举和描述了固件库函数的常用文件。

表 7-1　固件库函数的常用文件描述

文件名	描述
stm32f10x_conf.h	参数设置文件，作为应用和库之间的界面。用户必须在运行自己的程序前修改该文件。用户可以利用模板使能或者失能外设，也可以修改外部晶振的参数或是用该文件在编译前使能 Debug 或者 release 模式
main.c	主函数体示例
stm32f10x_it.h	头文件，包含所有中断处理函数原型
stm32f10x_it.c	外设中断函数文件。用户可以加入自己的中断程序代码。对于指向同一个中断向量的多个不同中断请求，可以利用函数判断外设的中断标志位来确定准确的中断源。固件函数库提供这些函数的名称
stm32f10x_lib.h	包含所有外设的头文件。它是唯一一个用户必须包含在应用程序中的文件，起到应用和库函数相互连接的作用
stm32f10x_lib.c	包括多个指针的定义，每个指针指向特定外设的首地址，以及在 Debug 模式被使能时被调用函数的定义
stm32f10x_map.h	该文件包含存储器映像和所有寄存器物理地址的声明，既可以用于 Debug 模式也可以用于 release 模式。所有外设都使用该文件
stm32f10x_type.h	通用声明文件。包含所有外设驱动使用的通用类型和常数
stm32f10x_ppp.c	由 C 语言编写的外设 PPP 的驱动源程序文件
stm32f10x_ppp.h	外设 PPP 的头文件。包含外设 PPP 函数的定义，以及这些函数使用的变量
cortexm3_macro.h	文件 cortexm3_macro.s 的头文件
cortexm3_macro.s	Cortex-M3 内核特殊指令的指令包装

注：PPP 表示任意外设

固件库函数文件体系结构见图 7-3，每一个外设都有一个对应的源文件。

stm32f10x_ppp.c 对应一个 stm32f10x_ppp.h。

文件 stm32f10x_ppp.c 包含使用外设 PPP 所需的所有固件函数，提供所有外设一个存储器映像文件 stm32f10x_map.h。它包含所有寄存器的声明，既可以用于 Debug 模式也可以用于 release 模式。

头文件 stm32f10x_lib.h 包含所有外设的头文件。它是唯一一个用户必须包含在应用程序中的文件，可以起到应用程序和库函数连接的作用。

文件 stm32f10x_conf.h 是唯一一个需要由用户修改的文件。它作为应用和库之间的界面，指定了一系列参数。

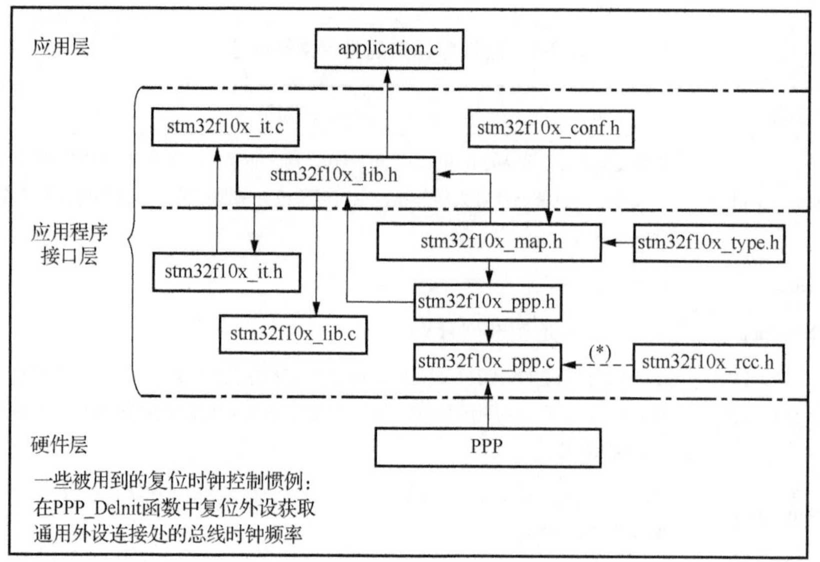

图 7-3　固件库函数文件体系结构

7.1.3　STM32 编码规范

1. 固件库函数命名规则

固件库函数遵从以下命名规则。

常量仅被应用于一个文件的，定义于该文件中；被应用于多个文件的，在对应头文件中定义。所有常量都由大写英文字母表示。

寄存器作为常量处理。它们的命名都用大写英文字母。它们采用的缩写规范与本书一致。

外设函数的命名以该外设的缩写加下划线为开头。每个单词的第一个字母都由大写英文字母书写，例如：

SPI_SendData 在函数名中，只允许存在一个下划线，用以分隔外设缩写和函数名的其他部分。

名为 PPP_Init 的函数，其功能是根据 PPP_InitTypeDef 中指定的参数，初始化外设 PPP，例如 TIM_Init。

名为 PPP_DeInit 的函数，其功能为复位外设 PPP_DeIni 的所有寄存器至缺省值，例如 TIM_DeInit。

名为 PPP_StructInit 的函数，其功能为通过设置 PPP_InitTypeDef 结构中的各种参数来定义外设的功能，例如 USART_StructInit。

名为 PPP_Cmd 的函数，其功能为使能或者失能外设 PPP，例如 SPI_Cmd。

名为 PPP_ITConfig 的函数，其功能为使能或者失能来自外设 PPP 某中断源，例如 RCC_ITConfig。

名为 PPP_DMAConfig 的函数，其功能为使能或者失能外设 PPP 的 DMA 接口，例

如 TIM1_DMAConfig。

用以配置外设功能的函数，总是以字符串“Config”结尾，例如 GPIO_PinRemapConfig。

名为 PPP_GetFlagStatus 的函数，其功能为检查外设 PPP 某标志位被设置与否，例如 IIC_GetFlagStatus。

名为 PPP_ClearFlag 的函数，其功能为清除外设 PPP 标志位，例如 IIC_ClearFlag。

名为 PPP_GetITStatus 的函数，其功能为判断来自外设 PPP 的中断发生与否，例如 IIC_GetITStatus。

名为 PPP_ClearITPendingBit 的函数，其功能为清除外设 PPP 中断待处理标志位，例如 IIC_ClearITPendingBit。

2. 变量类型定义规则

固态库函数定义了 24 个变量类型，它们的类型和大小是固定的。在文件 stm32f10x_type.h 中定义了这些变量：

```
typedef signed long s32;
typedef signed short s16;
typedef signed char s8;
typedef signed long const sc32;
typedef signed short const sc16;
typedef signed char const sc8;
typedef volatile signed long vs32;
typedef volatile signed short vs16;
typedef volatile signed char vs8;
typedef volatile signed long const vsc32;
typedef volatile signed short const vsc16;
typedef volatile signed char const vsc8;
typedef unsigned long u32;
typedef unsigned short u16;
typedef unsigned char u8;
typedef unsigned long const uc32;
typedef unsigned short const uc16;
typedef unsigned char const uc8;
typedef volatile unsigned long vu32;
typedef volatile unsigned short vu16;
typedef volatile unsigned char vu8;
typedef volatile unsigned long const vuc32;
typedef volatile unsigned short const vuc16;
typedef volatile unsigned char const vuc8;
```

3. 布尔型变量定义规则

在文件 stm32f10x_type.h 中，布尔型变量被定义如下：

```
typedef enum
{
```

```
    FALSE = 0,
    TRUE = !FALSE
} bool;
```

4. 标志位状态类型定义规则

在文件 stm32f10x_type.h 中，定义标志位类型（FlagStatus type）的两个可能值“设置”或“重置”（SET or RESET）。

```
typedef enum
{
    RESET = 0,
    SET = !RESET
} FlagStatus;
```

5. 功能状态类型定义规则

在文件 stm32f10x_type.h 中，定义功能状态类型（FunctionalState type）的两个可能值为“使能”或“失能”（ENABLE or DISABLE）。

```
typedef enum
{
    DISABLE = 0,
    ENABLE = !DISABLE
} FunctionalState;
```

6. 错误状态类型定义规则

在文件 stm32f10x_type.h 中，错误状态类型（ErrorStatus type）的 2 个可能值为“成功”或“出错”（SUCCESS or ERROR）。

```
typedef enum
{
    ERROR = 0,
    SUCCESS = !ERROR
} ErrorStatus;
```

7.1.4 外设的初始化和设置

本节按步骤描述了如何初始化和设置任意外设。

1. 声明

在主应用文件中，声明一个变量为 PPP_InitTypeDef 结构体类型。例如：
PPP_InitTypeDef   PPP_InitStructure;

这里 PPP_InitStructure 是一个位于内存中的工作变量，用来初始化一个或者多个外设 PPP。

2. 赋值

为变量 PPP_InitStructure 的各个结构成员填入允许的值，可以采用以下两种方式。

（1）整体赋值。

按照如下程序设置整个结构体：

```
PPP_InitStructure.member1=val1;
PPP_InitStructure.member2=val2;
PPP_InitStructure.memberN=valN;
/* where N is the number of the structure members */
```

以上步骤可以合并在同一行里，用以优化代码：

```
PPP_InitTypeDefPPP_InitStructure = { val1, val2,..., valN}
```

（2）部分赋值。

仅设置结构体中的部分成员，这种情况下用户应当首先调用函数 PPP_StructInit()来初始化变量 PPP_InitStructure，然后再修改其中需要修改的成员。这样可以保证其他成员的值（多为缺省值）被正确填入。

```
PPP_StructInit(&PPP_InitStructure);
PPP_InitStructure.memberX=valX;
PPP_InitStructure.memberY=valY;
/*where X and Y are the members the user wants to configure*/
```

3. 初始化

调用函数 PPP_Init()来初始化外设 PPP。而 PPP_DeInit()功能和 PPP_Init(PPP)相反，将寄存器复位为缺省值。

4. 使能

在这一步，外设 PPP 已被初始化。可以调用函数 PPP_Cmd()来使能。

```
PPP_Cmd(PPP, ENABLE);
```

可以通过调用一系列函数来使用外设，每个外设都拥有各自的功能函数。

注：在设置一个外设前，必须调用一个下面的函数来使能它的时钟。

```
RCC_AHBPeriphClockCmd(RCC_AHBPeriph_PPPx,ENABLE);
RCC_APB2PeriphClockCmd(RCC_APB2Periph_PPPx,ENABLE);
RCC_APB1PeriphClockCmd(RCC_APB1Periph_PPPx, ENABLE);
```

7.2 STM32 常用库函数

7.2.1 通用输入/输出库函数

GPIO 库函数可以用作多个用途，包括引脚设置，单位设置/重置，锁定机制，从引脚读或者向引脚写数据。

本章能用到的 GPIO 库函数见表 7-2。

表 7-2 GPIO 库函数

函数名	描述
GPIO_Init	根据 GPIO_InitStruct 中指定的参数初始化外设 GPIOx 寄存器
GPIO_SetBits	设置指定的数据端口位
GPIO_ResetBits	清除指定的数据端口位

1. 函数 GPIO_Init

GPIO 引脚的初始化函数 GPIO_Init 见表 7-3。

表 7-3 函数 GPIO_Init

项目	描述
函数名	GPIO_Init
函数原型	Void GPIO_Init（GPIO_TypeDef* GPIOx, GPIO_InitTypeDef* GPIO_InitStruct）
功能描述	根据 GPIO_InitStruct 中指定的参数初始化外设 GPIOx 寄存器
输入参数 1	GPIOx：x 可以是 A、B、C、D 或者 E 来选择 GPIO 外设
输入参数 2	GPIO_InitStruct：指向结构 GPIO_InitTypeDef 的指针，包含了外设 GPIO 的配置信息
输出参数	无
返回值	无
先决条件	无
被调用函数	无

GPIO_InitTypeDef 定义于文件“stm32f10x_gpio.h”：

```
typedef struct
{
  u16 GPIO_Pin;
  GPIOSpeed_TypeDefGPIO_Speed;
  GPIOMode_TypeDefGPIO_Mode;
} GPIO_InitTypeDef;
```

参数 GPIO_Pin 选择待设置的 GPIO 引脚，使用操作符“|”可以一次选中多个引脚。可以使用表 7-4 中的任意组合。

GPIO 对应引脚见表 7-4 所示。

表 7-4　GPIO_Pin 取值

GPIO_Pin 取值	描述
GPIO_Pin_None	无引脚被选中
GPIO_Pin_0,1,…,15	选中引脚 0,1,…,15
GPIO_Pin_All	选中全部引脚

GPIO_Speed 用以设置选中引脚的速率，该参数可取的值见表 7-5。

表 7-5　GPIO_Speed 取值

GPIO_Speed 取值	描述
GPIO_Speed_10MHz	最高输出速率 10MHz
GPIO_Speed_20MHz	最高输出速率 20MHz
GPIO_Speed_50MHz	最高输出速率 50MHz

GPIO_Mode 用以设置选中引脚的工作状态，该参数可取的值见表 7-6。

表 7-6　GPIO_Mode 取值

GPIO_Mode 取值	描述
GPIO_Mode_AIN	模拟输入
GPIO_Mode_IN_FLOATING	浮空输入
GPIO_Mode_IPD	下拉输入
GPIO_Mode_IPU	上拉输入
GPIO_Mode_Out_OD	开漏输出
GPIO_Mode_Out_PP	推挽输出
GPIO_Mode_AF_OD	复用开漏输出
GPIO_Mode_AF_PP	复用推挽输出

注意：当某引脚设置为上拉或者下拉输入模式，使用寄存器 Px_BSRR 和 Px_BRR。

GPIO_Mode 允许同时设置 GPIO 方向（输入/输出）和对应的输入/输出模式，位[7:4]对应 GPIO 方向，位[4:0]对应模式。

GPIO_Mode 所有的索引和编码见表 7-7。

表 7-7　GPIO_Mode 的索引和编码

GPIO 方向	索引	模式	设置	模式代码
GPIO Input	0x00	GPIO_Mode_AIN	0x00	0x00
		GPIO_Mode_IN_FLOATING	0x04	0x04
		GPIO_Mode_IPD	0x08	0x28
		GPIO_Mode_IPU	0x08	0x48
GPIO Output	0x01	GPIO_Mode_Out_OD	0x04	0x14
		GPIO_Mode_Out_PP	0x00	0x10
		GPIO_Mode_AF_OD	0x0C	0x1C
		GPIO_Mode_AF_PP	0x08	0x18

例：

```
/* Configure all the GPIOA in Input Floating mode */
GPIO_InitTypeDefGPIO_InitStructure;
GPIO_InitStructure.GPIO_Pin = GPIO_Pin_All;
GPIO_InitStructure.GPIO_Speed = GPIO_Speed_10MHz;
GPIO_InitStructure.GPIO_Mode = GPIO_Mode_IN_FLOATING;
GPIO_Init(GPIOA, &GPIO_InitStructure);
```

2. 函数 GPIO_SetBits

GPIO 引脚的置位函数 GPIO_SetBits 见表 7-8。

表 7-8　函数 GPIO_SetBits

项目	描述
函数名	GPIO_SetBits
函数原型	void GPIO_SetBits（GPIO_TypeDef* GPIOx, u16 GPIO_Pin）
功能描述	设置指定的数据端口位
输入参数 1	GPIOx：x 可以是 A、B、C、D、E，用来选择 GPIO 外设
输入参数 2	GPIO_Pin：待设置的端口位，可以取 GPIO_Pin_x（x 可以是 0～15）的任意组合
输出参数	无
返回值	无
先决条件	无
被调用函数	无

例：

```
/* Set the GPIOA port pin 10 and pin 15 */
GPIO_SetBits(GPIOA, GPIO_Pin_10 | GPIO_Pin_15);
```

3. 函数 GPIO_ResetBits

GPIO 引脚的清零函数 GPIO_ResetBits 见表 7-9。

表 7-9　函数 GPIO_ResetBits

项目	描述
函数名	GPIO_ResetBits
函数原型	void GPIO_ResetBits（GPIO_TypeDef* GPIOx, u16 GPIO_Pin）
功能描述	清除指定的数据端口位
输入参数 1	GPIOx：x 可以是 A、B、C、D、E，用来选择 GPIO 外设
输入参数 2	GPIO_Pin：待清除的端口位，可以取 GPIO_Pin_x（x 可以是 0～15）的任意组合
输出参数	无
返回值	无
先决条件	无
被调用函数	无

例：

```
/* Clears the GPIOA port pin 10 and pin 15 */
GPIO_ResetBits(GPIOA, GPIO_Pin_10 | GPIO_Pin_15);
```

4. 函数 RCC_APB2PeriphClockCmd

函数 RCC_APB2PeriphClockCmd 的描述见表 7-10。

表 7-10　函数 RCC_APB2PeriphClockCmd

项目	描述
函数名	RCC_APB2PeriphClockCmd
函数原型	void RCC_APB2PeriphClockCmd（u32 RCC_APB2Periph, FunctionalState NewState）
功能描述	使能或者失能 APB2 外设时钟
输入参数 1	RCC_APB2Periph：门控 APB2 外设时钟
输入参数 2	NewState：指定外设时钟的新状态。这个参数可以取 ENABLE 或者 DISABLE
输出参数	无
返回值	无
先决条件	无
被调用函数	无

RCC_APB2Periph 为门控的 APB2 外设时钟，可以取一个值或者取多个值的组合作为该参数的值，见表 7-11。

表 7-11　RCC_APB2Periph 取值

RCC_APB2Periph 取值	描述
RCC_APB2Periph_AFIO	功能复用 I/O 时钟
RCC_APB2Periph_GPIOA	GPIOA
RCC_APB2Periph_GPIOB	GPIOB
RCC_APB2Periph_GPIOC	GPIOC
RCC_APB2Periph_GPIOD	GPIOD
RCC_APB2Periph_GPIOE	GPIOE
RCC_APB2Periph_ADC1	ADC1
RCC_APB2Periph_ADC2	ADC2
RCC_APB2Periph_TIM1	TIM1
RCC_APB2Periph_SPI1	SPI1
RCC_APB2Periph_USART1	USART1
RCC_APB2Periph_ALL	全部

例：

```
/* Enable GPIOA, GPIOB clocks */
RCC_APB2PeriphClockCmd(RCC_APB2Periph_GPIOA|RCC_APB2Periph_GPIOB,
ENABLE);
```

7.2.2 外部中断/事件控制器库函数

外部中断/事件控制器由19个产生中断/事件要求的边沿检测器组成。每个输入线可以独立配置输入类型（脉冲或挂起）和对应的触发事件（上升沿、下降沿或双边沿触发）。每个输入线都可以被独立的屏蔽。挂起寄存器保持着状态线的中断要求。

EXTI控制器的库函数见表7-12。

表7-12 EXTI控制器库函数

函数名	描述
NVIC_PriorityGroupConfig	设置优先级分组：先占优先级和从优先级
NVIC_Init	初始化外设NVIC 寄存器
GPIO_EXTILineConfig	选择GPIO引脚用作外部中断线路
EXTI_Init	根据EXTI_InitStruct中指定的参数初始化外设EXTI控制器寄存器
EXTI_GetITStatus	检查指定的EXTI 线路触发请求发生与否
EXTI_ClearITPendingBit	清除EXTI 线路挂起位

1. 函数NVIC_PriorityGroupConfig

函数NVIC_PriorityGroupConfig的描述见表7-13。

表7-13 函数NVIC_PriorityGroupConfig

项目	描述
函数名	NVIC_PriorityGroupConfig
函数原型	void NVIC_PriorityGroupConfig(u32 NVIC_PriorityGroup)
功能描述	设置优先级分组：先占优先级和从优先级
输入参数	NVIC_PriorityGroup：优先级分组位长度
输出参数	无
返回值	无
先决条件	优先级分组只能设置一次
被调用函数	无

其中，参数NVIC_PriorityGroup设置优先级分组见表7-14。

表7-14 NVIC_PriorityGroup分组情况

NVIC_PriorityGroup 分组	描述
NVIC_PriorityGroup_0	先占优先级0位，从优先级4位
NVIC_PriorityGroup_1	先占优先级1位，从优先级3位
NVIC_PriorityGroup_2	先占优先级2位，从优先级2位
NVIC_PriorityGroup_3	先占优先级3位，从优先级1位
NVIC_PriorityGroup_4	先占优先级4位，从优先级0位

例：

```
/* Configure the Priority Grouping with 1 bit */
   NVIC_PriorityGroupConfig(NVIC_PriorityGroup_1);
```

2. 函数 NVIC_Init

函数 NVIC_Init 的描述见表 7-15。

表 7-15　函数 NVIC_Init

项目	描述
函数名	NVIC_Init
函数原型	void NVIC_Init（NVIC_InitTypeDef* NVIC_InitStruct）
功能描述	根据 NVIC_InitStruct 中指定的参数初始化外设 NVIC 寄存器
输入参数	NVIC_InitStruct：指向结构 NVIC_InitTypeDef 的指针，包含外设 GPIO 的配置信息
输出参数	无
返回值	无
先决条件	无
被调用函数	无

NVIC_InitTypeDef 定义于文件“stm32f10x_nvic.h”：

```
typedef struct
{
   u8 NVIC_IRQChannel;
   u8 NVIC_IRQChannelPreemptionPriority;
   u8 NVIC_IRQChannelSubPriority;
   FunctionalState NVIC_IRQChannelCmd;
} NVIC_InitTypeDef;
```

参数 NVIC_IRQChannel 用于使能或者失能指定的 IRQ 通道。该参数可取的值见表 7-16。

表 7-16　NVIC_IRQChannel 取值

NVIC_IRQChannel 取值	描述
WWDG_IRQChannel	窗口看门狗中断
PVD_IRQChannel	PVD 通过 EXTI 探测中断
TAMPER_IRQChannel	篡改中断
RTC_IRQChannel	RTC 全局中断
FlashItf_IRQChannel	FLASH 全局中断
RCC_IRQChannel	RCC 全局中断
EXTI0_IRQChannel	外部中断线 0 中断
EXTI1_IRQChannel	外部中断线 1 中断
EXTI2_IRQChannel	外部中断线 2 中断

续表

NVIC_IRQChannel 取值	描述
EXTI3_IRQChannel	外部中断线 3 中断
EXTI4_IRQChannel	外部中断线 4 中断
DMAChannel1_IRQChannel	DMA 通道 1 中断
DMAChannel2_IRQChannel	DMA 通道 2 中断
DMAChannel3_IRQChannel	DMA 通道 3 中断
DMAChannel4_IRQChannel	DMA 通道 4 中断
DMAChannel5_IRQChannel	DMA 通道 5 中断
DMAChannel6_IRQChannel	DMA 通道 6 中断
DMAChannel7_IRQChannel	DMA 通道 7 中断
ADC_IRQChannel	ADC 全局中断
USB_HP_CANTX_IRQChannel	USB 高优先级或者 CAN 发送中断
USB_LP_CAN_RX0_IRQChannel	USB 低优先级或者 CAN 接收 0 中断
CAN_RX1_IRQChannel	CAN 接收 1 中断
CAN_SCE_IRQChannel	CAN 状态变化错误中断
EXTI9_5_IRQChannel	外部中断线 5～9 中断
TIM1_BRK_IRQChannel	TIM1 暂停中断
TIM1_UP_IRQChannel	TIM1 刷新中断
TIM1_TRG_COM_IRQChannel	TIM1 触发和通信中断
TIM1_CC_IRQChannel	TIM1 捕获/比较中断
TIM2_IRQChannel	TIM2 全局中断
TIM3_IRQChannel	TIM3 全局中断
TIM4_IRQChannel	TIM4 全局中断
IIC1_EV_IRQChannel	IIC1 事件中断
IIC1_ER_IRQChannel	IIC1 错误中断
IIC2_EV_IRQChannel	IIC2 事件中断
IIC2_ER_IRQChannel	IIC2 错误中断
SPI1_IRQChannel	SPI1 全局中断
SPI2_IRQChannel	SPI2 全局中断
USART1_IRQChannel	USART1 全局中断
USART2_IRQChannel	USART2 全局中断
USART3_IRQChannel	USART3 全局中断
EXTI15_10_IRQChannel	外部中断线 10～15 中断
RTCAlarm_IRQChannel	RTC 闹钟通过 EXTI 线中断
USBWakeUp_IRQChannel	USB 通过 EXTI 线从悬挂唤醒中断

注：PVD 为可编程电压监测器（programmable votage detector）；RIC 为实时时钟（real time clock）

表 7-17 给出了由函数 NVIC_PriorityGroupConfig 设置的先占优先级和从优先级的值。

表 7-17 先占优先级和从优先级取值

NVIC_PriorityGroup 分组	NVIC_IRQChannel 的先占优先级取值	NVIC_IRQChannel 的从优先级取值	描述
NVIC_PriorityGroup_0	0	0～15	先占优先级 0 位，从优先级 4 位
NVIC_PriorityGroup_1	0, 1	0～7	先占优先级 1 位，从优先级 3 位
NVIC_PriorityGroup_2	0～3	0～3	先占优先级 2 位，从优先级 2 位
NVIC_PriorityGroup_3	0～7	0, 1	先占优先级 3 位，从优先级 1 位
NVIC_PriorityGroup_4	0～15	0	先占优先级 4 位，从优先级 0 位

参数 NVIC_IRQChannelPreemptionPriority 设置了成员 NVIC_IRQChannel 中的先占优先级，参数 NVIC_IRQChannelSubPriority 设置了成员 NVIC_IRQChannel 中的从优先级，具体参见表 7-17。

（1）选中 NVIC_PriorityGroup_0，则参数 NVIC_IRQChannelPreemptionPriority 对中断通道的设置不产生影响。

（2）选中 NVIC_PriorityGroup_4，则参数 NVIC_IRQChannelSubPriority 对中断通道的设置不产生影响。

参数 NVIC_IRQChannelCmd 指定了在成员 NVIC_IRQChannel 中定义的 IRQ 通道被使能还是失能。这个参数取值为 ENABLE 或者 DISABLE。

例：

```
NVIC_InitTypeDef  NVIC_InitStructure;
/* Configure the Priority Grouping with 1 bit */
NVIC_PriorityGroupConfig(NVIC_PriorityGroup_1);
/* Enable TIM3 global interrupt with Preemption Priority 0 and Sub
Priority as 2 */
NVIC_InitStructure.NVIC_IRQChannel = TIM3_IRQChannel;
NVIC_InitStructure.NVIC_IRQChannelPreemptionPriority = 0;
NVIC_InitStructure.NVIC_IRQChannelSubPriority = 2;
NVIC_InitStructure.NVIC_IRQChannelCmd = ENABLE;
NVIC_InitStructure(&NVIC_InitStructure);
/* Enable USART1 global interrupt with Preemption Priority 1 and Sub
Priority as 5 */
NVIC_InitStructure.NVIC_IRQChannel = USART1_IRQChannel;
NVIC_InitStructure.NVIC_IRQChannelPreemptionPriority = 1;
NVIC_InitStructure.NVIC_IRQChannelSubPriority = 5;
NVIC_InitStructure(&NVIC_InitStructure);
/* Enable RTC global interrupt with Preemption Priority 1 and Sub Priority
as 7 */
NVIC_InitStructure.NVIC_IRQChannel = RTC_IRQChannel;
NVIC_InitStructure.NVIC_IRQChannelSubPriority = 7;
NVIC_InitStructure(&NVIC_InitStructure);
/* Enable EXTI4 interrupt with Preemption Priority 1 and Sub Priority
```

```
as 7 */
    NVIC_InitStructure.NVIC_IRQChannel = EXTI4_IRQChannel;
    NVIC_InitStructure.NVIC_IRQChannelSubPriority = 7;
    NVIC_InitStructure(&NVIC_InitStructure);
    /* TIM3 interrupt priority is higher than USART1, RTC and EXTI4 interrupts
priorities. USART1 interrupt priority is higher than RTC and EXTI4 interrupts
priorities. RTC interrupt priority is higher than EXTI4 interrupt prioriy.
*/
```

3. 函数 GPIO_EXTILineConfig

函数 GPIO_EXTILineConfig 的描述见表 7-18。

表 7-18　函数 GPIO_EXTILineConfig

项目	描述
函数名	GPIO_EXTILineConfig
函数原型	void GPIO_EXTILineConfig（u8 GPIO_PortSource, u8 GPIO_PinSource）
功能描述	选择 GPIO 引脚作为外部中断线路
输入参数 1	GPIO_PortSource：选择用作外部中断线源的 GPIO 端口
输入参数 2	GPIO_PinSource：待设置的外部中断线路，可以取 GPIO_PinSourcex（x 可以是 0～15）
输出参数	无
返回值	无
先决条件	无
被调用函数	无

例：

```
/* Selects PB.8 as EXTI Line 8 */
GPIO_EXTILineConfig(GPIO_PortSource_GPIOB, GPIO_PinSource8);
```

4. 函数 EXTI_Init

外部中断/事件初始化函数 EXTI_Init 的描述见表 7-19。

表 7-19　函数 EXTI_Init

项目	描述
函数名	EXTI_Init
函数原型	void EXTI_Init（EXTI_InitTypeDef* EXTI_InitStruct）
功能描述	根据 EXTI_InitStruct 中指定的参数初始化外设 EXTI 寄存器
输入参数	EXTI_InitStruct：指向结构 EXTI_InitTypeDef 的指针，包含外设 EXTI 的配置信息
输出参数	无
返回值	无
先决条件	无
被调用函数	无

【例 7-1】 EXTI_InitTypeDef 定义于文件"stm32f10x_exti.h"：

```
typedef struct
{
  u32 EXTI_Line;
  EXTIMode_TypeDefEXTI_Mode;
  EXTIrigger_TypeDefEXTI_Trigger;
  FunctionalStateEXTI_LineCmd;
} EXTI_InitTypeDef;
```

EXTI_Line 选择待使能或者失能的外部线路，该参数可取的值见表 7-20。

表 7-20　EXTI_Line 取值

EXTI_Line 取值	描述
EXTI_Line0,1,…,18	外部中断线 0,1,…,18

EXTI_Mode 设置被使能线路的模式，该参数可取的值见表 7-21。

表 7-21　EXTI_Mode 取值

EXTI_Mode 取值	描述
EXTI_Mode_Event	设置 EXTI 线路为事件请求
EXTI_Mode_Interrupt	设置 EXTI 线路为中断请求

EXTI_Trigger 设置被使能线路的触发边沿，该参数可取的值见表 7-22。

表 7-22　EXTI_Trigger 取值

EXTI_Trigger 取值	描述
EXTI_Trigger_Falling	设置输入线路下降沿为中断请求
EXTI_Trigger_Rising	设置输入线路上升沿为中断请求
EXTI_Trigger_Rising_Falling	设置输入线路上升沿和下降沿为中断请求

EXTI_LineCmd 用来定义选中线路的新状态。它可以被设为 ENABLE 或者 DISABLE。

例：

```
/* Enables external lines 12 and 14 interrupt generation on falling edge */
EXTI_InitTypeDefEXTI_InitStructure;
EXTI_InitStructure.EXTI_Line=EXTI_Line12 | EXTI_Line14;
EXTI_InitStructure.EXTI_Mode=EXTI_Mode_Interrupt;
EXTI_InitStructure.EXTI_Trigger=EXTI_Trigger_Falling;
EXTI_InitStructure.EXTI_LineCmd=ENABLE;EXTI_Init(&EXTI_InitStructure);
```

5. 函数 EXTI_GetITStatus

关于函数 EXTI_GetITStatus 的描述见表 7-23。

表 7-23　函数 EXTI_GetITStatus

项目	描述
函数名	EXTI_GetITStatus
函数原型	ITStatusEXTI_GetITStatus（u32 EXTI_Line）
功能描述	检查指定的 EXTI 线路触发请求发生与否
输入参数	EXTI_Line：待检查 EXTI 线路的挂起位
输出参数	无
返回值	EXTI_Line 的新状态（SET 或者 RESET）
先决条件	无
被调用函数	无

【例 7-2】

```
/* Get the status of EXTI line 8 */
ITStatusEXTIStatus;
EXTIStatus = EXTI_GetITStatus(EXTI_Line8);
```

6. 函数 EXTI_ClearITPendingBit

函数 EXTI_ClearITPendingBit 的描述见表 7-24。

表 7-24　函数 EXTI_ClearITPendingBit

项目	描述
函数名	EXTI_ClearITPendingBit
函数原型	void EXTI_ClearITPendingBit（u32 EXTI_Line）
功能描述	清除 EXTI 线路挂起位
输入参数	EXTI_Line：待清除 EXTI 线路的挂起位
输出参数	无
返回值	无
先决条件	无
被调用函数	无

例：

```
/* Clears the EXTI line 2 interrupt pending bit */
EXTI_ClearITpendingBit(EXTI_Line2);
```

7.2.3　通用定时器库函数

使用定时器预分频器和 RCC 时钟控制器预分频器，脉冲长度和波形周期可以在几微秒到几毫秒间调整。TIM 库函数见表 7-25。

表 7-25　TIM 库函数

函数名	描述
TIM_TimeBaseInit	根据 TIM_TimeBaseInitStruct 中指定的参数初始化 TIMx 的时间基数单位
TIM_Cmd	使能或者失能 TIMx 外设
TIM _ITConfig	使能或者失能指定的 TIM 中断
TIM_GetITStatus	检查指定的 TIM 中断发生与否
TIM_ClearITPendingBit	清除 TIMx 的中断待处理位
RCC_APB1PeriphClockCmd	使能或者失能 APB1 外设时钟

1. 函数 TIM_TimeBaseInit

通用定时器的初始化函数 TIM_TimeBaseInit 的描述见表 7-26。

表 7-26　函数 TIM_TimeBaseInit

项目	描述
函数名	TIM_TimeBaseInit
函数原型	void TIM_TimeBaseInit (TIM_TypeDef*TIMx,TIM_TimeBaseInitTypeDef* TIM_TimeBaseInitStruct)
功能描述	根据 TIM_TimeBaseInitStruct 中指定的参数初始化 TIMx 的时间基数单位
输入参数 1	TIMx：x 可以是 2、3 或者 4，用来选择 TIM 外设
输入参数 2	TIMTimeBase_InitStruct：指向 TIM_TimeBaseInitTypeDef 的指针，包含 TIMx 时间基数单位的配置信息
输出参数	无
返回值	无
先决条件	无
被调用函数	无

TIM_TimeBaseInitTypeDef 定义于文件“stm32f10x_tim.h”：

```
typedef struct
{
  u16 TIM_Period;
  u16 TIM_Prescaler;
  u8 TIM_ClockDivision;
  u16 TIM_CounterMode;
} TIM_TimeBaseInitTypeDef;
```

TIM_Period 设置下一个更新事件装入活动的自动重装载寄存器周期的值。它的取值必须在 0x0000-0xFFFF。

TIM_Prescaler 设置作为 TIMx 时钟频率除数的预分频值。它的取值必须在 0x0000-0xFFFF。

TIM_ClockDivision 设置时钟分割。该参数取值见表 7-27。

表 7-27　TIM_ClockDivision 取值

TIM_ClockDivision 取值	描述
TIM_CKD_DIV1	TDTS = Tck_tim
TIM_CKD_DIV2	TDTS = 2Tck_tim
TIM_CKD_DIV4	TDTS = 4Tck_tim

TIM_CounterMode 选择计数器模式。该参数取值见表 7-28。

表 7-28　TIM_CounterMode 取值

TIM_CounterMode 取值	描述
TIM_CounterMode_Up	TIM 向上计数模式
TIM_CounterMode_Down	TIM 向下计数模式
TIM_CounterMode_CenterAligned1	TIM 中央对齐模式 1 计数模式
TIM_CounterMode_CenterAligned2	TIM 中央对齐模式 2 计数模式
TIM_CounterMode_CenterAligned3	TIM 中央对齐模式 3 计数模式

例：

```
TIM_TimeBaseInitTypeDef  TIM_TimeBaseStructure;
TIM_TimeBaseStructure.TIM_Period = 0xFFFF;
TIM_TimeBaseStructure.TIM_Prescaler = 0x000F;
TIM_TimeBaseStructure.TIM_ClockDivision = TIM_CKD_DIV1;
TIM_TimeBaseStructure.TIM_CounterMode = TIM_CounterMode_Up;
TIM_TimeBaseInit(TIM2,&TIM_TimeBaseStructure);
```

2. 函数 TIM_Cmd

通用定时器的使能函数 TIM_Cmd 见表 7-29。

表 7-29　函数 TIM_Cmd

项目	描述
函数名	TIM_Cmd
函数原型	void TIM_Cmd（TIM_TypeDef* TIMx，FunctionalStateNewState）
功能描述	使能或者失能 TIMx 外设
输入参数 1	TIMx：x 可以是 2、3 或者 4，来选择 TIM 外设
输入参数 2	NewState：外设 TIMx 的新状态，可以取 ENABLE 或者 DISABLE

续表

项目	描述
输出参数	无
返回值	无
先决条件	无
被调用函数	无

例：

```
/* Enables the TIM2 counter */
TIM_Cmd(TIM2, ENABLE);
```

3. 函数 TIM _ITConfig

通用定时器的中断使能函数 TIM_ITConfig 的描述见表 7-30。

表 7-30　函数 TIM_ITConfig

项目	描述
函数名	TIM_ITConfig
函数原型	void TIM_ITConfig(TIM_TypeDef* TIMx, u16 TIM_IT,FunctionalStateNewState)
功能描述	使能或者失能指定的 TIM 中断
输入参数 1	TIMx：x 可以是 2、3 或者 4，用来选择 TIM 外设
输入参数 2	TIM_IT：待使能或者失能 TIM 中断
输入参数 3	NewState：TIMx 中断的新状态，可以取 ENABLE 或者 DISABLE
输出参数	无
返回值	无
先决条件	无
被调用函数	无

参数 TIM_IT 使能或者失能 TIM 的中断。可以取一个值或者取多个值的组合作为该参数的值，见表 7-31。

表 7-31　TIM_IT 取值

TIM_IT 取值	描述
TIM_IT_Update	TIM 中断源
TIM_IT_CC1	TIM 捕获/比较 1 中断源
TIM_IT_CC2	TIM 捕获/比较 2 中断源
TIM_IT_CC3	TIM 捕获/比较 3 中断源
TIM_IT_CC4	TIM 捕获/比较 4 中断源
TIM_IT_Trigger	TIM 触发中断源

例：

```
/* Enables the TIM2 Capture Compare channel 1 Interrupt source */
TIM_ITConfig(TIM2, TIM_IT_CC1, ENABLE );
```

4. 函数 TIM_GetITStatus

通用定时器的中断标志判断函数 TIM_GetITStatus 的描述见表 7-32。

表 7-32 函数 TIM_ GetITStatus

项目	描述
函数名	TIM_ GetITStatus
函数原型	ITStatusTIM_GetITStatus (TIM_TypeDef* TIMx,u16 TIM_IT)
功能描述	检查指定的 TIM 中断发生与否
输入参数 1	TIMx：x 可以是 2、3 或者 4，用来选择 TIM 外设
输入参数 2	TIM_IT：待检查的 TIM 中断源
输出参数	无
返回值	TIM_IT 的新状态（SET 或者 RESET）
先决条件	无
被调用函数	无

【例 7-3】

```
/* Check if the TIM2 Capture Compare 1 interrupt has occured or not */
if(TIM_GetITStatus(TIM2, TIM_IT_CC1) == SET){
  ......
}
```

5. 函数 TIM_ClearITPendingBit

通用定时器的中断清除函数 TIM_ClearITPendingBit 的描述见表 7-33。

表 7-33 函数 TIM_ ClearITPendingBit

项目	描述
函数名	TIM_ ClearITPendingBit
函数原型	void TIM_ClearITPendingBit（TIM_TypeDef* TIMx,u16 TIM_IT）
功能描述	清除 TIMx 的中断待处理位
输入参数 1	TIMx：x 可以是 2、3 或者 4，用来选择 TIM 外设
输入参数 2	TIM_IT：待检查的 TIM 中断待处理位
输出参数	无
返回值	无
先决条件	无
被调用函数	无

【例 7-4】

```
/* Clear the TIM2 Capture Compare 1 interrupt pending bit */
TIM_ClearITPendingBit(TIM2, TIM_IT_CC1);
```

6. 函数 RCC_APB1PeriphClockCmd

函数 RCC_APB1PeriphClockCmd 的描述见表 7-34。

表 7-34　函数 RCC_APB1PeriphClockCmd

项目	描述
函数名	RCC_APB1PeriphClockCmd
函数原型	void RCC_APB1PeriphClockCmd（u32 RCC_APB1Periph, FunctionalState NewState）
功能描述	使能或者失能 APB1 外设时钟
输入参数 1	RCC_APB1Periph：门控 APB1 外设时钟
输入参数 2	NewState：指定外设时钟的新状态，可以取 ENABLE 或者 DISABLE
输出参数	无
返回值	无
先决条件	无
被调用函数	无

参数 RCC_APB1Periph 为被门控的 APB1 外设时钟，可以取一个值或者取多个值的组合作为该参数的值，见表 7-35。

表 7-35　RCC_APB1Periph 取值

RCC_APB1Periph 取值	描述
RCC_APB1Periph_TIM2	TIM2 时钟
RCC_APB1Periph_TIM3	TIM3 时钟
RCC_APB1Periph_TIM4	TIM4 时钟
RCC_APB1Periph_WWDG	WWDG 时钟
RCC_APB1Periph_SPI2	SPI2 时钟
RCC_APB1Periph_USART2	USART2 时钟
RCC_APB1Periph_USART3	USART3 时钟
RCC_APB1Periph_IIC1	IIC1 时钟
RCC_APB1Periph_IIC2	IIC2 时钟
RCC_APB1Periph_USB	USB 时钟
RCC_APB1Periph_CAN	CAN 时钟
RCC_APB1Periph_BKP	BKP 时钟
RCC_APB1Periph_PWR	PWR 时钟
RCC_APB1Periph_ALL	全部 APB1 外设时钟

【例 7-5】

```
/* Enable BKP and PWR clocks */
RCC_APB1PeriphClockCmd(RCC_APB1Periph_BKP|RCC_APB1Periph_PWR,ENABLE);
```

7.3 STM32 库函数编程实例

7.3.1 STM32 GPIO 库函数编程实例

通过 GPIO 库函数中的相关函数，编程完成两个 LED 交替亮灭。其中，LED1 阳极接 PB5，阴极接地；LED2 阳极接 PE5，阴极接地。主要程序如下：

```
#include "stm32f10x.h"
//简单的延时函数
void delay(u32 count)
{
   u32 i=0;
   for(;i<count;i++);
}

// LED 端口初始化
void Led_Init(void)
{
   RCC_APB2PeriphClockCmd(RCC_APB2Periph_GPIOB|RCC_ APB2Periph_
GPIOE, ENABLE);
   GPIO_InitTypeDef  GPIO_InitStructure;
   GPIO_InitStructure.GPIO_Pin = GPIO_Pin_5; //选择要控制的 GPIO 引脚
   GPIO_InitStructure.GPIO_Mode = GPIO_Mode_Out_PP;
   //设置引脚模式为通用推挽输出
   GPIO_InitStructure.GPIO_Speed = GPIO_Speed_50MHz;
   //设置引脚速率为 50MHz
   GPIO_Init(GPIOB, &GPIO_InitStructure); //选择 GPIOB 引脚
   GPIO_Init(GPIOE, &GPIO_InitStructure); //选择 GPIOE 引脚
}
//主函数
int main(void)
{
   Led_Init();
   while(1)
   {
     GPIO_SetBits(GPIOB,GPIO_Pin_5);              //点亮 LED1
     GPIO_ResetBits(GPIOE,GPIO_Pin_5);            //灭 LED2
     delay(10000000);
     GPIO_ResetBits(GPIOB,GPIO_Pin_5);            //灭 LED1
```

```
        GPIO_SetBits(GPIOE,GPIO_Pin_5);              //点亮 LED2
        delay(10000000);
    }
}
```

本例程使用库函数为开启外部时钟库函数 RCC_APB2PeriphClockCmd()、GPIO_Init()、GPIO_ResetBits()和 GPIO_SetBits()。

7.3.2　STM32 EXTI 库函数编程实例

按键按下时（PA.0），产生电平变化，EXTI 检测到上升沿信号，触发中断，执行中断服务函数，实现 LED（PB.5）的亮灭切换，此 LED 阴极接地。

简要分析编程要点：

（1）初始化产生中断的外设（GPIO）;

（2）配置 NVIC;

（3）初始化 EXTI;

（4）中断服务函数;

（5）main 函数。

编写程序如下：

```
// LED 端口初始化
void Led_Configuration (void)
{
    RCC_APB2PeriphClockCmd(RCC_APB2Periph_GPIOB, ENABLE);
    GPIO_InitTypeDef  GPIO_InitStructure;
    GPIO_InitStructure.GPIO_Pin = GPIO_Pin_5;
    GPIO_InitStructure.GPIO_Mode = GPIO_Mode_Out_PP;
    GPIO_InitStructure.GPIO_Speed = GPIO_Speed_50MHz;
    GPIO_Init(GPIOB, &GPIO_InitStructure);
}
/* NVIC 配置部分，需要配置优先级分组、中断源、抢占优先级、子优先级以及使能中断
寄存器等*/
void NVIC_Configuration (void)
{
   NVIC_InitTypeDef  NVIC_InitStructure;
   NVIC_PriorityGroupConfig (NVIC_PriorityGroup_1); // 配置优先级分组
   NVIC_InitStructure.NVIC_IRQChannel = EXTI0_IRQn; // 配置按键中断源
   NVIC_InitStructure.NVIC_IRQChannelPreemptionPriority = 1;
   // 抢占优先级为 1
   NVIC_InitStructure.NVIC_IRQChannelSubPriority = 1; // 子优先级为 1
   NVIC_InitStructure.NVIC_IRQChannelCmd = ENABLE; //使能中断寄存器
   NVIC_Init(&NVIC_InitStructure);
}
// EXTI 中断配置
```

```
void EXTI_Key_Config (void)
{
    GPIO_InitTypeDef  GPIO_InitStructure;
    EXTI_InitTypeDef  EXTI_InitStructure; //调用函数配置 NVIC
    NVIC_Configuration(); //配置 NVIC
    //使能 GPIOA 与中断 AFIO 时钟
    RCC_APB2PeriphClockCmd(RCC_APB2Periph_GPIOA|RCC_APB2Periph_AFIO,
ENABLE);
    GPIO_InitStructure.GPIO_Pin = GPIO_Pin_0;
    GPIO_InitStructure.GPIO_Mode = GPIO_Mode_IN_FLOATING;
    //浮空输入
    GPIO_InitStructure.GPIO_Speed = GPIO_Speed_50MHz;
    GPIO_Init(GPIOA, &GPIO_InitStructure);
    GPIO_EXTILineConfig(GPIO_PortSourceGPIOA, GPIO_PinSource0);
    //配置中断线的输入源
    EXTI_InitStructure.EXTI_Line = EXTI_Line0; // 配置中断线为 EXTI0
    EXTI_InitStructure.EXTI_Mode = EXTI_Mode_Interrupt;
    //配置为中断模式
    EXTI_InitStructure.EXTI_Trigger = EXTI_Trigger_Rising;
    //上升沿触发中断
    EXTI_InitStructure.EXTI_LineCmd = ENABLE; //使能中断
    EXTI_Init(&EXTI_InitStructure);
}
//中断服务函数
void EXTI0_IRQHandler (void)
{
    if(EXTI_GetITStatus(EXTI_Line0) != RESET) // 确保产生了 EXTI0 线中断
    {
         GPIO_SetBits(GPIOB,GPIO_Pin_5); // LED 亮
         EXTI_ClearITPendingBit(EXTI_Line0);// 清除中断标志位
    }
}
//主函数
int main(void)
{
    Led_Configuration(); // LED 端口初始化
    EXTI_Key_Config(); // EXTI 按键中断配置
    while(1); // 等待中断产生
}
```

本例程中使用到的库函数有 RCC_APB2PeriphClockCmd()、GPIO_Init()、NVIC_PriorityGroupConfig()、NVIC_Init()、GPIO_EXTILineConfig()、EXTI_Init()、EXTI_GetITStatus()和 EXTI_ClearITPendingBit()。

7.3.3　STM32 TIM 库函数编程实例

通过 TIM3 的中断来控制 DS1 的亮灭，DS1 直接连接在 PB5 上，此 LED 阴极接地。

简要分析编程要点：

（1）使能定时器时钟，调用函数 RCC_APB1PeriphClockCmd();

（2）初始化定时器，配置 ARR、PSC，调用函数 TIM_TimeBaseInit();

（3）开启定时器中断，配置 NVIC，调用函数 TIM_ITConfig()、NVIC_Init();

（4）使能定时器，调用函数 TIM_Cmd();

（5）编写中断服务函数，调用函数 TIMx_IRQHandler()。

编写程序如下：

```
//LED 端口配置
void Led_Configuration (void)
{
    RCC_APB2PeriphClockCmd(RCC_APB2Periph_GPIOB, ENABLE);
    GPIO_InitTypeDef  GPIO_InitStructure;
    GPIO_InitStructure.GPIO_Pin = GPIO_Pin_5;
    GPIO_InitStructure.GPIO_Mode = GPIO_Mode_Out_PP;
    GPIO_InitStructure.GPIO_Speed = GPIO_Speed_50MHz;
    GPIO_Init(GPIOB, &GPIO_InitStructure);
}
//定时器 TIM3 配置
void TIM3_Int_Init (u16 arr, u16 psc)
{
    TIM_TimeBaseInitTypeDef  TIM_TimeBaseStructure;
    NVIC_InitTypeDef  NVIC_InitStructure;
    RCC_APB1PeriphClockCmd(RCC_APB1Periph_TIM3, ENABLE);//时钟使能
    //定时器 TIM3 初始化
    TIM_TimeBaseStructure.TIM_Period = arr;
    //设置下一个更新事件装入活动的自动重装载寄存器周期的值
    TIM_TimeBaseStructure.TIM_Prescaler =psc;
    //设置用来作为 TIMx 时钟频率除数的预分频
    TIM_TimeBaseStructure.TIM_ClockDivision = TIM_CKD_DIV1;
    //设置时钟分割
    TIM_TimeBaseStructure.TIM_CounterMode = TIM_CounterMode_Up;
    //TIM 向上计数模式
    TIM_TimeBaseInit(TIM3, &TIM_TimeBaseStructure);
    //根据指定的参数初始化 TIMx 的时间基数单位
    TIM_ITConfig(TIM3,TIM_IT_Update,ENABLE );
    //使能指定的 TIM3 中断,允许更新中断
    //中断优先级 NVIC 设置
    NVIC_InitStructure.NVIC_IRQChannel = TIM3_IRQn;
    //TIM3 中断
```

```
        NVIC_InitStructure.NVIC_IRQChannelPreemptionPriority = 0;
        //先占优先级 0 级
        NVIC_InitStructure.NVIC_IRQChannelSubPriority = 3;
        //从优先级 3 级
        NVIC_InitStructure.NVIC_IRQChannelCmd = ENABLE;
        //IRQ 通道被使能
        NVIC_Init(&NVIC_InitStructure);
        //初始化 NVIC 寄存器
        TIM_Cmd(TIM3, ENABLE);
        //使能 TIMx
    }
    //定时器 3 中断服务程序,当时间到达 500ms,即进入中断,执行中断服务函数,完成实验
    void TIM3_IRQHandler (void)   //TIM3 中断
    {
       if (TIM_GetITStatus(TIM3, TIM_IT_Update) != RESET)
       //检查 TIM3 更新中断发生与否
       {
          TIM_ClearITPendingBit(TIM3, TIM_IT_Update);
          //清除 TIMx 更新中断标志
          GPIO_SetBits(GPIOB,GPIO_Pin_5);
       }
    }
    //主函数
    int main (void)
    {
       NVIC_PriorityGroupConfig(NVIC_PriorityGroup_2);
       //设置 NVIC 中断分组 2:2 位抢占优先级,2 位响应优先级
       Led_Configuration (); //LED 端口初始化
       TIM3_Int_Init(4999,7199); //10kHz 的计数频率,计数到 5000 为 500ms
       while(1);
    }
```

本例程中使用到的库函数有 RCC_APB2PeriphClockCmd()、GPIO_Init()、RCC_APB1PeriphClockCmd()、TIM_TimeBaseInit()、TIM_ITConfig()、NVIC_Init()、TIM_Cmd()、TIM_GetITStatus()、TIM_ClearITPendingBit()、GPIO_SetBits() 和 NVIC_PriorityGroupConfig()。

本章小结

本章介绍了 STM32 库函数简介（包括 STM32 库函数概述、固件库函数文件描述、STM32 编码规范、外设的初始化和设置），以及 STM32 常用库函数（包含通用输入/输出（GPIO）库函数、外部中断/事件（EXTI）库函数、通用定时器（TIM）库函数），并

通过编程实例加以举例。

习　　题

7-1　利用 TM32 GPIO 库函数实现 4 个按键控制 4 个 LED 的亮灭（硬件可自行设计）。

7-2　将习题 7-1 中的按键改为拨码开关，如何实现？

7-3　利用 STM32 GPIO 库函数和中断库函数实现用中断方式控制 LED 亮灭。

7-4　利用 STM32 TIM 库函数实现两路 I/O 端口输出方波，周期分别为 1ms 和 100ms（硬件可自行设计）。

7-5　利用 STM32 GPIO 库函数和定时器库函数实现跑马灯（八位共阴极，间隔 1s）。

第 8 章　嵌入式实时操作系统 μC/OS 在 STM32 上的移植

教学目的：

通过对本章的学习，能够解释嵌入式实时操作系统的基本概念；能够认识 μC/OS 实时操作系统的结构；能够在 μC/OS 操作系统上编写基本的嵌入式程序；了解 μC/OS 系统在 STM32 上的移植方法与步骤。

8.1　嵌入式实时操作系统概述

8.1.1　嵌入式操作系统简介

1. 嵌入式操作系统功能

操作系统是一组主管并控制计算机操作、运用和运行硬件、软件资源和提供公共服务来组织用户交互的相互关联的系统软件程序，同时也是计算机系统的内核与基石，其在计算机系统中的位置见图 8-1。

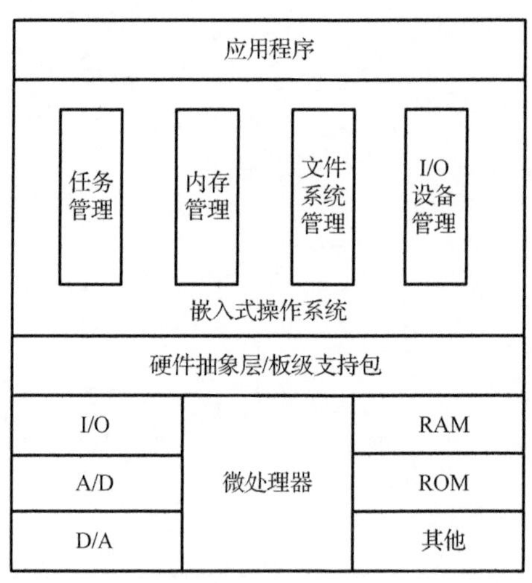

图 8-1　嵌入式操作系统的架构图

通常操作系统提供以下一些服务功能：

（1）任务管理，操作系统最核心的工作就是每个用户任务的创建和执行，以及多个

任务的调度工作。

（2）内存管理，内存是任务生存的空间，为用户任务分配、管理、释放内存是操作系统的重要工作。

（3）I/O 设备管理，一般的计算机系统都配有各种类型的外部设备，操作系统可以提供相应的驱动程序，方便用户使用外部设备。

（4）文件系统管理，当数据量很大或者程序本身占用空间很大时，就需要以文件的形式存储在外部存储器上（Flash、SD 卡、硬盘等）。

嵌入式操作系统是操作系统的一个重要分支，具有高速处理、配置专一、结构紧凑等特点。嵌入式系统是面向特定应用的计算机系统，其数量远远超过通用的计算机系统，应用范围非常广泛，一些常见的嵌入式系统应用举例见表 8-1。

表 8-1　嵌入式系统应用举例

应用领域	嵌入式设备
消费电子	手机、电话、MP3 播放器、电子书阅读器、数字电视及机顶盒、玩具、相机
服务领域	水电煤气表自动抄表、餐厅点菜器、自动售货机
通信	路由器、交换机
汽车	引擎控制、点火系统、刹车系统
工业控制	机器人控制系统、化工控制
办公自动化	传真机、复印机、打印机、扫描仪

在嵌入式系统上开发程序，可以选择使用操作系统或直接编写用户程序。是否使用操作系统，与项目的需求、硬件系统的规模、成本和开发者的编程习惯等因素有关。因操作系统会占用一部分的单片机资源，当项目所需要的功能比较简单时，使用操作系统的实际意义并不大。

然而，当前对嵌入式设备的需求有网络化、功能复杂化的趋势。同时，单片机的性能迅速提高，成本持续下降。使用嵌入式操作系统，能够更方便地实现多种功能（实时数据处理、多重优先级调度、多种类型的输入/输出、网络通信、更复杂的人机交互界面），能够为开发人员提供更加友好的开发平台，提高开发效率。

2. 常用嵌入式操作系统

已有的嵌入式操作系统种类非常多，常用的嵌入式操作系统有几十种。

按照操作系统是否设置了实时响应的机制，可分为实时操作系统和非实时操作系统。实时操作系统要求嵌入式系统能在规定的时间内正确地完成对外部事件请求的处理。

按照操作系统的发布方式，嵌入式操作系统可分为开源和非开源操作系统，比如嵌入式 Linux 是著名的开源操作系统，而 Windows Embedded 是不开放部分开放源代码的操作系统。

大多数嵌入式操作系统对于研究和教学目的的应用是免费的，而对于商业产品开发，则有免费和付费购买许可证之分。免费的操作系统往往通过收取服务费或者接受捐赠来取得发展资金。

一些常用的嵌入式操作系统列举如下。

（1）μC/OS。μC/OS 是 Jean J. Labrosse 最早于 1992 年发布的，目前常用的是 μC/OS-II 和 μC/OS-III 系统，由 Micrium 公司提供，是一个可移植、可固化、可裁剪的占先式多任务实时内核。μC/OS-II 已经通过美国联邦航空管理局（Federal Aviation Administration，FAA）商用航行器认证，符合航空无线电技术委员会（Radio Technical Commission for Aeronautics，RTCA）DO-178B 标准。μC/OS-II 和 μC/OS-III 可短期用于教学或和平目的的研究。用于商业产品，需要向 Micrium 公司购买许可证。

（2）嵌入式 Linux。嵌入式 Linux 是以 Linux 为基础的嵌入式操作系统。自从 Linux 出现之后，以自由软件为主的程序与公用程序可被放进嵌入式设备有限的硬件资源中。嵌入式 Linux 有实时 Linux 和 μC Linux 等不同的分支。Linux 内核是符合 GNU（GNU's Not Unix）/GPL（General Public License）公约的项目，完全开放代码。

（3）Windows CE 和 Windows Embedded。Windows CE 1.0 最早于 1996 年推出。2002 年 1 月微软又推出 Windows CE.Net，即 Windows CE 4.0，得到比较广泛应用。在 2008 年 4 月 15 日举行的嵌入式系统大会上，微软宣布将 Windows CE 更名为 Windows Embedded。Windows Embedded 并非从台式机的 Windows（NT、98、XP 等）修改缩小而来，而是使用一套完全重新设计的核心，可以在功能非常有限的硬件上运行。虽然核心不同，但是它却提供了高度兼容的 Win32 API 软件开发接口，功能有内存管理、文档操作、多线程、网络功能等。因此，开发台式机软件的程序员可以很容易编写软件并直接移植软件到 Windows Embedded 上。Windows Embedded 是收费的商用软件。

（4）VxWorks。VxWorks 是美国风河（Wind River）公司于 1983 年设计开发的一种嵌入式实时操作系统，具有良好的可靠性和卓越的实时性，被广泛地应用在通信、军事、航空、航天等高精尖技术及实时性要求极高的领域中。

（5）eCos。eCos 于 1997 年春季起源于 Cygnus 公司，其主要目的是为市场提供一种低成本、高效率、高质量的嵌入式软件解决方案。eCos 最大的特点是模块化，内核可配置，其全部代码使用 C++编写。eCos 提供的与 Linux 兼容的 API 能让开发人员轻松地将 Linux 应用移植到 eCos。通过使用开放源代码的形式，eCos 不需要任何费用，是一种完全免费的软件。

（6）FreeRTOS。FreeRTOS 是英国 Real Time Engineers 公司最早于 2003 年发布的一个轻量级的实时操作系统，它的目标是在性能低、RAM 小的处理器上使用操作系统，其内核仅包含 3 个文件。FreeRTOS 是一个免费、开源的操作系统。

（7）QNX。QNX 是 UNIX 类的实时操作系统。该产品开发于 20 世纪 80 年代初，虽然 QNX 本身并不属于 UNIX，但符合便携式操作系统接口（portable operating system interface，POSIX）的规范，许多 UNIX 程序简单修改（甚至不需修改）后即可在 QNX 上编译与执行。QNX 是商业软件，为学术界以及非商业用途的用户提供一个特殊的许可。

（8）μTenux。μTenux 是大连悠龙软件科技有限公司 2008 年开始研发的嵌入式实时操作系统。μTenux 内核采用日本非常成熟的 T-kernel 技术，在汽车电子、POS 机、智能

灯光管理等方面有许多应用。μTenux 是开源、免费的嵌入式操作系统。

8.1.2　常用嵌入式实时操作系统简介

实时操作系统（real-time operating system，RTOS）是指当外界事件或数据产生时，能够接收并以足够快的速度予以处理，其处理结果又能在规定的时间内控制生产过程或对处理系统做出快速响应，并控制所有实时任务协调、一致运行的操作系统。所谓足够快，就是使任务能在最晚启动时间之前启动、在最晚结束时间之前完成。

实时操作系统和非实时操作系统的本质区别就在于实时操作系统中的任务有时间限制。实时操作系统可以用于不需要实时特性的场合，反之则不行。实时操作系统对响应时间的限制有严格要求，依据超过限制时间后系统计算结果的有效性，即系统对于超时限的可容忍度，可以将实时操作系统分为硬实时操作系统和软实时操作系统。硬实时操作系统要求在规定的时间内必须完成操作，这是在操作系统设计时保证的；软实时操作系统则只要按照任务的优先级别，尽可能快地完成操作即可。从实时操作系统的应用特点来看，实时操作系统可以分为两种：一般实时操作系统和嵌入式实时操作系统。

嵌入式实时操作系统占据存储空间小、可固化使用、实时性强，应具备以下几个特点。

（1）高精度计时。

计时精度是影响实时性的一个重要因素。在实时操作系统中，经常需要精确确定实时地操作某个设备或执行某个任务，或精确的计算一个时间函数。这些不仅依赖于硬件提供的时钟精度，也依赖于嵌入式实时操作系统实现的高精度计时功能。

（2）多级中断机制。

一个实时操作系统通常需要处理多种外部信息或事件，但处理的紧迫程度有轻重缓急之分，有的必须立即做出反应，有的则可以延后处理。因此，需要建立多级中断嵌套处理机制，以确保对紧迫程度较高的实时事件进行及时响应和处理。

（3）实时调度机制。

嵌入式实时操作系统不仅要及时响应实时中断/事件，同时也要及时调度运行实时任务。

目前流行的嵌入式实时操作系统中，硬实时操作系统包括 VxWorks、μC/OS-II 等，软实时操作系统有 Windows Embedded、Linux 2.6.x。

8.2　μC/OS-II 实时操作系统简介

8.2.1　μC/OS-II 实时操作系统的结构

μC/OS-II 的前身是 μC/OS，1992 年美国嵌入式系统专家 Jean J. Labrosse 在《嵌入式系统编程》杂志的 5 月和 6 月刊上刊登相关文章，并把 μC/OS-II 的源码发布在该杂志的 BBS（网络论坛）上。目前最新的版本 μC/OS-III 已经发布，但使用最为广泛的还是

μC/OS-II，本节主要针对 μC/OS-II 进行介绍。

μC/OS-II 是一个可以基于 ROM 运行的可裁减、抢占式、实时多任务操作系统，具有高度可移植性，特别适合于微处理器和控制器，是和很多商业操作系统性能相当的实时操作系统（RTOS）。为了提供最好的移植性能，μC/OS-II 最大程度上使用 ANSI C 语言进行开发，并且已经移植到 40 多种处理器体系上，涵盖了从 8 位到 64 位的各种 CPU（包括 DSP）。

μC/OS-II 是专门为计算机的嵌入式应用设计的，绝大部分代码是用 C 语言编写的。CPU 硬件相关部分程序是用汇编语言编写的，总量约 200 行的汇编语言部分被压缩到最低限度，为的是便于移植到任何一种 CPU 上。用户只要有标准的 ANSI C 交叉编译器、汇编器、连接器等软件工具，就可以将 μC/OS-II 嵌入开发的产品中。μC/OS-II 具有执行效率高、占用空间小、实时性能优良和可扩展性强等特点，最小内核可编译至 2KB。μC/OS-II 可移植到几乎所有知名的 CPU 上。

μC/OS-II 构思巧妙、结构简洁精练、可读性强，同时又具备了实时操作系统的全部功能，虽然它只是一个内核，但非常适合初学者，可以说是麻雀虽小，五脏俱全。μC/OS-II（V2.91 版本）体系结构见图 8-2。

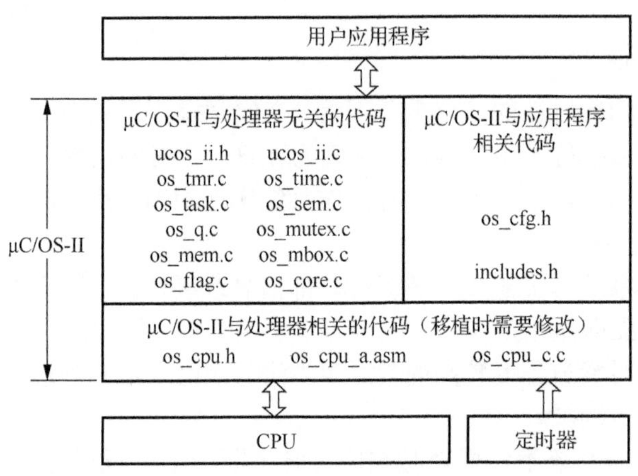

图 8-2　μC/OS-II 体系结构图

图 8-2 中，μC/OS-II 移植时只需修改：os_cpu.h、os_cpu_a.asm 和 os_cpu_c.c 等文件即可。其中，os_cpu.h 是主要是系统底层相关的堆栈、数据类型等的定义、函数的声明等；os_cpu_a.asm 是移植过程中需要汇编完成的一些函数，主要是任务切换函数；os_cpu_c.c 主要包括一些 HOOK 函数，以及任务堆栈初始化函数。

与处理器无关，但与应用程序相关的文件有：os_cfg.h，主要包括对系统某些功能打开和关闭的程序；includes.h，主要包含头文件。μC/OS-II 与处理器无关的文件有：ucos_ii.h 与 ucos_ii.c，主要定义 μC/OS-II 中常用的常量、数据结构以及对内核函数的声明，如果工程中包含了 ucos_ii.c，则不能包含其他系统文件，否则会警告或出错。os_core.c 是操作系统的处理核心，包括操作系统初始化、操作系统运行、中断进出的前导、时钟节拍、任务调度、事件处理等。os_mbox.c 提供 μC/OS-II 的邮箱操作。os_mem.c 主要负

责管理控制内存。os_q.c 提供对消息队列通信机制的支持。os_sem.c 提供对信号量机制的支持。os_task.c 主要负责任务处理，包括任务的建立、删除、挂起、恢复等。os_time.c 为时钟，μC/OS-II 中的最小时钟单位是 timetick（时钟节拍），任务延时等操作是在这里完成。os_mutex.c 是互斥型信号量的相关操作函数，互斥型信号量也就是互斥锁 Mutex，是一个二值（0/1）信号量。os_tmr.c 是一个建立在操作系统的定时器。os_flag.c 包含事件标志的管理代码。

以上 μC/OS-II 内核层包括内核系统中对象的实现方法，例如任务及其调度、信号量与邮箱、消息队列、信号量集和软件定时器。其中，软件定时器的作用是为 μC/OS-II 提供系统时钟节拍，实现任务切换和任务延时等功能。这个时钟节拍由 OS_TICKS_PER_SEC（在 os_cfg.h 中定义）设置，一般设置 μC/OS-II 的系统时钟节拍为 1～100ms，具体根据所用处理器和使用需要来设置。下面对以上 μC/OS-II 内核层重要组成部分（与处理器无关）进行介绍。

8.2.2　任务及其调度

μC/OS-II 早期版本只支持 64 个任务，但从 2.80 版本开始，支持任务数提高到 255 个，不过一般 64 个任务已足够使用，很少会用到更多任务。μC/OS-II 保留了最高 4 个优先级和最低 4 个优先级的总共 8 个任务用于拓展使用，但实际上，μC/OS-II 一般只占用最低 2 个优先级，分别用于空闲任务（倒数第一）和统计任务（倒数第二），所以可使用的任务最多可达 255-2=253 个（V2.91）。

μC/OS-II 是怎样实现多任务并发工作的呢？CPU 在执行一段用户代码时，如果发生外部中断，那么先进行现场保护，之后转向执行中断服务程序，执行完成后恢复现场，从中断处开始执行原来的用户代码。μC/OS-II 的原理本质上也是这样，当一个任务 A 正在执行时，如果它释放了 CPU 控制权，则先对任务 A 进行现场保护，然后从任务就绪表中查找其他就绪任务去执行，等到了任务 A 的等待时间，它可以重新获得 CPU 控制权，这个时候恢复任务 A 的现场，从而继续执行任务 A。这样看起来就像同时执行了两个任务，实际上，任何时候仅有一个任务可以获得 CPU 控制权。这个过程很复杂，场景也多样，这里只是简单举例。

所谓任务，其实就是一个死循环函数，该函数实现一定的功能，一个工程可以有很多这样的任务（最多 255 个），μC/OS-II 对这些任务进行调度管理，让这些任务可以并发工作（注意不是同时工作，并发只是各任务轮流占用 CPU，而不是同时占用，任何时候只有 1 个任务能够占用 CPU），这就是 μC/OS-II 最基本的功能。μC/OS-II 任务的一般格式为：

```
void MyTask (void *pdata)
{
   //任务准备工作
   while(1)//死循环
   {
      //任务 MyTask 实体代码
```

```
        OSTimeDlyHMSM(x,x,x,x);//调用任务延时函数,释放CPU控制权
    }
}
```

假如新建 MyTask 和 YourTask 两个任务，这里先忽略任务优先级的概念，两个死循环任务延时 1s。如果某个时刻，任务 MyTask 在执行中，当它执行到延时函数 OSTimeDlyHMSM 时，它释放 CPU 控制权，而此时任务 YourTask 获得 CPU 控制权并开始执行，任务 YourTask 执行过程中，也会调用延时函数延时 1s 释放 CPU 控制权，这个过程中任务 MyTask 延时 1s 到达，重新获得 CPU 控制权，重新开始执行死循环中的任务实体代码。如此循环，现象就是两个任务交替运行，就好像 CPU 在同时做两件事情一样。

前面讨论的内容都是一个大任务（死循环），有些问题就比较难处理，比如在 MP3 播放时，我们还希望同时显示歌词，如果是 1 个死循环（一个任务），那么很可能在显示歌词时，MP3 声音出现停顿（尤其是高码率播放时），这主要是歌词显示占用太长时间，导致不能及时得到数据而停顿。而如果用 μC/OS-II 来处理，可以将其分为两个任务，MP3 播放一个任务（优先级高），歌词显示一个任务（优先级低）。这样，由于 MP3 任务的优先级高于歌词显示任务，MP3 任务可以打断歌词显示任务，从而及时提供数据，保证音频不断，而显示歌词又能顺利进行。这就是 μC/OS-II 带来的好处。

下面介绍几个 μC/OS-II 相关的概念：任务优先级、任务堆栈、任务控制块、任务就绪表和任务调度器。

任务优先级是指计算机操作系统给任务指定的优先等级。在 μC/OS-II 中，使用 CPU 时，优先级高（数值小）的任务比优先级低（数值大）的任务具有优先使用权，即任务就绪表中总是优先级最高的任务获得 CPU 使用权，只有高优先级的任务让出 CPU 使用权（比如延时）时，低优先级的任务才能获得 CPU 使用权。μC/OS-II 不支持多个任务优先级相同，也就是每个任务的优先级必须不一样。

任务堆栈，就是存储器中的连续存储空间。为了满足任务切换和响应中断时保存 CPU 寄存器中的内容以及任务调用其他函数的需要，每个任务都有自己的堆栈。在创建任务时，任务堆栈是任务创建的一个重要部分。

任务控制块，用来记录任务堆栈指针、任务当前状态及任务优先级等任务属性。μC/OS-II 的任何任务都是通过任务控制块来控制的，一旦任务创建了，任务控制块就会被赋值。每个任务控制块有 3 个最重要的参数：任务函数指针、任务堆栈指针、任务优先级。任务控制块就是任务在系统里的身份证（μC/OS-II 通过优先级识别任务）。

任务就绪表，简而言之就是用来记录系统中所有处于就绪状态的任务。它是一个位图，系统中每个任务都在这个位图中占据一位，该位置的状态（1 或者 0）就表示任务是否处于就绪状态。

任务调度器，其作用一是在任务就绪表中查找优先级最高的就绪任务，二是实现任务的切换。比如，当一个任务释放 CPU 控制权后，进行一次任务调度，这时任务调度器首先要去任务就绪表查询优先级最高的就绪任务，查到之后，进行一次任务切换，然后转去执行下一个任务。

μC/OS-II 的每个任务都是一个死循环。每个任务都处在以下某一种状态，如睡眠状态、就绪状态、运行状态、等待状态（等待某一事件发生）和中断服务状态。

睡眠状态：任务在未被配备任务控制块或已被剥夺任务控制块时的状态。

就绪状态：系统为任务配备了任务控制块且在任务就绪表中进行了就绪登记，任务已准备好，但由于该任务的优先级比正在运行的任务优先级低，暂时不能运行。这时任务的状态叫作就绪状态。

运行状态：该任务获得 CPU 使用权，并正在运行中，此时的任务状态叫作运行状态。

等待状态：正在运行的任务需要等待一段时间，或者需要等待另一个事件发生再继续运行此任务时，此任务就会把 CPU 的使用权让给其他任务，此任务进入等待状态。

中断服务状态：一个正在运行的任务一旦响应中断请求，CPU 就会中止运行而谁去执行中断服务程序，这时的任务状态叫作中断服务状态。

μC/OS-II 任务的状态转换关系见图 8-3。

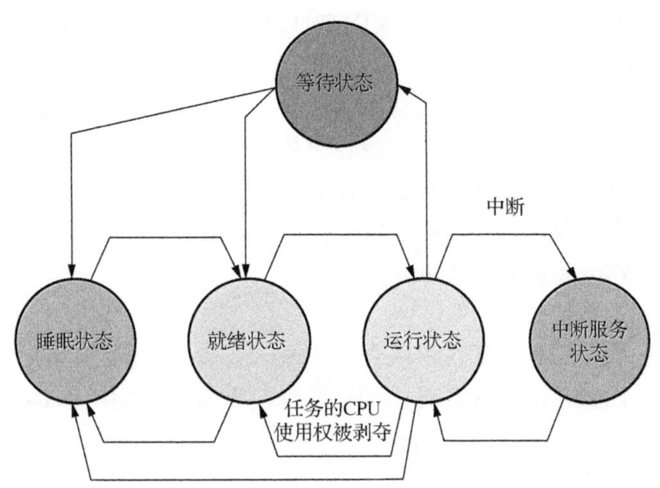

图 8-3　μC/OS-II 任务的状态转换关系

下面介绍在 μC/OS-II 中与任务相关的几个函数。

（1）任务建立函数。

如果想让 μC/OS-II 管理用户的任务，必须先建立任务。μC/OS-II 提供两个建立任务的函数：OSTaskCreat 和 OSTaskCreateExt，一般用 OSTaskCreat 函数来建立任务。函数原型为：OSTaskCreate(void (*task) (void *pd), void *pdata, OS_STK *ptos, INTU prio)。该函数包括四个参数：task 是指向任务代码的指针；pdata 是任务开始执行时，传递给任务的参数的指针；ptos 是分配给任务堆栈的栈顶指针；prio 是分配给任务的优先级。

每个任务都有自己的堆栈，堆栈必须申明为 OS_STK 类型，并且由连续的内存空间组成，可以静态分配堆栈空间，也可以动态分配堆栈空间。

OSTaskCreateExt 也可以用来创建任务，是 OSTaskCreate 的扩展版本，提供一些附加功能。

（2）任务删除函数。

所谓任务删除，就是把任务置于睡眠状态，并不是删除任务代码。μC/OS-II 提供的任务删除函数原型为：INT8U OSTaskDel(INT8U prio)；其中参数 prio 就是要删除的任务的优先级，可见该函数是通过任务优先级来实现任务删除的。特别注意：任务不能随意删除，删除前必须要确保该任务的资源已被释放。

（3）请求任务删除函数。

为保证任务删除前释放其占用资源，可通过向被删除任务发送删除请求，来实现释放任务自身占用资源。μC/OS-II 提供的请求删除任务函数原型为：INT8U OSTaskDelReq(INT8U prio)，同样还是通过优先级来确定被请求删除的任务。

（4）改变任务优先级函数。

μC/OS-II 在建立任务时，会分配给任务一个优先级，但是这个优先级并不是一成不变的，而是可以通过调用 μC/OS-II 提供的函数修改的。μC/OS-II 提供的任务优先级修改函数原型为：INT8U OSTaskChangePrio(INT8U oldprio, INT8U newprio)。

（5）任务挂起函数。

任务挂起和任务删除类似，但又有区别，任务挂起只是将被挂起任务的就绪标志删除，并做任务挂起记录，并没有将任务控制块从任务控制块链表里删除，也不需要释放其资源，而任务删除则必须先释放被删除任务的资源，并将被删除任务的任务控制块删除。被挂起的任务在恢复（解挂）后可以继续运行。μC/OS-II 提供的任务挂起函数原型为：INT8U OSTaskSuspend(INT8U prio)。

（6）任务恢复函数。

有任务挂起函数，就有任务恢复函数，通过该函数可将被挂起的任务恢复，使调度器能够重新调度该函数。μC/OS-II 提供的任务恢复函数原型为：INT8U OSTaskResume (INT8U prio)。

（7）查询任务信息函数。

在应用程序中，我们经常采用任务信息查询函数了解任务信息。查询任务信息函数原型为：INT8U OSTaskQuery(INT8U prio, OS_TCB *pdata)。这个函数获得的是对应任务在任务控制块中内容的拷贝。

从上面这些函数可以看出，对于每个任务，都有一个非常关键的参数——任务优先级 prio。在 μC/OS-II 中，任务优先级可以用来作为任务的唯一标识，所以任务优先级对任务而言是唯一的，而且是不可重复的。

8.2.3 信号量与邮箱

系统中的多个任务在运行时，经常需要互相无冲突地访问同一个共享资源，或者需要互相支持和依赖，甚至有时还要互相加以必要的限制和制约，才能保证任务的顺利运行。因此，操作系统必须具有对运行的任务进行协调的能力，从而使任务之间可以无冲突、流畅地同步运行，而不会导致灾难性的后果。

例如，任务 A 和任务 B 共享一台打印机，如果系统已经把打印机分配给了任务 A，

则任务 B 因不能获得打印机的使用权而应该处于等待状态，只有当任务 A 把打印机使用权释放后，系统才能唤醒任务 B，使其获得打印机的使用权。如果这两个任务不这样做，那么会造成极大的混乱。任务间的同步依赖于任务间的通信。在 μC/OS-II 中，是使用信号量、邮箱（消息邮箱）和消息队列这些被称作事件的中间环节来实现任务之间的通信的。

1. 事件

两个任务通过事件进行通信的示意图见图 8-4。

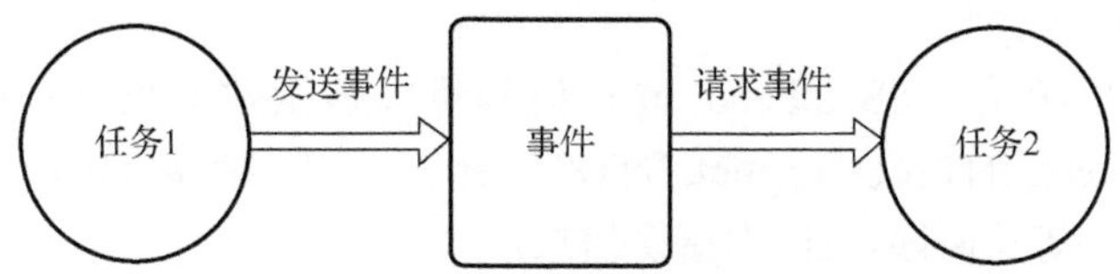

图 8-4　两个任务通过事件进行通信的示意图

在图 8-4 中任务 1 是发信方，任务 2 是收信方。任务 1 负责把信息发送到事件上，这项操作叫作发送事件。任务 2 通过读取事件操作对事件进行查询，如果有信息则读取，否则等待。读取事件操作叫作请求事件。

为了把描述事件的数据结构统一起来，μC/OS-II 使用叫作事件控制块（ECB）的数据结构来描述诸如信号量、邮箱（消息邮箱）和消息队列的这些事件。事件控制块中包括等待任务表在内的所有有关事件的数据，事件控制块结构体定义如下：

```
typedef struct
{
   INT8U OSEventType;    //事件的类型
   INT16U OSEventCnt;    //信号量计数器
   void *OSEventPtr;     //消息或消息队列的指针
   INT8U OSEventGrp;   //等待事件的任务组
   INT8U OSEventTbl[OS_EVENT_TBL_SIZE];//任务等待表
   #if OS_EVENT_NAME_EN > 0u
   INT8U *OSEventName;  //事件名
   #endif
}
OS_EVENT;
```

2. 信号量

信号量是一类事件。使用信号量的最初目的，是为了给共享资源设立一个标志，该标志表示该共享资源的占用情况。这样，当一个任务在访问共享资源之前，就可以先对这个标志进行查询，从而在了解资源被占用的情况之后，再决定自己的行为。

信号量可以分为两种：一种是二值型信号量，另外一种是 N 值型信号量。

二值型信号量好比家里的座机，任何时候，只能有一个人占用。而 N 值型信号量，则好比公共电话亭，可以同时有多个人（N 个）使用。

μC/OS-II 将二值型信号量也称为互斥型信号量，将 N 值型信号量称为计数型信号量，也就是普通的信号量。

下面介绍 μC/OS-II 中，与信号量相关的几个函数（未全部列出，下同）。

（1）创建信号量函数。

在使用信号量之前，必须用函数 OSSemCreate 来创建一个信号量，该函数的原型为：OS_EVENT *OSSemCreate（INT16U cnt）。该函数返回值为已创建的信号量的指针，而参数 cnt 则是信号量计数器（OSEventCnt）的初始值。

（2）请求信号量函数。

任务通过调用函数 OSSemPend 请求信号量，该函数原型为：void OSSemPend (OS_EVENT *pevent, INT16U timeout, INT8U *err)。其中，参数 pevent 是被请求信号量的指针，timeout 为等待时限，err 为错误信息。

为防止任务因得不到信号量而处于长期的等待状态，函数 OSSemPend 允许用参数 timeout 设置一个等待时间的限制，当任务等待的时间超过 timeout 时可以结束等待状态而进入就绪状态。如果参数 timeout 被设置为 0，则表明任务的等待时间为无限长。

（3）发送信号量函数。

任务获得信号量，并在访问共享资源结束以后，必须要释放信号量，释放信号量也叫作发送信号量，发送信号通过 OSSemPost 函数实现。OSSemPost 函数在对信号量的计数器操作之前，首先要检查是否还有等待该信号量的任务。如果没有，就把信号量计数器 OSEventCnt 加 1；如果有，则调用调度器 OS_Sched 去运行等待任务中优先级别最高的任务。函数 OSSemPost 的原型为：INT8U OSSemPost(OS_EVENT *pevent)。其中，pevent 为信号量指针，该函数在调用成功后，返回值为 OS_NO_ERR，否则会根据具体错误返回 OS_ERR_EVENT_TYPE、OS_SEM_OVF。

（4）删除信号量函数。

应用程序如果不需要某个信号量，那么可以调用函数 OSSemDel 来删除该信号量，该函数的原型为：OS_EVENT *OSSemDel(OS_EVENT *pevent, INT8U opt, INT8U *err)。其中，pevent 为要删除的信号量指针，opt 为删除条件选项，err 为错误信息。

3. 邮箱

在多任务操作系统中，常常需要在任务与任务之间通过传递一个数据（这种数据叫作“消息”）的方式来进行通信。为了达到这个目的，可以在内存中创建一个存储空间作为该数据的缓冲区，我们把这个缓冲区称为消息缓冲区。这样在任务间传递数据（消息）的最简单办法就是传递消息缓冲区的指针，我们把用来传递消息缓冲区指针的数据结构叫作邮箱（消息邮箱）。

在 μC/OS-II 中，可通过事件控制块的 OSEventPrt 来传递消息缓冲区指针，同时使事件控制块的成员 OSEventType 为常数 OS_EVENT_TYPE_MBOX，则该事件控制块就叫作邮箱。

下面介绍 μC/OS-II 中，与邮箱相关的几个函数。

（1）创建邮箱函数。

创建邮箱通过函数 OSMboxCreate 实现，该函数原型为：OS_EVENT *OSMboxCreate (void *msg)。函数中的参数 msg 为消息的指针，函数的返回值为消息邮箱的指针。

调用函数 OSMboxCreate 需先定义 msg 的初始值。在一般的情况下，这个初始值为 NULL，但也可以事先定义一个邮箱，然后把这个邮箱的指针作为参数传递到函数 OSMboxCreate 中，使其一开始就指向这个邮箱。

（2）向邮箱发送消息函数。

任务可以通过调用函数 OSMboxPost 向消息邮箱发送消息，这个函数的原型为：INT8U OSMboxPost(OS_EVENT *pevent, void *msg)。其中，pevent 为消息邮箱的指针，msg 为消息指针。

（3）请求邮箱函数。

当一个任务请求邮箱时需要调用函数 OSMboxPend，这个函数的主要作用是查看邮箱指针 OSEventPtr 是否为 NULL，如果不是 NULL 就把邮箱中的消息指针返回给调用函数的任务，同时用 OS_NO_ERR 通过函数的参数 err 通知任务获取消息成功；如果邮箱指针 OSEventPtr 是 NULL，则使任务进入等待状态，并引发一次任务调度。

函数 OSMboxPend 的原型为：void *OSMboxPend (OS_EVENT *pevent, INT16U timeout, INT8U *err)，其中，pevent 为请求邮箱指针，timeout 为等待时限，err 为错误信息。

（4）查询邮箱状态函数。

任务可以通过调用函数 OSMboxQuery 查询邮箱的当前状态。该函数原型为：INT8U OSMboxQuery(OS_EVENT *pevent, OS_MBOX_DATA *pdata)，其中，pevent 为消息邮箱指针，pdata 为存放邮箱信息的结构。

（5）删除邮箱函数。

在邮箱不再使用时，可以通过调用函数 OSMboxDel 来删除一个邮箱，该函数原型为：OS_EVENT *OSMboxDel(OS_EVENT *pevent, INT8U opt, INT8U *err)，其中，pevent 为消息邮箱指针，opt 为删除选项，err 为错误信息。

8.2.4　消息队列、信号量集和软件定时器

8.2.3 节介绍了信号量和邮箱的使用，本节主要介绍比较复杂的消息队列、信号量集及软件定时器的使用。

1. 消息队列

使用消息队列可以在任务之间传递多条消息。消息队列由三个部分组成：事件控制块、消息队列和消息。当事件控制块成员 OSEventType 的值置为 OS_EVENT_TYPE_Q 时，该事件控制块描述的就是一个消息队列。

消息队列的数据结构见图 8-5。从图中可以看到，消息队列相当于共用同一个任务等待列表的消息邮箱数组，事件控制块成员 OSEventPtr 指向了一个叫作队列控制块

（OS_Q）的结构，该结构管理了一个数组 MsgTbl[]，该数组中的元素是指向消息的指针。

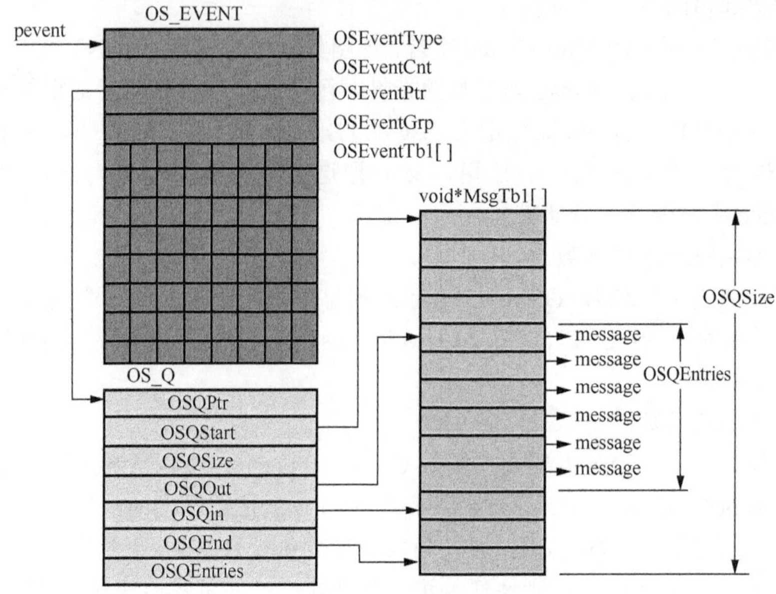

图 8-5　消息队列的数据结构

队列控制块（OS_Q）的结构定义如下：

```
typedef struct os_q
{
   struct os_q *OSQPtr;
   void **OSQStart;
   void **OSQEnd;
   void **OSQIn;
   void **OSQOut;
   INT16U OSQSize;
   INT16U OSQEntries;
}
OS_Q;
```

队列控制块各参数含义见表 8-2。

表 8-2　队列控制块各参数含义

参数	含义
OSQPtr	指向下一个空的队列控制块
OSQSize	数组的长度
OSQEntres	已存放消息指针的元素数目
OSQStart	指向消息指针数组的起始地址
OSQEnd	指向消息指针数组结束单元的下一个单元，使数组构成了一个循环的缓冲区
OSQIn	指向插入一条消息的位置。当它移动到与 OSQEnd 相等时，被调整到指向数组的起始单元
OSQOut	指向被取出消息的位置。当它移动到与 OSQEnd 相等时，被调整到指向数组的起始单元

可以移动的指针为 OSQIn 和 OSQOut，而指针 OSQStart 和 OSQEnd 只是一个标志（常指针）。当可移动的指针 OSQIn 或 OSQOut 移动到数组末尾，也就是与 OSQEnd 相等时，可移动的指针将会被调整到数组的起始位置 OSQStart。也就是说，从效果上来看，指针 OSQEnd 与 OSQStart 等值。于是，这个由消息指针构成的数组就头尾衔接起来形成了一个循环的队列，见图 8-6。

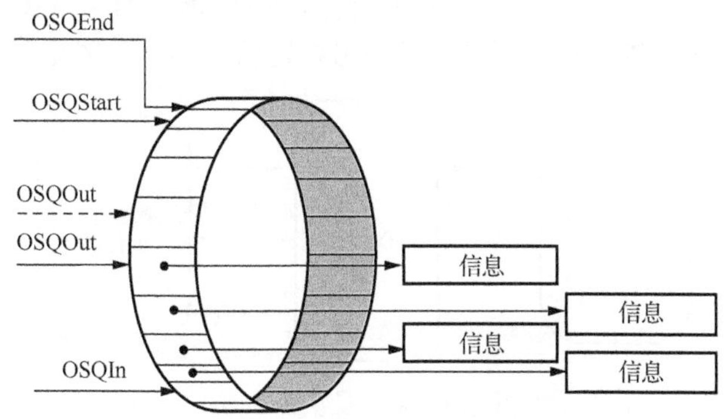

图 8-6　消息指针数组构成的环形数据缓冲区

在 μC/OS-II 初始化时，系统将按文件 os_cfg.h 中的配置常数 OS_MAX_QS 定义 OS_MAX_QS 个队列控制块，并用队列控制块中的指针 OSQPtr 将所有队列控制块连接为链表。由于这时还没有使用它们，故这个链表叫作空队列控制块链表。

下面介绍 μC/OS-II 中，与消息队列相关的几个函数。

（1）创建消息队列函数。

创建一个消息队列首先需要定义一个指针数组，然后把各个消息数据缓冲区的首地址存入这个数组中，然后再调用函数 OSQCreate 来创建消息队列。创建消息队列函数 OSQCreate 的原型为：OS_EVENT *OSQCreate(void**start, INT16U size)。其中，start 为存放消息缓冲区指针数组的地址，size 为该数组大小。该函数的返回值为消息队列指针。

（2）请求消息队列函数。

请求消息队列的目的是为了从消息队列中获取消息。任务请求消息队列需要调用函数 OSQPend，该函数原型为：void*OSQPend（OS_EVENT*pevent，INT16U timeout，INT8U *err）。其中，pevent 为所请求的消息队列的指针，timeout 为任务等待时限，err 为错误信息。

（3）向消息队列发送消息函数。

任务可以通过调用函数 OSQPost 或 OSQPostFront 来向消息队列发送消息。函数 OSQPost 以 FIFO（先进先出）的方式组织消息队列，函数 OSQPostFront 以 LIFO（后进先出）的方式组织消息队列。这两个函数的原型分别为：INT8U OSQPost (OS_EVENT *pevent, void *msg)和 INT8U OSQPost Front(OS_EVENT*pevent, void*msg)。其中，pevent 为消息队列的指针，msg 为待发消息的指针。

2. 信号量集

在实际应用中，任务常常需要与多个事件同步，即要根据多个信号量组合作用的结果来决定任务的运行方式。μC/OS II 为了实现多个信号量组合的功能，定义了一种特殊的数据结构——信号量集。

信号量集所能管理的信号量都是一些二值型信号，所有信号量集实质上是一种可以对多个输入的逻辑信号进行基本逻辑运算的组合逻辑，其示意图见图 8-7。

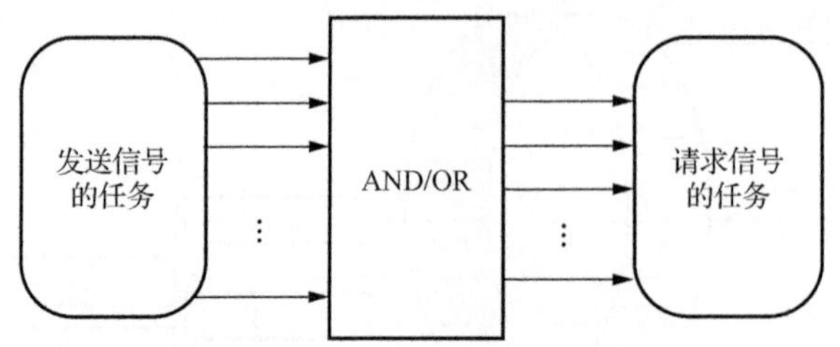

图 8-7　信号量集示意图

不同于信号量、邮箱、消息队列等事件，μC/OS-II 不使用事件控制块来描述信号量集，而使用一个叫作标志组的结构 OS_FLAG_GRP 来描述。OS_FLAG_GRP 结构如下：

```
typedef struct
{
    INT8U OSFlagType;  //识别是否为信号量集的标志
    void *OSFlagWaitList;  //指向等待任务链表的指针
    OS_FLAGS OSFlagFlags; //所有信号列表
}
OS_FLAG_GRP;
```

成员 OSFlagWaitList 是一个指针，当一个信号量集被创建后，这个指针指向了这个信号量集的等待任务链表。

与前面介绍过的其他事件不同，信号量集用一个双向链表来组织等待任务，每一个等待任务都是该链表中的一个节点（node）。标志组 OS_FLAG_GRP 的成员 OSFlagWaitList 指向信号量集的这个等待任务链表。等待任务链表节点 OS_FLAG_NODE 的结构如下：

```
typedef struct
{
    void *OSFlagNodeNext;    //指向下一个节点的指针
    void *OSFlagNodePrev;    //指向前一个节点的指针
    void *OSFlagNodeTCB;    //指向对应任务控制块的指针
    void *OSFlagNodeFlagGrp; //反向指向信号量集的指针
    OS_FLAGS OSFlagNodeFlags; //信号过滤器
    INT8U OSFlagNodeWaitType;  //定义逻辑运算关系的数据
}
OS_FLAG_NODE;
```

其中，OSFlagNodeWaitType 是定义逻辑运算关系的一个常数（根据需要设置），其可选值及含义见表 8-3。

表 8-3　OSFlagNodeWaitType 可选值及含义

常数	信号有效状态	等待任务的就绪条件
WAIT_CLR_ALL 或 WAIT_CLR_AND	0	信号全部有效（全 0）
WAIT_CLR_ANY 或 WAIT_CLR_OR	0	信号有一个或一个以上有效（有 0）
WAIT_SET_ALL 或 WAIT_SET_AND	1	信号全部有效（全 1）
WAIT_SET_ANY 或 WAIT_SET_OR	1	信号有一个或一个以上有效（有 1）

OSFlagFlags、OSFlagNodeFlags、OSFlagNodeWaitType 三者的关系见图 8-8。

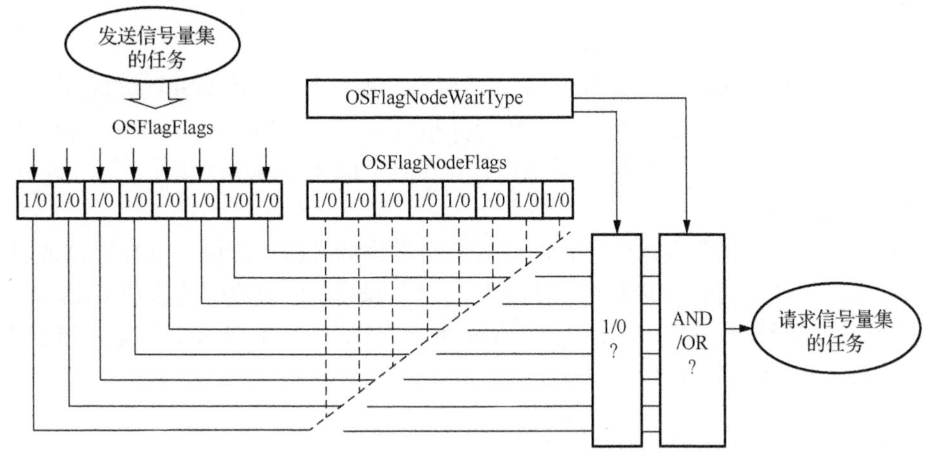

图 8-8　标志组与等待任务共同完成信号量集的逻辑运算及控制

为了方便说明，图中将 OSFlagFlags 定义为 8 位，但是 μC/OS-II 支持 8 位/16 位/32 位定义，可通过修改 OS_FLAGS 的类型来确定（μC/OS-II 默认设置 OS_FLAGS 为 16 位）。图 8-8 清楚地表达了信号量集各成员的关系：OSFlagFlags 为信号量表，为发送信号量集的任务设置；OSFlagNodeFlags 为信号滤波器，为请求信号量集的任务设置，用于选择性的挑选 OSFlagFlags 中的部分（或全部）位作为有效信号；OSFlagNodeWaitType 定义有效信号的逻辑运算关系，也是请求信号量集的任务设置，用于选择有效信号的组合方式。

举个简单的例子，假设请求信号量集的任务设置 OSFlagNodeFlags 的值为 0x0F，设置 OSFlagNodeWaitType 的值为 WAIT_SET_ANY，那么只要 OSFlagFlags 的低四位的任何一位为 1，请求信号量集的任务将得到有效的请求，从而执行相关操作，如果低四位都为 0，那么请求信号量集的任务将得到无效的请求。

下面介绍 μC/OS-II 中，与信号量集相关的几个函数。

（1）创建信号量集函数。

任务可以通过调用函数 OSFlagCreate 来创建一个信号量集。函数 OSFlagCreate 的原型为：OS_FLAG_GRP *OSFlagCreate (OS_FLAGS flags,INT8U *err)。其中，flags 为信号量的初始值（即 OSFlagFlags 的值），err 为错误信息，返回值为该信号量集的标志组的指针，应用程序根据这个指针对信号量集进行相应的操作。

（2）请求信号量集函数。

任务可以通过调用函数 OSFlagPend 请求一个信号量集，函数 OSFlagPend 的原型为：OS_FLAGS OSFlagPend(OS_FLAG_GRP *pgrp, OS_FLAGS flags, INT8U wait_type, INT16U timeout, INT8U *err)。其中，pgrp 为所请求的信号量集指针，flags 为滤波器（即 OSFlagNodeFlags 的值），wait_type 为逻辑运算类型（即 OSFlagNodeWaitTyp 的值），timeout 为等待时限，err 为错误信息。

（3）向信号量集发送信号函数。

任务可以通过调用函数 OSFlagPost 向信号量集发信号，函数 OSFlagPost 的原型为：OS_FLAGS OSFlagPost (OS_FLAG_GRP *pgrp, OS_FLAGS flags, INT8U opt, INT8U *err)。其中，pgrp 为所请求的信号量集指针，flags 为选择所要发送的信号，opt 为信号有效选项，err 为错误信息。

所谓任务向信号量集发送信号，就是对信号量集标志组中的信号进行置位或置“0”（复位）的操作。至于对信号量集中的哪些信号进行操作，用函数中的参数 flags 来指定；对指定的信号是否置位，用函数中的参数 opt 来指定（opt = OS_FLAG_SET 为置位操作；opt = OS_FLAG_CLR 为置“0”操作）。

3. 软件定时器

μC/OS-II 从 V2.83 版本加入了软件定时器，这使得 μC/OS-II 的功能更加完善，在其上的应用程序开发与移植也更加方便。在实时操作系统中，一个好的软件定时器实现要求有较高的精度、较小的处理器开销，且占用较少的存储器资源。

通过前面的学习，可知 μC/OS-II 通过 OSTimTick 函数对时钟节拍进行加 1 操作，同时遍历任务控制块，以判断任务延时是否到时。软件定时器同样由 OSTimTick 提供时钟，但是软件定时器的时钟还受 OS_TMR_CFG_TICKS_PER_SEC 设置的控制，也就是在 μC/OS-II 的时钟节拍上再做了一次“分频”，软件定时器的最快时钟节拍就等于 μC/OS-II 的系统时钟节拍。这也决定了软件定时器的精度。

软件定时器定义了一个单独的计数器 OSTmrTime，用于软件定时器的计时，μC/OS-II 并不在 OSTimTick 中进行软件定时器的到时判断与处理，而是创建一个高于应用程序中所有其他任务优先级的定时器管理任务 OSTmr_Task，在这个任务中进行定时器的到时判断和处理。时钟节拍函数通过信号量给这个高优先级任务发信号。这种方法缩短了中断服务程序的执行时间，但也使得定时器到时处理函数的响应受到中断退出时恢复现场和任务切换的影响。软件定时器功能实现代码存放在 tmr.c 文件中，移植时需只需在 os_cfg.h 文件中使能定时器并设定定时器的相关参数即可。

μC/OS-II 中软件定时器的实现方法是将定时器按定时时间分组，使得每次时钟节拍到来时只对部分定时器进行比较操作，缩短了每次处理的时间。但这就需要动态地维护一个定时器组。定时器组的维护只是在每次定时器到时才发生，而且定时器从组中移除和再插入操作不需要排序。这是一种比较高效的算法，减少了维护所需的操作时间。

8.3　μC/OS-II 实时操作系统的移植

现以 STM32F103 微控制器上的移植为例，分析 μC/OS-II 实时操作系统的移植的一般方法，所采用的开发环境为 ARM 公司的集成开发环境 Keil MDK，运行 μC/OS-II 实时操作系统的主要步骤如下。

（1）移植 μC/OS-II。

要想 μC/OS-II 在 STM32 正常运行，首先需要移植 μC/OS-II。

这里要特别注意：需要在 sys.h 文件里面将 SYSTEM_SUPPORT_μC/OS-II 宏定义改为 1，即可通过 delay_init 函数初始化 μC/OS-II 的系统时钟节拍，为 μC/OS-II 提供时钟节拍。

（2）编写任务函数并设置其堆栈大小和优先级等参数。

编写任务函数，以便 μC/OS-II 调用。

设置函数堆栈大小，这个需要根据函数的需求来设置，如果任务函数的局部变量多，嵌套层数多，那么相应的堆栈就要大一些，如果堆栈设置偏小，很可能出现 CPU 进入硬件错误。另外，有些地方还需要注意堆栈字节对齐的问题，如果任务运行出现未知的错误（比如 sprintf 出错），请考虑字节对齐的问题。

任务优先级需要根据任务的重要性和实时性设置，高优先级的任务有优先使用 CPU 的权利。

（3）初始化 μC/OS-II，并在 μC/OS-II 中创建任务调用 OSInit。

初始化 μC/OS-II 的所有变量和数据结构，然后通过调用 OSTaskCreate 函数创建任务。

（4）μC/OS-II 调用 OSStart。

通过以上 4 个步骤，μC/OS-II 就开始在 STM32 上运行了，这里还需要注意必须对 os_cfg.h 进行部分配置，以满足我们的需要。

下面通过例程对嵌入式实时操作系统 μC/OS-II 如何移植进行说明。

打开工程，新建 μC/OS-II-CORE、μC/OS-II-PORT 和 μC/OS-II-CONFIG 三个分组，分别添加 μC/OS-II 三个文件夹下的源码，并将这三个文件夹加入头文件包含路径，最后得到工程见图 8-9。

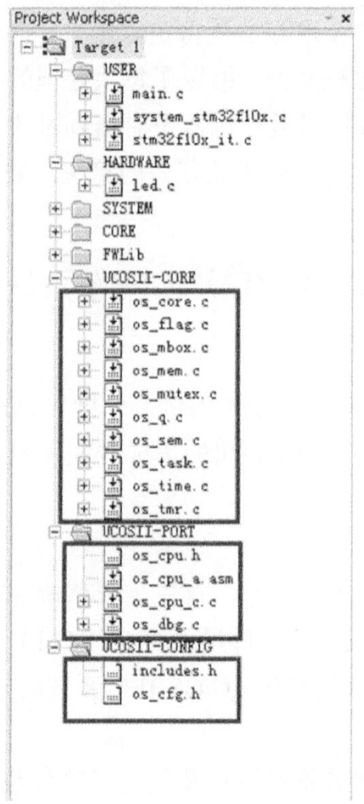

图 8-9　添加 μC/OS-II 源码后的工程

μC/OS-II-CORE 分组下是 μC/OS-II 的核心源码，不需要做任何变动。

μC/OS-II-PORT 分组下是移植 μC/OS-II 要修改的 3 个代码，它们均在移植时完成。

μC/OS-II-CONFIG 分组下是 μC/OS-II 的配置部分，主要由用户根据自己的需要对 μC/OS-II 进行裁剪或其他设置。

前面提到，我们需要在 sys.h 里设置 SYSTEM_SUPPORT_μC/OS-II 为 1，以支持 μC/OS-II。通过这个设置，可以实现利用 delay_init 来初始化 SYSTICK，产生 μC/OS-II 的系统时钟节拍。虽然 μC/OS-II 提供延时函数：OSTimeDly 和 OSTimeDLyHMSM，但是这两个函数的最少延时单位只能是 1 个 μC/OS-II 时钟节拍（本章为 5ms）。

在设置 SYSTEM_SUPPORT_μC/OS-II 为 1 之后，μC/OS-II 的时钟节拍由 SYSTICK 的中断服务函数提供，该部分代码如下：

```
//systick 中断服务函数，使用 μC/OS-II 时用到
void SysTick_Handler(void)
{
   OSIntEnter(); //进入中断
   OSTimeTick(); //调用 μC/OS-II 的时钟服务程序
   OSIntExit(); //触发任务切换软中断
}
```

其中，OSIntEnter 是进入中断的函数，用来记录中断嵌套层数（OSIntNesting 增加 1）；

OSTimeTick 是系统时钟节拍服务函数，在每个时钟节拍了解每个任务的延时状态，使已经到达延时时限的非挂起任务进入就绪状态；OSIntExit 是退出中断服务函数，该函数可能触发一次任务切换（当 OSIntNesting==0&&调度器未上锁&&就绪表最高优先级任务！=被中断的任务优先级时），否则继续返回原来的任务执行代码（如果 OSIntNesting 不为 0，则减 1）。事实上，任何中断服务函数都应该加上 OSIntEnter 和 OSIntExit 函数，这是因为 μC/OS-II 是一个可剥夺型的内核，中断服务子程序运行之后，系统会根据情况进行一次任务调度去运行优先级别最高的就绪任务，而并不一定接着运行被中断的任务。最后打开主函数，代码如下：

```
/////////////////////////μC/OS-II 任务堆栈设置///////////////////////////
//START 任务
//设置任务优先级
#define START_TASK_PRIO 10
//开始任务的优先级设置为最低
//设置任务堆栈大小
#define START_STK_SIZE 64
//创建任务堆栈空间
OS_STK START_TASK_STK[START_STK_SIZE];
//任务函数接口
void start_task(void *pdata);
//LED0 任务
//设置任务优先级
#define LED0_TASK_PRIO 7
//设置任务堆栈大小
#define LED0_STK_SIZE 64
//创建任务堆栈空间
OS_STK LED0_TASK_STK[LED0_STK_SIZE];
//任务函数接口
void led0_task(void *pdata);
//LED1 任务
//设置任务优先级
#define LED1_TASK_PRIO 6
//设置任务堆栈大小
#define LED1_STK_SIZE 64
//创建任务堆栈空间
OS_STK LED1_TASK_STK[LED1_STK_SIZE];
//任务函数接口
void led1_task(void *pdata);
int main(void)
{
  delay_init(); //延时初始化
  NVIC_Configuration(); //设置 NVIC 中断分组 2:2 位抢占优先级,2 位响应优先级
  LED_Init();//初始化与 LED 连接的硬件接口
  OSInit();
```

```
        OSTaskCreate(start_task,(void *)0, (OS_STK *)&START_TASK_STK[START_
STK_SIZE-1], START_TASK_PRIO );//创建开始任务
        OSStart();
     }
     //开始任务
     void start_task(void *pdata)
     {
        OS_CPU_SR cpu_sr=0;
        pdata = pdata;
        OS_ENTER_CRITICAL();   //进入临界段(无法被中断打断)
        OSTaskCreate(led0_task, (void *)0, (OS_STK*)&LED0_TASK_STK[LED0_
STK_SIZE-1],  LED0_TASK_PRIO);
        OSTaskCreate(led1_task, (void *)0, (OS_STK*)&LED1_TASK_STK[LED1_
STK_SIZE-1],  LED1_TASK_PRIO);
        OSTaskSuspend(START_TASK_PRIO);    //挂起起始任务
        OS_EXIT_CRITICAL();     //退出临界段(可以被中断打断)
     }
     //LED0 任务
     void led0_task(void *pdata)
     {
        while(1)
        {
           LED0=0; OSTimeDly(10);
           LED0=1; OSTimeDly(20);
        };
     }
     //LED1 任务
     void led1_task(void *pdata)
     {
        while(1)
        {
           LED1=0; OSTimeDly(100);
           LED1=1; OSTimeDly(200);
        };
     }
```

可以看到，在创建 start_task 之前首先调用 μC/OS-II 初始化函数 OSInit()，该函数的作用是初始化 μC/OS-II 的所有变量和数据结构，该函数必须在调用其他任何 μC/OS-II 函数之前调用。在 start_task 创建之后，调用 μC/OS-II 多任务启动函数 OSStart()，调用这个函数之后，任务才真正开始运行。在这段代码中创建了 3 个任务：start_task、led0_task 和 led1_task，优先级分别是 10、7 和 6，堆栈大小均为 64（注意 OS_STK 为 32 位数据）。我们在 main 函数只创建了 start_task 一个任务，然后在 start_task 中再创建另外两个任务，然后将自身（start_task）挂起。这里，我们单独创建 start_task，是为了提供一个单一任务，实现应用程序开始运行之前的准备工作（外设初始化、创建信号量、创建邮箱、创

建消息队列、创建信号量集、创建任务、初始化统计任务等工作）。

在应用程序中经常有一些代码段必须不受任何干扰地连续运行，这样的代码段叫作临界段（或临界区）。因此，为了使临界段在运行时不受中断打断，在临界段代码前必须用关中断指令使 CPU 屏蔽中断请求，而在临界段代码后必须用开中断指令解除屏蔽，使得 CPU 可以响应中断请求。μC/OS-II 提供 OS_ENTER_CRITICAL 和 OS_EXIT_CRITICAL 两个宏，这两个宏需要在移植 μC/OS-II 的时候实现。因为临界段代码不能被中断打断，将严重影响系统的实时性，所以临界段代码越短越好。

在 start_task 任务中，我们在创建 led0_task 和 led1_task 时，不希望被中断打断，故使用了临界段。其他两个任务直接使用延时函数 OSTimeDly。另外，一个任务里一般是必须有延时函数的，以释放 CPU 使用权，否则可能导致低优先级的任务因高优先级的任务不释放 CPU 使用权而一直无法得到 CPU 使用权，从而无法运行。

本章小结

本章主要介绍了常用嵌入式实时操作系统，μC/OS-II 实时操作系统的结构以及 μC/OS-II 实时操作系统的移植，这些是使用 μC/OS-II 编写用户程序的基础，也是学习和理解嵌入式操作的入门知识。

习　题

8-1　实时操作系统与非实时操作系统的区别有哪些？

8-2　信号量、邮箱、消息队列是否可以在中断中使用？

8-3　写出 μC/OS-II 任务代码的一般结构。

8-4　操作系统 μC/OS-II 在 STM32 上运行的步骤有哪些？

参考文献

何立民，2004．嵌入式系统的定义与发展历史[J]．单片机与嵌入式系统应用，(1): 6-8.

黄承安，张跃，2003．UML 在嵌入式系统设计中的应用[J]．电子技术应用，29(11): 9-11.

惠允，2009．手把手教你学 51 单片机[M]．北京：电子工业出版社．

贾丹平，2017．STM32F103x 微控制器与 μC/OS-Ⅱ操作系统[M]．北京：电子工业出版社．

刘波文，孙岩，2012．嵌入式实时操作系统 μC/OS-II 经典实例——基于 STM32 处理器[M]．北京：北京航空航天大学出版社．

刘火良，2013. STM32 库开发实战指南[M]. 北京：机械工业出版社．

刘军，2011. 例说 STM32[M]. 北京：北京航空航天大学出版社．

邱春玲，李肃义，陈晨，2016．单片机与嵌入式系统基础[M]．北京：机械工业出版社．

俞建新，王健，宋健建，2015．嵌入式系统基础教程（第 2 版）[M]．北京：机械工业出版社．

张洋, 刘军, 严汉宇，2013. 原子教你玩 STM 32：库函数版[M]. 北京：北京航空航天大学出版社．

张勇，2017．ARM Cortex-M3 嵌入式开发与实践——基于 STM32F103[M]．北京：清华大学出版社．

郑亮，郑士海，2015．嵌入式系统开发与实践：基于 STM32F10x 系列[M]．北京：北京航空航天大学出版社．

Craig L，2004．UML 和模式应用（第 2 版）[M]．方梁等，译．北京：机械工业出版社．

Desmond F D，Alan C W，2004．UML 对象、组件和框架——Catalysis 方法[M]．王慧等，译．北京：清华大学出版社．

Doug R，Kendall S，2005．用例驱动的 UML 对象建模应用——范例分析[M]．管斌等，译．北京：人民邮电出版社．

Grady B，2001．UML 用户指南[M]．邵维忠等，译．北京：机械工业出版社．

James R，2001．UML 参考手册[M]．姚淑珍等，译．北京：机械工业出版社．

Jim A，Ila N，2003．UML 和统一过程实用面向对象的分析和设计[M]．方贵宾等，译．北京：机械工业出版社．

Kurt B，Ian S，2003．用例建模[M]．姜昊等，译．北京：清华大学出版社．

Labrosse J，2012．嵌入式实时操作系统 μC/OS-III 应用开发——基于 STM32 微控制器[M]．何小庆等，译．北京：北京航空航天大学出版社．

Martin F，2005．UML 精粹：标准对象建模语言简明指南（第 3 版）[M]．徐家福，译．北京：清华大学出版社．

Paltor I P, Lilius J, 1999. Digital sound recorder: A case study on designing embedded systems using the UML notation[M]. Turku: Turku Centre for Computer Science.

Scott W A，2004．UML 风格口袋里的 236 条 UML 实作准则[M]．王少锋，译．北京：清华大学出版社．

Steve A，Paul B，2003．有效用例模式[M]．车立红，译．北京：清华大学出版社．

STMicroelectronics, 2017. STM32F10xxx/20xxx/21xxx/L1xxxx Cortex®-M3 programming manualV6.0[EB/OL]. https://www.st.com/zh/microcontrollers-microprocessors/stm32f103.html#documentation.

STMicroelectronics, 2018. High-density performance line ARM-based 32-bit MCU with 256 to 512KB Flash, USB, CAN, 11 timers, 3 ADCs, 13 communication interfaces V13.0[EB/OL]. https://www.st.com/zh/microcontrollers-microprocessors/stm32f103.html#documentation.

STMicroelectronics, 2018. STM32F101xx, STM32F102xx, STM32F103xx, STM32F105xx and STM32F107xx advanced Arm®-based 32-bit MCUs [EB/OL]. https://www.st.com/zh/microcontrollers- microprocessors/stm32f103.html#documentation.

STMicroelectronics, 2021. RM0008 Reference manual [EB/OL].https://www.st.com/resource/en/reference_manual/cd00171190-stm32f101xx-stm32f102xx-stm32f103xx-stm32f105xx-and-stm32f107xx-advanced-armbased-32bit-mcus-stmicroelectronics.pdf.